国家电工电子教学基地系列教材

单片机原理与应用

（第 2 版）

戴胜华　黄赞武　杨世武　李正交　周　兴　编著

开源工具　　　　　课件

U0268383

清华大学出版社

北京交通大学出版社

·北京·

内 容 简 介

本书全面介绍了单片机的基础理论、发展历程及设计应用技术。全书共分 11 章，系统阐述了单片机的基本概念、历史发展、核心特征、技术趋势，并深入探讨了 8 位单片机的主要生产厂家和机型，特别是对 MCS-51 系列单片机进行了详细的分析和讨论。此外，书中还涵盖了单片机的硬件结构、指令系统、程序设计、定时器/计数器、串行通信接口、中断系统、系统扩展设计、开发板与仿真调试、基础实验及应用设计等多个方面的内容，本书创新地采用汇编语言与 C 语言进行编程讲解。

本书适合作为高等院校电子信息类、自动化类、电气工程类等相关专业的教学用书，也可供工程技术人员和单片机爱好者参考使用。

图书在版编目（CIP）数据

单片机原理与应用 / 戴胜华等编著. -- 2 版. -- 北京 ：北京交通大学出版社 ：清华大学出版社，2025. 2. -- ISBN 978-7-5121-5442-1

Ⅰ．TP368.1

中国国家版本馆 CIP 数据核字第 20252BX231 号

单片机原理与应用
DANPIANJI YUANLI YU YINGYONG

责任编辑：黎　丹

出版发行：清 华 大 学 出 版 社　　邮编：100084　　电话：010-62776969　　http://www.tup.com.cn
　　　　　北京交通大学出版社　　邮编：100044　　电话：010-51686414　　http://www.bjtup.com.cn
印 刷 者：北京鑫海金澳胶印有限公司
经　　销：全国新华书店
开　　本：185 mm×260 mm　　印张：20.75　　字数：524 千字
版 印 次：2005 年 4 月第 1 版　　2025 年 2 月第 2 版　　2025 年 2 月第 1 次印刷
定　　价：59.00 元

本书如有质量问题，请向北京交通大学出版社质监组反映。对您的意见和批评，我们表示欢迎和感谢。

投诉电话：010-51686043，51686008；传真：010-62225406；E-mail：press@bjtu.edu.cn。

前　言

在科技日新月异的今天，单片机作为小型嵌入控制系统的核心，其应用范围之广、影响之深，已远远超出了最初的设想。从精密的工业自动化控制到日常生活中的智能家居设备，从高速运行的汽车电子系统到关乎生命的医疗器械，单片机以其独特的优势——体积小、价格低、可靠性好、简单易学等，成为推动现代电子技术发展的强大动力。

鉴于单片机技术的重要性，我们精心编写了《单片机原理与应用》（第 2 版）。相较于第 1 版，第 2 版在内容上进行了全面升级与拓展，旨在为读者提供更加丰富、实用、前沿的知识体系。本书的最大亮点在于：在保留原有汇编语言编程内容的基础上，增加了 C 语言编程部分，实现了汇编语言与 C 语言的双语编程教学模式。这一创新不仅满足了不同层次学习者的需求，还为学习者提供了更加多样化的编程选择，有助于他们更好地理解和应用单片机技术。通过双语言编程的实践，学习者可以逐步体会到 C 语言在提高编程效率、增强代码可读性方面的优势，同时也能够掌握汇编语言在底层硬件控制上的精确性。第 2 版增加了 9 个单片机基础实验，涵盖了单片机实验板的基本功能、外设接口、传感器等多个方面，旨在通过动手实践加深学习者对理论知识的理解。同时，本书还详细介绍了单片机实验板的使用及 Proteus 仿真调试技巧，为学习者提供了一个高效、便捷的学习平台。在此基础上，本书还特别增加了单片机应用设计章节，通过设计案例分析，引导学习者将所学知识应用于解决实际问题，培养其创新能力和工程实践能力。技术的不断进步要求教材必须紧跟时代步伐，在本书编写过程中，我们特别注重将单片机技术的最新研究成果和课程思政内容融入书中，力求使学习者能够站在技术的前沿，把握单片机技术的发展脉搏。

此外，"单片机原理与应用"课程早在 2016 年就在中国大学 MOOC 平台开课了，并在 2018 年获评首批国家级在线课程，在 2020 年认定为国家级一流课程。课程的网址为：https://www.icourse163.org/course/NJTU-1001729006?tid=1001814010。

在编写方面，本书汇聚了多位在单片机领域具有丰富教学和科研经验的老师。国家"万人计划"教学名师戴胜华教授负责总纂并编写了第 1、10 章，黄赞武、戴胜华、杨世武 3 位老师共同完成了第 2、3、6、7 章的编写工作，李正交、黄赞武老师共同完成了第 4 章的编写，周兴、黄赞武老师共同完成了第 5 章的编写，杨世武教授完成了第 8 章的编写，周兴老师完成了第 9 章的编写，李正交老师完成了第 11 章的编写。

本书配套的智能教师网址及二维码：http://www.jd51ai.cn。

最后，衷心感谢所有为本书编写、审校、出版付出辛勤努力的同仁。期待本书能够成为广大单片机学习者、爱好者及工程技术人员的良师益友，为推动单片机技术的普及与发展贡献一份力量。同时，也真诚欢迎读者提出宝贵的意见和建议，以便我们在未来的版本中不断优化和完善。

编　者

2025 年 1 月

目　　录

第1章

单片机概述

课程介绍

提要

　　本章介绍了单片机（microcontroller unit，MCU）的概念、历史发展、核心特征、技术趋势及其在各领域的应用。单片机作为一种微型计算机，集 CPU、内存、输入/输出接口等于一体，具有体积小、低功耗、成本低等优点。51 单片机，起源于 Intel 的 MCS-51 架构，是 8 位单片机的经典代表，自 20 世纪 80 年代初推出以来，因其高度集成的功能模块（如定时器、中断控制器、串行通信接口等）和广泛的适用性，在工业控制、家电、汽车电子和教育等多个领域得到广泛应用。

　　因 Intel 公司开放了 8051 内核的授权，促进了 51 单片机的多样化发展，各厂商在保持兼容的同时进行性能和功能的扩展。尽管技术进步带来了更高级别的单片机，8 位 51 单片机依然凭借其成熟生态和成本效益活跃于市场，尤其在教育领域是入门教学的首选。单片机技术发展趋势包含高性能与低功耗、增强的集成度、灵活的存储选项、无线连接、安全功能、易用性提升、教育普及生态环境拓展。

1.1　单片机的历史及发展概况

　　51 单片机的发展历程可以追溯到 20 世纪 70 年代末至 80 年代初，以下是其主要的历史及发展概况。

1.1.1　单片机初期发展

　　51 单片机起始于 Intel 公司在 1980 年推出的 MCS-51 架构单片机，通常简称为 8051 单片机。它作为 Intel 公司之前产品的升级，特别是作为 8048 单片机的后续产品，旨在提供更强大的功能和灵活性。

　　8051 单片机设计之初是为了集成更多的功能模块（如定时器、中断控制器、串行通信接口等）于单一芯片上，以满足控制系统对于小型化、低成本和高性能的需求。

1.1.2 单片机核心特征

51 单片机核心架构基于 8 位 CPU，拥有 128 B 的随机存取（数据）存储器（random access memory，RAM）、4 KB 的只读（程序）存储器（read-only memory，ROM），以及丰富的外设资源，如定时器/计数器、串行通信接口、中断系统和多个并行 I/O 端口。

因其易用性和广泛的适用性，51 单片机迅速在工业控制、家电、汽车电子、教育等领域获得广泛应用。

1.1.3 单片机发展历程

到了 20 世纪 80 年代中期，Intel 公司开始将 8051 内核的专利授权给其他半导体厂商，如 Atmel、Philips、Analog Devices、Dallas 等，这促进了 51 单片机的多样化发展。这些厂商在保持指令系统兼容的基础上，对 8051 单片机进行了各种扩展和改进，提升了性能和功能，形成了众多的衍生产品。

尽管随着时间的推移，16 位、32 位单片机逐渐出现，以应对更复杂的控制需求，8 位 51 单片机凭借其成熟度、成本效益和庞大的生态系统，依然保持了旺盛的生命力。特别是在教育领域，51 单片机因其实现简单、学习资源丰富，成为单片机入门教学的首选。

即使在今天，51 单片机仍在不断进化，出现了支持更高时钟频率、更低功耗、更多内置外设的新型号。一些国内厂商如 STC（宏晶科技）推出了一系列增强型的 8051 单片机，如 STC98C51RC/RD 系列，它们在保持兼容性的基础上，融入了快速编程、在线调试等现代开发特性。

在学校教育和爱好者中，51 单片机依然是学习嵌入式系统、硬件编程和微控制器应用的热门平台。尽管新兴平台（如 Arduino 和 Raspberry Pi 等）提供了更为直观的学习路径，但 51 单片机凭借其经典的体系结构和广泛的硬件资源，仍然是培养底层硬件理解能力的重要工具。

综上所述，51 单片机自诞生以来，历经数十年而不衰，不仅见证了单片机技术的发展历程，也成了电子工程师教育和项目开发中的一个重要基石。

1.2 单片机的发展趋势

单片机是一种集成了处理器、内存、输入/输出接口等多种功能的微型计算机。自 20 世纪 70 年代问世以来，单片机在各个领域都有广泛应用。随着技术的不断进步，单片机也在不断发展。以下是单片机发展的一些趋势。

1. 高性能与低功耗

随着技术的进步，未来的 51 单片机将追求更高的运算速度和更低的能耗，以适应物联网、可穿戴设备等新兴市场的严格要求。这包括采用更先进的制造工艺和优化的电路设计来减少能量消耗。

2. 增强的集成度

集成更多的功能模块将成为趋势，比如集成模数转换器（analog to digital converter，ADC）、数模转换器（digital to analog converter，DAC）、USB 控制器、以太网控制器等，以便单片机直接支持更多样化的应用，减少外部组件需求，简化系统设计。

3. 灵活的存储选项

提供更大的片上闪存和 RAM 容量，以及支持外部存储扩展的灵活性，以适应不同复杂程度的程序代码和数据存储需求。

4. 无线连接能力

为了适应物联网时代的需求，51 单片机可能会集成蓝牙、Wi-Fi 或其他无线通信模块，使设备能够更容易地接入网络，实现远程控制和数据传输。

5. 安全功能

随着物联网设备安全问题的日益凸显，未来的 51 单片机可能会集成加密引擎、安全启动、硬件隔离等安全功能，以保护设备免受恶意攻击。

6. 易用性提升

为了吸引更多的开发者和加快产品上市时间，厂商可能会提供更加友好的开发环境、图形化编程界面、丰富的库函数和示例代码，以及更好的在线调试和编程能力。

7. 持续的教育与普及

由于在教育领域的深厚根基，51 单片机将继续作为学习嵌入式系统和微控制器编程的入门平台，教育材料和课程将不断更新，以反映最新的技术和应用趋势。

8. 生态环境的拓展

围绕 51 单片机的生态系统，包括开发板、传感器模块、扩展板、软件库等，将持续丰富，以支持更广泛的应用场景和创新项目。

总的来说，尽管面临来自现代架构（如 ARM）的竞争，51 单片机通过不断进化，依然能在特定市场和应用中找到其价值定位。

1.2.1　CPU 的改进

51 单片机的 CPU 在多年的发展中经历了多种改进，以提升性能、增加功能和提高灵活性。以下是一些关键的改进方向。

1. 时钟速度提升

早期的 51 单片机通常运行在较低的时钟频率下，但后来的型号，如 W77 系列，通过对时序的改进，将每个机器周期从传统的 12 个时钟周期减少到 4 个周期，从而实现了 3 倍的速度提升，并且晶振频率最高可达 40 MHz，显著提高了处理速度。

2. 指令集优化

虽然 51 单片机的 CPU 保持了基本的指令集架构，但部分增强型单片机在保持向后兼容的同时，可能对指令执行效率进行了优化，如更快的中断响应时间、更高效的指令执行流程等。

3. 增强功能集成

现代的 51 单片机在 CPU 周边集成了更多功能，例如看门狗定时器（WatchDog）、多个 UART（universal asynchronous receiver/transmitter，通用异步收发器）接口、数据指针（data pointer，DPTR）及 ISP（in-system programming，在系统可编程）能力，这些改进使得单片机在复杂系统设计中更加可靠和易于维护。

4. 低功耗设计

为了适应便携式设备和物联网应用的需求，改进后的 51 单片机设计注重低功耗特性，包括休眠模式、动态时钟调整等功能，以延长电池寿命。

5. 内存和外设扩展

虽然 51 单片机传统上提供的是固定大小的片上内存，但新版本可能提供更大的片上 Flash 和 RAM，同时也支持更多的外部存储扩展选项，以适应更复杂的程序和数据存储需求。

6. 集成度提高

现代 51 单片机往往集成更多的外设功能，如 ADC、PWM（pulse width modulation，脉冲宽度调制）、CAPCOM（捕捉/比较/PWM 模块）等，以减少系统组件数量，降低系统成本和复杂度。

7. 开发工具和生态系统

随着 51 单片机的发展，配套的开发工具和生态系统也在不断完善，包括更高效的 IDE、更强大的调试功能、丰富的库支持和社区资源，这降低了开发难度，减少了产品开发周期。

这些改进使得 51 单片机能够继续在教育、工业控制、家电、汽车、电子等多个领域保持竞争力，满足不断变化的市场需求。

1.2.2　存储器的发展

51 单片机存储器的发展经历了几个重要的阶段，以适应不断提升的性能需求和应用范围的扩展。以下是一些关键的发展趋势和改进。

1. 容量扩大

最初的 51 单片机（如 Intel 8051）只有 4 KB 的片上程序存储器和 128 B 的片上数据存储器。随着时间的推移，后来的型号开始提供更大的片上存储容量，同时保持对外部存储器的扩展能力。例如，某些现代 51 单片机提供了 256 B 甚至更多的片上存储，并支持更大容量的外部 ROM 和 RAM 扩展，可达 64 KB。

2. 存储类型多样化

除了传统的 ROM 和 RAM 外，新型 51 单片机开始支持 Flash 存储器，这种非易失性存储器允许在线编程和数据擦写，极大地方便了程序的开发和升级。Flash 存储器的引入也使得单片机能够在无外部编程器的情况下进行固件更新。

3. 位地址空间和特殊功能寄存器

51 单片机的一个特点是其位寻址能力，允许直接访问片内存储器的某些区域的每一位，这对于控制和状态标志的设置非常有用。此外，特殊功能寄存器（special function register，SFR）的集合允许直接控制单片机的各种功能，如定时器、中断系统和串行通信。随着时间的推移，SFR 的数量和功能也得到了扩展，以支持更多复杂的操作。

4. 哈佛结构的优化

51 单片机采用了哈佛结构，将程序存储器和数据存储器分开寻址，这有利于高速的数据处理和代码执行。随着技术进步，这一结构被进一步优化，提高了存储器访问速度和效率，同时增加了对外部存储器的控制灵活性，如通过 PDATA、XDATA 等关键字指定不同存储空间的访问。

5. 低功耗设计

针对移动和电池供电设备的需求，51 单片机的存储器设计也趋向于低功耗，包括在待机模式下的存储器保持功能和快速唤醒机制。

6. 集成度提高

现代 51 单片机在提升存储容量的同时，还集成更多的外部设备控制器，如 ADC、DAC、USB 控制器等，这些外设通常需要额外的存储空间来存储配置和数据，因此对存储器的设计和管理提出了更高要求。

7. 开发工具和生态支持

随着存储器技术的发展，相关的开发工具和软件支持也在同步进化，提供更高效的代码压缩、链接脚本自动生成、内存管理工具等，帮助开发者更好地利用有限的存储资源。

综上所述，51 单片机存储器的发展体现了从容量、类型、访问效率到功耗管理等多方面的进步，旨在满足不断增长的计算能力和应用需求。

1.2.3 片内 I/O 的改进

51 单片机系列自推出以来，在片内外部设备尤其是 I/O 端口方面经历了一系列的改进与增强，以适应更广泛的控制和接口需求。以下是一些主要的 I/O 改进方向。

1. 复用功能的增强

早期的 51 单片机（如 8051），其 I/O 端口已经具备一定的复用功能，例如，P0 口可以用作数据总线和地址总线的复用。后续型号（如 89C52 等）进一步增强了 I/O 端口的复用能力，特别是在 P3 口上，不仅有第二功能作为控制线（如串行通信、外部中断、定时器等），而且还可能加入更多的专用控制引脚，以支持更多的外部设备和复杂功能。

2. 驱动能力的提升

为了能够直接驱动更多的外部负载，后期的 51 单片机增强了 I/O 端口的驱动电流能力，有的还设计有推挽输出和开漏输出模式选择，以便于与不同类型的外部设备连接。

3. 增加端口数量和灵活性

虽然基本的 51 单片机架构保持了 P0～P3 共 4 个 I/O 端口，但一些增强型单片机通过内部的多路复用技术或增加专用 I/O 引脚，提供了更多的 I/O 资源，以满足复杂系统的接口需求。

4. 增加硬件控制和保护功能

现代 51 单片机的 I/O 端口往往集成了更多的硬件控制功能，如上拉电阻、下拉电阻、开漏输出配置、边沿触发中断等，以及过压和过流保护机制，以增强系统的稳定性和可靠性。

5. 独立的锁存和输出控制

为了提高数据传输的可靠性和速度，改进后的 51 单片机在 I/O 端口设计上加强了锁存器的使用，确保数据在总线上的稳定性。同时，通过独立的输出控制机制，使得端口在输出和输入模式间切换更为迅速，减少了延时。

6. 降低功耗模式下的 I/O 控制

为了适应低功耗应用，新型 51 单片机在进入休眠或掉电模式时，能对 I/O 端口的状态进

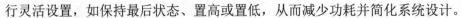

行灵活设置，如保持最后状态、置高或置低，从而减少功耗并简化系统设计。

7. 集成更多外部设备功能

随着单片机功能的集成化，I/O 端口也常常与内部集成的外部设备紧密相连，如 ADC、PWM 输出、CAPCOM（捕捉/比较/PWM 模块）、智能 I/O（可编程 I/O）等，这些都极大地扩展了 I/O 端口的应用范围。

这些改进使得 51 单片机系列能够继续满足现代嵌入式系统设计的需求，尽管面临更高级的单片机和微控制器的竞争，51 单片机依然以其经典的架构、广泛的生态系统和持续的技术升级保持着生命力。

1.2.4 引脚的多功能

单片机的引脚是用来连接外部电路的接口，其功能通常可以分为以下几类。

1. 数字输入/输出

数字输入/输出（general-purpose input/output，GPIO）是单片机最常见的引脚类型，它可以被配置为输入或输出，用于连接数字电路，如开关、LED、数码管、蜂鸣器等。

2. 模拟输入/输出

模拟输入/输出（ADC/DAC）引脚用于连接模拟电路，如传感器、音频设备等。ADC 引脚用于将模拟信号转换成数字信号，DAC 引脚用于将数字信号转换成模拟信号。

3. 定时器/计数器

定时器/计数器（timer/counter）引脚用于连接定时器/计数器电路，用于测量时间、计数和产生定时器中断等。

4. 中断引脚

中断引脚（interrupt）用于连接外部中断源，如按键、传感器等。当中断事件发生时，单片机可以通过中断引脚及时响应。

5. 串行通信

串行通信（UART/SPI/IIC）引脚用于连接外部设备，如传感器、LCD 屏幕、Wi-Fi 模块等，支持串行通信协议，如 UART、SPI、IIC 等。

6. 电源引脚

电源（power）引脚用于连接电源电路，如电池、稳压器等，提供单片机所需的电源和地连接。

以上是单片机引脚的一些常见功能，不同型号的单片机可能会有所不同。在使用单片机时，需要根据具体的应用场景和接口要求选择合适的引脚类型。

1.2.5 低功耗

51 单片机为了实现低功耗应用，主要采用了以下几种技术。

1. 低功耗工作模式

1）空闲模式

在空闲模式（idle mode）下，CPU 停止工作，但外围设备和中断系统仍保持活动状态。当 CPU 执行完 IDL=1 的指令后，系统进入空闲模式。任何中断请求都会导致系统退出空闲模式并恢复执行程序。

2）掉电模式

在掉电模式（power down mode）下，除部分必要的电路保持工作以检测外部中断请求外，大部分电路均被关闭。当 CPU 执行完 PD=1 的指令后，系统进入掉电模式。退出掉电模式一般需要硬件复位。

2. 电源控制寄存器

电源控制寄存器（power control register，PCON）中的特定位（如 IDL 和 PD）用于控制单片机进入上述低功耗模式。通过设置这些控制位，可以实现功耗的大幅度降低。

3. 时钟控制

通过调整系统时钟频率或者切换内部/外部时钟源，可以显著减少功耗。在不需要高速运行时，减慢时钟速度或切换到低功耗振荡器，可以大幅节省能源。

4. 外部设备功耗管理

根据应用需求，可以单独控制单片机上的外部设备模块（如 ADC、USART、定时器等）的开启与关闭，只在必要时激活它们，以减少不必要的功耗。

5. 软件优化

通过优化代码，减少循环次数、缩短执行路径、利用硬件中断替代轮询等待等方式，可以减少 CPU 的活动时间，从而间接降低功耗。

6. 电压调节

部分 51 单片机支持工作电压范围较宽，适当降低工作电压可以在不影响系统正常运行的前提下降低功耗。

7. 睡眠唤醒机制

利用外部中断或内部事件（如 RTC 定时器溢出）快速唤醒单片机，使其从低功耗模式迅速恢复到正常工作状态，减少了唤醒延迟并保持了整体的低功耗特性。

通过这些技术和策略的综合运用，51 单片机能够在保持系统功能的基础上，有效地降低功耗，特别适用于电池供电的便携式设备或对功耗敏感的应用场景。

1.2.6　专用型单片机发展加快

随着技术的进步和市场需求的变化，51 单片机发展出了众多专用型单片机，这些专用型单片机针对性地强化了特定功能或优化了某些性能指标，以便更好地服务于特定的应用领域。以下是一些专用型 51 单片机发展的几个重要方向和例子。

1. 物联网应用专用

这类单片机集成了 Wi-Fi、蓝牙（BLE）、Zigbee 等无线通信模块及安全加密单元，如 AES、RSA 等，专为智能家居、智能穿戴、远程监控等物联网应用设计，如 STC 89 系列的某些型号就集成了 Wi-Fi 功能。

2. 电机控制和电源管理

针对电机控制和电力电子应用，51 单片机发展了具有高性能 PWM 控制器、ADC、比较器、死区生成等特性，以及增强的抗干扰和 EMC 性能，适于各种电机驱动、逆变器、开关电源等场合。

3. 汽车电子

汽车电子领域的专用型 51 单片机强调了高可靠性、宽温工作范围、抗电磁干扰能力，以及 CAN、LIN 总线接口，用于车身控制、仪表盘、传感器接口等汽车电子部件。

4. 安防监控

为了满足安防监控的需求，这类单片机加强了视频编解码、图像处理能力，以及高速数据传输接口（如 SPI、I²C、USB 等），可以应用于摄像头、门禁系统等。

5. 医疗健康设备

此类单片机注重低功耗、高精度 ADC、触摸按键控制和生物信号处理能力，用于制作血压计、血糖仪、便携式心电图机等医疗设备。

6. 超低功耗应用

针对长寿命电池供电设备，如智能表计、远程传感器节点，发展了超低功耗 51 单片机，具有极低的静态电流、快速唤醒和多种低功耗模式。

7. 高精度时钟和定时应用

这类单片机内置高精度 RC 或晶体振荡器及 RTC（实时时钟），适合于需要精确计时和定时控制的应用，如定时控制器、时钟系统等。

通过这些专用型单片机的开发，51 单片机系列不仅保留了其经典的架构和易用性优势，而且在特定应用领域提供了更高效、更经济的解决方案，满足了市场细分化的需求，加速了 51 单片机在现代电子系统设计中的应用。

1.3　单片机的应用

单片机是一种嵌入式系统，可以控制各种电子设备和机器，被广泛应用于各种领域，包括工业控制、家用电器、医疗设备、通信设备等。单片机应用广泛，无处不在，是现代科技发展的重要组成部分。

1.3.1　单片机在各类仪器仪表中的应用

51 单片机因其高性价比、易于编程和丰富的外设资源，在各类仪器仪表中有着广泛应用。以下是一些具体的实例。

1. 数字示波器

51 单片机可以用于控制示波器的显示界面，处理来自 ADC 的采样数据，实现波形的实时显示、存储和分析功能。

2. 数字信号源

在信号发生器中，51 单片机负责产生各种标准测试信号，如正弦波、方波、三角波等，并控制输出频率、幅度和波形类型。

3. 数字万用表

51 单片机作为控制核心，管理多种测量功能，如电压、电流、电阻和电容的测量，并通过 LCD 显示测量结果，有的还支持数据记录和通信接口，便于数据传输。

4. 感应电流表

在电力仪表中，51单片机可以处理来自电流互感器的信号，实现电流的精确测量，并具有过载保护、数据显示和报警功能。

5. 环境监测设备

如温湿度计、气体检测仪等，51单片机通过接口与传感器相连，实时采集环境数据，进行数据处理和显示，有的还能通过无线模块上传数据至远程服务器。

6. 实验室设备

如pH计、溶解氧仪等，51单片机负责接收传感器信号，完成数据的校准和转换，显示测量结果，并可具备数据记录和通信功能。

7. 医疗诊断设备

在一些简单的医疗诊断仪器中，如血压计、血糖仪，51单片机处理传感器信号，进行数据分析，并通过显示屏或指示灯向用户展示结果。

8. 工业控制仪表

在工业自动化系统中，51单片机常用于实现数据采集、控制逻辑处理，如压力表、流量计、液位计等，可以进行实时监控和自动控制。

这些应用中，51单片机通常会利用其内置的定时器、计数器、ADC、DAC、PWM输出等资源，结合外部传感器和执行机构，形成完整的测量与控制系统。此外，其串行通信接口（如UART、SPI、I²C）使得单片机能够与PC或其他设备进行数据交换，提高了仪器仪表的灵活性和智能化程度。

1.3.2 单片机在工业测控中的应用

51单片机在工业测控领域有着悠久而广泛的应用历史，凭借其简单易用的指令系统、丰富的外部设备资源和强大的控制能力，成为工业自动化控制中的重要组成部分。以下是一些51单片机在工业测控中的具体应用案例。

1. 数据采集系统

51单片机可以连接各种传感器（如温度传感器、压力传感器、流量传感器等），通过ADC进行模拟信号的数字化处理，实现对工业现场参数的实时监测和数据采集。

2. 过程控制

在工业生产流程中，51单片机可以作为控制器，根据预设的控制算法，通过PID（proportional integral derivative，比例–积分–微分）控制等方法，调节阀门、电机等执行机构，以维持温度、压力、流量等工艺参数在设定范围内。

3. 电机驱动与控制

51单片机可以控制步进电机、伺服电机或直流电机，实现精确的位置控制、速度控制和力矩控制，广泛应用于自动化机械、机器人、包装设备等领域。

4. 可编程逻辑控制器辅助控制

虽然可编程逻辑控制器（programmable logic controller，PLC）是工业控制的主要设备，但51单片机常作为辅助控制器，执行一些特定任务，如故障诊断、数据记录、人机交互等。

5. 安防与报警系统

在工业安全监控中，51 单片机可以监控各种安全参数，如烟雾浓度、入侵检测等，一旦发现异常，立即触发报警并采取相应措施。

6. 远程监控与通信

结合串行通信接口（如 RS-232、RS-485）或网络接口，51 单片机能够实现与上位机或云端的数据交换，实现远程监控和故障诊断。

7. 电源管理与节能系统

在工业电源控制和节能设备中，51 单片机可以实现智能控制，根据负载情况动态调整电源输出，提高能源利用效率。

8. 故障检测与诊断系统

通过逻辑判断和数据分析，51 单片机可以及时识别设备故障，发出警报并记录故障信息，有助于维护人员快速定位问题。

这些应用展示了 51 单片机在工业测控中扮演的关键角色，它通过灵活的硬件配置和软件编程，满足了工业自动化中多样化、定制化的需求。

1.3.3　单片机在计算机网络与通信技术中的应用

51 单片机在计算机网络与通信技术中的应用非常广泛，主要得益于其串行通信能力，以及能够与各种通信模块（如 Wi-Fi、蓝牙、GPRS/4G/5G、以太网等）集成的能力。以下是一些具体的应用实例。

1. 串口通信

51 单片机内置的 UART 串行接口支持与 PC 或其他设备进行异步串行通信，常用于数据传输、调试信息输出和简单控制命令的接收。

2. 多机通信系统

在多机通信系统中，51 单片机可以作为主机或从机，通过串行通信实现地址识别、数据交换和命令控制，广泛应用于分布式控制系统、智能家居、安防系统等。

3. 网络通信

通过集成以太网控制器（如 W5500、ENC 28J60）或连接 Wi-Fi 模块（如 ESP 8266、ESP 32），51 单片机能够接入局域网或互联网，实现远程数据传输、设备监控和云服务交互。

4. 无线通信应用

（1）Wi-Fi 模块

结合 ESP 8266 等 Wi-Fi 模块，51 单片机可以轻松构建无线网络设备，实现与智能手机、平板或云端的数据交换，常见于智能家电、远程控制项目。

（2）蓝牙技术

通过集成蓝牙模块，51 单片机能够与蓝牙设备（如手机、耳机、手环）通信，应用于短距离无线传输、蓝牙遥控等领域。

（3）GSM/GPRS/4G/5G 模块

连接移动通信模块，51 单片机能进行短信收发、语音通话及数据传输，适用于远程监控、资产追踪、物联网项目。

5. 工业以太网

在工业自动化中，51 单片机通过工业以太网接口与工厂网络集成，参与工业 4.0、智能制造系统，进行设备状态监控、生产数据采集与分析。

6. 协议转换与桥接

51 单片机可设计成协议转换器，实现不同通信协议（如 RS-232、RS-485、Modbus、TCP/IP）之间的转换，增强系统的兼容性和互操作性。

7. 网络安全与加密

虽然 51 单片机资源有限，但也能实现基本的网络安全功能，如数据加密（使用轻量级加密算法，如 AES）、身份验证，保障通信安全。

综上所述，51 单片机在计算机网络与通信技术中扮演着桥梁的角色，通过与不同通信模块和协议的结合，实现了从基础的串口通信到复杂的网络互联，广泛应用于各种自动化、监控、远程控制和物联网项目中。

1.3.4　单片机在日常生活及家电中的应用

51 单片机因其低成本、易用性和灵活性，在日常生活及家电中的应用非常广泛，它促进了家电产品的智能化和自动化。以下是一些典型的应用实例。

1. 智能家电控制

51 单片机可以作为智能家电的核心控制器，如空调、冰箱、洗衣机、微波炉等，通过接收用户输入或传感器信号，控制家电的工作状态，实现温度、湿度、时间等参数的自动调节及故障报警等功能。

2. 照明控制系统

应用于 LED 灯具的调光、颜色变换，以及与智能家居系统联动的智能开关，51 单片机可以根据预设程序或接收的无线指令（如蓝牙、Wi-Fi）控制灯光的开关和亮度。

3. 安防监控

在家庭安防系统中，51 单片机可用于红外线探测器、门窗传感器，通过检测异常入侵或环境变化，启动报警系统或通过网络发送警告信息。

4. 环境监测

与温湿度传感器、空气质量传感器等配合，51 单片机可以监测室内环境参数，自动控制空气净化器、加湿器等设备，或通过显示屏、App 提醒用户环境状况。

5. 智能厨电

如电饭煲、烤箱等，51 单片机可根据预设程序控制烹饪时间、温度，甚至通过网络下载菜谱，实现智能化烹饪。

6. 家庭自动化

作为家庭自动化系统的一部分，51 单片机可集成到窗帘控制器、自动浇花系统、宠物喂食器等，通过无线通信技术（如蓝牙、Wi-Fi）与智能手机或中央控制器互动，实现远程控制。

7. 语音控制设备

结合语音识别模块，如 LD3320，51 单片机可以实现对家电的语音控制，提高用户的操作便利性。

8. 节能产品

在节能灯、智能插座等产品中，51 单片机根据环境光照或预定时间自动开关电器，实现能源节约。

9. 健康管理设备

如智能体重秤、血压计、血糖仪等，51 单片机用于数据采集、处理和结果显示，有的还可以通过蓝牙或 USB 将数据同步到手机或计算机，便于健康管理。

这些应用展现了 51 单片机如何通过简单的编程和硬件扩展，融入日常生活的方方面面，提升了家电的智能化水平，增强了用户体验，同时也推动了智能家居市场的快速发展。

1.4 8 位单片机的主要生产厂家和机型

1.4.1 世界上 8 位单片机主要厂商

全球范围内（除中国以外），8 位单片机的主要生产厂家包括以下企业，这些企业在行业内享有盛誉，提供了广泛的产品线以满足不同应用场景的需求。

1. ATMEL（现属于 Microchip Technology）

以 AVR 系列闻名，AVR 单片机采用 RISC 架构，以其高速、低功耗和高性价比在市场中占有一席之地，广泛应用于各种领域。

2. Microchip Technology

除了 AVR 系列，Microchip Technology 还拥有自己的 PIC 系列 8 位单片机，该系列以其独特的哈佛架构、高性能和灵活性著称，是嵌入式控制领域的常用选择。

3. Intel

虽然 Intel 8051 系列是较老的设计，但仍在市场上有应用，尤其是通过第三方制造商的增强版本，适应现代需求。8051 系列以其良好的生态系统和广泛的兼容性受到欢迎。

4. STMicroelectronics（STM）

提供 STM8 系列 8 位单片机，以低功耗、高性能和广泛的外部设备选项满足不同行业需求，特别是对于那些寻求稳定、成熟解决方案的用户。

5. Infineon Technologies

Infineon Technologies 的 8 位单片机，如 XC800 系列，专为高性能电机控制和恶劣环境下的可靠应用设计，适用于汽车、工业自动化等领域。

6. NXP Semiconductors（原飞思卡尔半导体）

尽管信息中提及的是飞思卡尔，现在这部分业务属于 NXP，提供广泛的 8 位单片机解决方案，如 68HC05 和 68HC08 系列，适用于汽车、工业等多个领域。

7. Renesas Electronics

Renesas Electronics 合并了 NEC 电子和瑞萨科技后，提供多种 8 位单片机产品，服务于从消费电子到汽车电子等多种市场。

8. Holtek Semiconductor

知名的 8 位单片机供应商，特别是在消费类电子产品、白色家电和智能仪表领域有广泛应用。

9. Silicon Storage Technology

Silicon Storage Technology（SST）生产的 8 位 51 单片机是基于经典的 8051 架构的增强型微控制器，结合了 SST 特有的 SuperFlash 技术，提供了在应用可编程（in-application programming，IAP）和在系统可编程（in-system programming，ISP）功能，使得设计更加灵活且易于升级。SST 8 位 51 单片机因其增强的性能和灵活性，适用于各种嵌入式系统，包括工业控制、仪表、智能家居、消费电子、安防系统、汽车电子、医疗设备等领域。

此外，还有许多其他厂商，包括一些专注于特定应用或区域市场的公司，如 Silicon Labs、Cypress Semiconductor（现属 Infineon）、Maxim Integrated（现属 Analog Devices）等，它们也提供 8 位单片机产品，满足特定行业或客户的需求。

这些厂家的产品各具特色，设计者在选择时可以根据应用需求、成本预算、供应链稳定性及技术支持等因素综合考虑。

1.4.2　崭露头角的"中国制造" 8 位单片机

我国的 8 位单片机市场近年来发展迅速，涌现出了一批具有国际竞争力的本土企业，它们在技术、性价比及市场响应速度等方面具有显著优势。

1. 中颖电子

该公司成立于 1994 年，专注于单片机和锂电池管理芯片的设计，是我国 8 位工业控制级单片机产品的领军企业之一，拥有成熟的自主技术及广泛的产品线。

2. 上海东软载波

该公司前身为上海海尔集成电路有限公司，依托海尔集团背景，从事集成电路设计，涵盖 8 位单片机在内的多种产品，尤其是在智能家居、智能电网领域有较多应用。

3. 深圳宇凡微电子

该公司以其 YF 系列 8 位单片机在国内市场占有较高份额，以性价比高、供货稳定著称，特别适合中低端电子产品应用。

4. 兆易创新

该公司虽然以闪存和 32 位单片机著称，但也提供 8 位单片机解决方案，覆盖了广泛的市场应用，如消费电子、工业控制等。

5. 华大半导体

作为中国电子信息产业集团（CEC）的子公司，华大半导体在单片机领域拥有丰富的产品线，包括 8 位单片机，服务于物联网、智能卡、工业控制等多个领域。

6. 北京君正

该公司主要以高性能 CPU 技术和低功耗设计见长，虽然更多关注于高端市场，但也涉及 8 位单片机产品，尤其是在特定应用领域提供解决方案。

7. 极海半导体

该公司专注于高性能、高可靠性的集成电路设计，其 8 位单片机产品在工业控制、物联网等领域有应用。

8. 台系厂商

如九齐科技（NuMicro）和宇凡微电子（YF Micro），在国内市场特别受欢迎，提供性价比高的 8 位单片机解决方案，适用于大量中低端电子产品的设计与生产。

这些企业通过不断的技术创新和市场拓展，不仅满足了国内市场需求，部分企业也开始在国际市场上崭露头角，提升了"中国制造"在单片机领域的全球影响力。

1.4.3 51 单片机主要产品

1. Intel 公司 51 单片机

Intel 公司 51 单片机见表 1-1。

表 1-1 Intel 公司 51 单片机

型号	内部程序存储器	内部数据存储器	寻找范围	定时器	并行口	中断源个数	晶振频率
8031	0 KB	128 B	2×64 KB	2×16	4×8	5	12 MHz
8051	4 KB	128 B	2×64 KB	2×16	4×8	5	12 MHz
8751	4 KB	128 B	2×64 KB	2×16	4×8	5	12 MHz
80C31	0 KB	128 B	2×64 KB	2×16	4×8	5	12 MHz
80C51	4 KB	128 B	2×64 KB	2×16	4×8	5	12 MHz
87C51	4 KB	128 B	2×64 KB	2×16	4×8	5	12 MHz

注：① 8031/51、8751 为 HMOS 工艺，80C31/51、87C51 为 CHMOS 工艺。

② 8751/87C51 片内为 4 KB EPROM，8051/80C51 片内为 4 KB 掩模 ROM。

③ 上述型号每个都有增强型 52 子型号，内部数据存储器增加了 128 B，增加了一个 16 位可自动重装的定时器 T2。

2. Atmel 公司 51 单片机系列

Atmel 公司生产的兼容 MCS-51 架构的单片机主要包括 AT 89 系列，这是对 Intel 公司 51 单片机指令系统的兼容产品。以下是一些 Atmel 公司 AT 89 系列中常见的 MCS-51 兼容单片机型号及其特点。

1）AT 89C51

基于 MCS-51 内核，采用 CMOS 工艺，拥有 4 KB 的 Flash ROM，可通过电擦写，适合存储用户程序。

包含 128 B 的内部 RAM、32 个可编程 I/O 线、2 个 16 位定时器/计数器、1 个可编程全双工串行通信接口。

支持低功耗模式，包括闲置和掉电模式。

集成了片上振荡器和时钟电路，提供灵活的时钟配置选项。

2）AT 89S51/52

这是 AT 89C51 的升级版本，同样兼容 51 单片机指令集，主要区别在于 AT 89S52 拥有更大的 8 KB Flash ROM。

相比 AT 89C 系列，AT 89S 系列增加了在系统编程功能，允许单片机在电路板上直接进行程序更新，无须取下芯片，提升了应用的灵活性和维护便利性。

3）AT 89C55WD

AT 89C55WD 是 AT 89 系列中的另一成员，提供了更大容量的 Flash ROM（如 20 KB），适用于需要更多存储空间的应用。

3. SST（Silicon Storage Technology）51 兼容单片机

SST 的 8 位 51 兼容单片机是基于经典的 8051 架构的增强型微控制器，结合了 SST 特有的 SuperFlash 技术，提供了在应用可编程（IAP）和在系统可编程（ISP）功能，使得设计更加灵活且易于升级。

以下是 SST 8 位 51 兼容单片机的一些共同特点和特定型号的简要概述。

1）兼容性

兼容标准 8051 指令集，与传统 8051 单片机在硬件和软件上高度兼容。

2）SuperFlash 技术

使用 SST 的 SuperFlash 非易失性存储技术，提供快速、可靠的程序和数据存储，同时支持多次擦写。

3）ISP/IAP 功能

所有型号均支持 ISP（在系统可编程）和 IAP（在应用可编程），便于现场升级和远程更新，减少维护成本。

4）增强功能

相比传统 51 单片机，SST 51 兼容单片机添加了更多功能，如 SPI 接口、双串口、双 DPTR、P4 口、ADC 等。

5）工作电压与频率

支持广泛的电压范围，通常为 2.7～5.5 V，工作频率可高达 40 MHz，具体根据型号而定。

6）RAM 容量

通常配备较大的内部数据存储器（如 1 KB），以支持更复杂的应用程序和实时操作系统（RTOS）。

4. 中国宏晶科技公司系列单片机

STC（宏晶科技）生产的 8 位单片机系列非常多样，是全球 51 单片机销量最大的公司之一，每个系列和型号的具体配置都有所不同。这里提供几个常见的 STC 单片机型号作为示例，并概述其主要特性，具体细节和最新信息应以 STC 官方发布的技术手册为准。

1）STC 15W4K58S4

程序存储器内存：4 KB Flash ROM

数据存储器内存：256 B RAM

I/O 接口引线数量：具体取决于封装类型，常见的有 20 引脚、40 引脚等，提供相应数量的 I/O 引脚。

定时器个数和位数：一般包含 2 个 16 位定时器和 1 个看门狗定时器。

中断源个数：多个中断源，包括外部中断、定时器中断等，具体数量需查阅手册。

晶振频率：支持较高的工作频率，一般可达 24 MHz 或更高，具体根据型号和配置确定。

2）STC 89C52RC

程序存储器内存：8 KB Flash ROM

数据存储器内存：256 B RAM

I/O 接口引线数量：40 引脚封装，提供 32 个通用 I/O 接口。

定时器个数和位数：3 个 16 位定时器/计数器。

中断源个数：5 个中断源，包括 2 个外部中断、2 个定时器中断和 1 个串行口中断。

晶振频率：支持标准的 11.059 2 MHz 晶振，也可以配置使用更高频率的晶振，如 24 MHz。

3）STC12C5A60S2

程序存储器内存：60 KB Flash ROM

数据存储器内存：1 024 B RAM

I/O 接口引线数量：具体引脚数根据封装不同而变，常见的如 44 引脚、48 引脚等，提供相应的 I/O 接口。

定时器个数和位数：至少包含 3 个定时器/计数器，支持 16 位计数。

中断源个数：多个中断源，包括外部中断、定时器中断等。

晶振频率：支持较高频率（如最高可达 24 MHz），具体视型号和配置而定。

上述信息是基于常见型号的一般描述，实际应用中应参考具体型号的数据手册获取最准确的信息。STC 单片机系列众多，各型号间存在差异，选择时应根据项目需求来确定。

1.5 单片机的特点及应用综述

1.5.1 51 单片机的特点

51 单片机是一类广泛使用的 8 位微控制器，基于 Intel 的 8051 架构，其特点包括但不限于以下几点。

1. 易用性与普及教育

51 单片机以其简单的指令集和清晰的体系结构，成为电子工程、自动化控制等领域入门教育的首选。它的学习曲线相对平缓，适合初学者快速上手。

2. 兼容性强

51 单片机对 Intel 8051 指令系统的兼容，使得开发者可以使用相同的代码在不同厂家的 51 单片机上运行，提高了代码的可移植性。

3. 硬件资源

传统的 51 单片机（如 8051）内建有 128 B 的数据存储器、4 KB 的程序存储器、多个定时器/计数器、一个全双工串行口、中断系统等，满足基本的控制和数据处理需求。现代的 51 单片机（如 STC 89C52 等），通常会提供更多存储空间和增强的功能。

4. I/O 接口丰富

提供多个可编程的 I/O（input/output）接口引脚，能够直接连接各种传感器、执行器和外部设备，便于控制和数据采集。

5. 中断系统

支持多个中断源，包括外部中断和内部中断（如定时器溢出中断），能够处理实时事件和提高系统响应速度。

6. 低功耗

虽然 51 单片机性能比现代 32 位或 64 位单片机低，但其功耗也相对较低，适用于对功耗敏感的便携式设备和电池供电的应用。

7. 成本效益

51 单片机的价格低廉，对于成本敏感的项目非常友好，尤其是在大规模生产和批量应用中。

8. 稳定性与可靠性

经过长时间的市场验证，51 单片机以其成熟的技术和稳定的性能，在工业控制、家电、仪表等领域有着广泛的应用。

9. 开发工具和生态

围绕 51 单片机建立了丰富的开发工具链，包括编译器、仿真器、IDE（集成开发环境）及大量的开源代码和教程，为开发者提供了强大的支持。

总之，51 单片机具有低成本、丰富的外部设备接口、多种存储器、高可靠性和稳定性、易学易用、广泛应用等特点，是一种非常优秀的单片机，被广泛应用于各种领域。

尽管随着技术进步，32 位和 64 位单片机逐渐成为高性能应用的主流选择，但 51 单片机依然在某些领域因实用性、成本效益和成熟生态而保持其地位。

1.5.2 单片机的应用综述

51 单片机由于简单易学、成本低廉、资源适中且应用灵活等特点，在众多领域中都有广泛的应用。下面是对 51 单片机应用的一个综述。

1. 教育培训

入门教学：51 单片机是电子、自动化、计算机科学等相关专业入门教育的首选，因为其结构简单、指令集易于理解，适合学生快速学习微控制器的基本原理和编程。

2. 工业控制

自动化设备：在工业自动化领域，51 单片机常被用于简单控制系统，如 PLC（可编程逻辑控制器）的辅助模块，小型机械臂控制，温度、压力、流量等传感器信号的采集与处理。

3. 家用电器

家电控制：51 单片机广泛应用于家用电器的智能控制，如洗衣机、空调、微波炉、电饭煲等的控制板，实现功能控制、显示、故障诊断等。

4. 智能家居

环境监测与控制：集成温湿度传感器、光线传感器、红外遥控等，51 单片机能构建智能家居系统，实现智能照明、环境监测、窗帘控制、安防报警等功能。

5. 汽车电子

辅助系统：在汽车电子领域，51 单片机可用于简单的辅助系统，如车内外照明控制、雨刷控制、座椅调节等。

6. 医疗设备

简易医疗仪器：51 单片机可应用于制作简易医疗设备，如体温计、血压计、血氧仪等，实现数据采集和显示。

7. 仪器仪表

测量与显示：在仪表制造中，如电子秤、万用表、示波器等，51 单片机负责数据采集、处理及结果显示。

8. 通信与数据采集

数据传输：51 单片机可以设计成数据采集终端，通过串口、红外、无线等方式与其他设备进行数据交换，广泛应用于农业、气象监测、远程监控等领域。

9. 电子产品

消费电子：在玩具、游戏机、小家电等消费电子产品中，51 单片机承担控制和逻辑处理任务，提升产品智能化水平。

10. LED 显示与控制

LED 屏控制：51 单片机常用于 LED 显示屏的驱动和控制，通过 PWM 实现亮度调节，实现滚动字幕、图像显示等效果。

11. 实验与科研

实验装置：在实验室研究和科研项目中，51 单片机被用于构建实验装置，如数据采集系统、原型验证平台等。

总之，51 单片机以其高度的灵活性和适应性，在众多领域中找到了应用的舞台。尽管新技术不断涌现，但 51 单片机因其经典性和低成本，仍保持它在某些应用领域的不可替代性。

1.5.3 人工智能在 51 单片机学习中的应用

人工智能（artificial intelligence，AI）在 51 单片机学习中的应用主要体现在简化编程过程、实现基本智能控制功能及辅助学习资源的提供上。

1. 编程辅助

1）代码自动生成

如前所述，通过使用 ChatGPT 等人工智能助手，学习者可以输入对功能的自然语言描述，AI 会自动生成相应的 51 单片机代码。这有助于初学者快速理解代码结构，减少语法错误，同时提高编程效率。

2）错误检测与修正

AI 可以辅助检查代码错误并提出修改建议，帮助学习者更快地学习正确的编程实践。

2. 基本智能控制功能

1）PID 控制

虽然 51 单片机资源有限，但通过 AI 算法的简化应用，如 PID 控制，可以实现对无人机、机器人等设备的精确控制，体现一定的智能调节能力。

2）传感器数据处理

结合传感器，51 单片机可以运用简单的 AI 算法（如阈值判断、模式识别）处理环境数据，用于自动化控制，如光照强度调节、温度控制等。

3）语音识别

通过连接外部模块，51 单片机可实现基础的语音识别功能，如简单的命令词识别，用于智能家居控制等场景，尽管处理能力有限，但仍体现了初步的交互智能。

3. 学习资源个性化推荐

AI 可以分析学习者的进度和偏好，推荐个性化的学习路径和资源，如视频教程、代码示例、项目案例等，以提高学习者的学习效率和兴趣。

4. 模拟与仿真

使用 AI 辅助的仿真软件，如 Proteus，可以模拟 51 单片机及其外围设备的工作状态，帮助学习者在没有实体硬件的情况下进行实验和调试，加快学习进程。

5. 教育互动

AI 聊天机器人或智能助教可以即时回答学习者关于 51 单片机编程的问题，提供即时反馈和指导，使得学习更加互动和便捷。

尽管 51 单片机本身的计算能力有限，难以直接运行复杂的 AI 模型，但通过上述方式，人工智能技术正逐步融入 51 单片机的学习和应用中，使传统硬件学习更加高效和智能化。

习　题

1. 描述单片机的初期发展阶段及其标志性事件。
2. 列举并解释单片机的 3 个核心特征。
3. 概括单片机从诞生到现在的主要发展历程，至少包括 3 个关键时期。
4. 解释专用型单片机如何促进特定领域技术的发展。
5. 举例说明低功耗在单片机设计中的重要性。
6. 论述 51 单片机相对于其他类型单片机的独特优势，并举例说明其在实际项目中的应用。
7. 探讨人工智能技术如何融入 51 单片机的学习与开发中，这对单片机应用领域有何影响？
8. 选取"单片机在计算机网络与通信技术中的一个具体应用"，分析其工作原理及优势。
9. 将以下 51 单片机产品与其特点进行匹配：

　A. AT 89S51　　B. STC 89C51　　C. WCH CH552

特点：a. 集成了 USB 功能　　b. 支持 ISP　　c. 市场应用广泛，经典型号

第 2 章

单片机的结构与原理

提要

　　本章主要介绍 MCS-51 系列单片机的结构与原理。熟悉并掌握硬件结构对于程序开发和应用设计是十分重要的，因为它是单片机应用系统设计的基础。通过本章的学习，可以使读者对 MCS-51 系列单片机的硬件功能系统结构、存储器结构、I/O 端口、复位电路、CPU 时序、CPU 引脚功能及工作方式有较为全面的了解。

　　MCS-51 系列单片机是 Intel 公司生产的一系列单片机的总称，是非常成功的产品，这一系列单片机包括了很多品种，如 8031、8051、8751、8032、8052、8752 等，其中 8051 是最早、最典型的产品，该系列其他单片机都是在 8051 的基础上进行功能的增、减、改变而来的，所以人们习惯于用 8051 来称呼 MCS-51 系列单片机，而 8031 是前些年在我国最流行的单片机，所以很多场合会看到 8031 的名称。MCS-51 系列单片机具有性能价格比高、稳定、可靠、高效等特点。自从 Intel 公司将 MCS-51 系列单片机的核心技术授权给了其他公司以来，不断有其他公司生产各种与 MCS-51 系列单片机兼容或者具有 MCS-51 系列单片机内核的单片机，这些单片机都简称为 51 单片机，如 AT 89C51 就是这几年在我国非常流行的单片机，它是由美国 Atmel 公司开发生产的，Atmel 公司 2016 年被美国芯片制造商微芯科技（Microchip Technology）收购。

2.1　MCS-51 系列单片机的型号、性能及主要功能

教学要求

　　MCS-51 系列单片机已成为当今 8 位单片机中具有事实上的"标准"意味的单片机，应用很广泛。本书以 8051 为核心，讲述 MCS-51 系列单片机。

2.1.1　MCS-51 系列单片机的型号及性能

　　在 MCS-51 系列单片机中，所有产品都是以 8051 为核心电路发展起来的，具有 8051 的

基本结构和软件特征。从制造工艺来看，MCS-51 系列单片机中的器件基本上可分为 HMOS 和 CMOS 两类。CMOS 器件的特点是电流小和功耗低（掉电方式下消耗约 10 μA 电流），但对电平要求高（高电平大于 4.5 V，低电平小于 0.45 V），HMOS 对电平要求低（高电平大于 2.0 V，低电平小于 0.8 V），但功耗较大。表 2-1 列示了 MCS-51 系列单片机的性能。

表 2-1　MCS-51 系列单片机性能表

ROM 形式			片内 ROM	片内 RAM	寻址范围	I/O			中断源
片内 ROM	片内 EPROM	外接 EPROM				计数器	并行口	串行口	
8051	8751	8031	4 KB	128 B	2×64 KB	2×16	4×8	1	5
80C51	87C51	80C31	4 KB	128 B	2×64 KB	2×16	4×8	1	5
8052	8752	8032	8 KB	256 B	2×64 KB	3×16	4×8	1	6
80C52	87C52	80C32	8 KB	256 B	2×64 KB	3×16	4×8	1	6

MCS-51 系列单片机的温度适用范围为：

民品（商业用）　　0～70 ℃

工业品　　　　　　-40～85 ℃

军用品　　　　　　-55～125 ℃

MCS-51 系列单片机还在不断发展中，很多型号拥有特殊功能，以适应不同的应用需求。

1. 增大内部存储器型

该型产品将内部的程序存储器和数据存储器增加一倍，如 80C58、87C58 等，内部拥有 32 KB ROM 和 256 B RAM，属于 58 子系列。

2. 可编程计数阵列型

可编程计数阵列（PCA）型具有比较/捕捉模块及增强的多机通信接口，其中含有字母“F”的系列产品，如 80C51FA、83C51FA、87C51FA、83C51FB、87C51FB、83C51FC、87C51FC 等，均是采用 CHMOS 工艺制造。

3. A/D 型

A/D 型指集成了模拟到数字转换器的单片机，允许直接读取模拟信号并将其转换为数字值，这对于需要处理模拟输入的应用场景非常有用。该型产品（如 80C51GB、83C51GB、87C51GB 等）具有下列新功能：8 路 8 位 A/D 转换模块，256 B 内部 RAM，2 个 PCA 监视定时器，增加了 A/D 和串行口中断，中断源达 7 个，具有振荡器失效检测功能。

除了上述提到的几种特殊功能类型，MCS-51 系列单片机还包括了其他多种功能增强型号，如具备串行扩展功能的、带有 I^2C 接口的，以及增加了 PWM（脉宽调制）控制器的等。这些特殊功能的加入，使得 MCS-51 系列单片机能够更好地满足特定应用领域的需求。

2.1.2　单片机的主要功能

MCS-51 系列单片机设计集成了多种功能，使其在各种嵌入式系统中得到了广泛应用。8051 系列单片机的主要功能如图 2-1 所示。

硬件功能

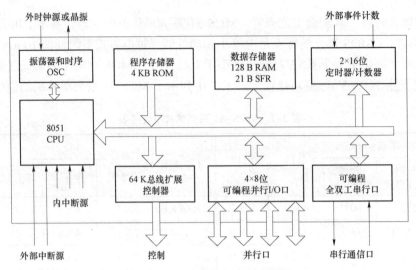

图 2-1 8051 单片机功能方框图

1. 强大的处理能力

MCS-51 系列单片机的 CPU 是其核心组件，负责解释和执行指令。它采用 8 位数据宽度，能够处理 8 位二进制数据或代码，实现复杂的数据处理和逻辑运算。

2. 灵活的存储配置

MCS-51 系列单片机内置 4～8 KB 的程序存储器，用于存放用户程序和数据表格。这为程序的存储提供了足够的空间。

MCS-51 系列单片机内部有 128 B 的数据存储器（RAM），用于存放运行时的数据。这种存储配置使得单片机在运行过程中能够高效地读写数据。

3. 多样的通信方式

MCS-51 系列单片机具有 4 个 8 位的并行 I/O 端口，用于对外部数据的传输。这些端口支持高速数据传输，适合需要快速数据交换的应用。

MCS-51 系列单片机内置一个全双工异步串行通信口，适用于远距离或速度要求不高的数据传输场合。

4. 丰富的中断资源

MCS-51 系列单片机具备较完善的中断功能，有 5 个中断源，能够满足不同的控制要求，并具有 2 级的优先级别选择。这使得单片机可以更加灵活地响应外部或内部事件。

5. 定时计数的功能

MCS-51 系列单片机包含两个 16 位的可编程定时器/计数器，可以实现定时或计数功能，当产生溢出时，可用中断方式控制程序转向。这些功能对于实现精确的时间控制和事件管理至关重要。

6. 时钟复位的机制

MCS-51 系列单片机内置最高频率达 12 MHz 的时钟电路，用于产生整个单片机运行的时序脉冲。

复位电路：确保单片机可以在各种情况下正确启动和重启，提高了系统的稳定性和可靠性。

MCS-51 系列单片机以其高度集成的设计和多功能的特性，在电子设计和开发的多个领域发挥着重要作用。从基本的数据处理到复杂的控制系统，MCS-51 系列单片机都能提供有效的解决方案。

2.2　单片机硬件系统结构

MCS-51 系列单片机系统主要由内部组件和系统总线构成。内部组件包括 CPU、存储器、I/O 端口及其他重要组件等。这些组件通过系统总线相互连接，共同完成数据处理、存储和通信的任务。

这些部件集成在一块芯片上，通过内部总线连接，构成完整的 MCS-51 单片机，如图 2-2 所示。

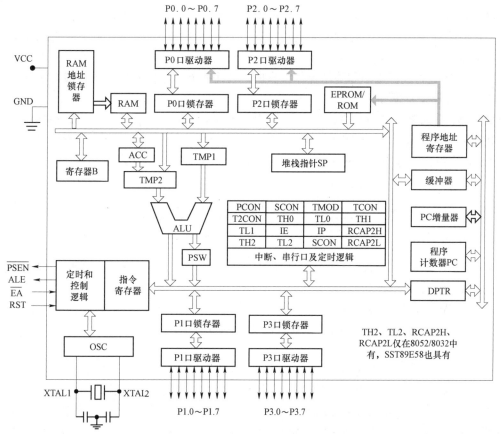

图 2-2　MCS-51 单片机硬件系统结构图

2.2.1　内部组件

1. 中央处理单元

① 算术逻辑单元（arithmetic and logic unit，ALU）：负责执行所有的算术和逻辑运算，如加、减、乘、除，以及与或非运算。

23

② 累加器（accumulator，ACC）：作为 ALU 操作的主要寄存器，用于暂存运算结果。

③ 寄存器：在执行乘法和除法时与累加器配合使用。

④ 程序状态字（program status word，PSW）：存储运算的状态信息，如结果为零标志、进位标志等。

⑤ 堆栈指针（stack pointer，SP）：用于存储临时数据，实现数据的先进后出管理。

⑥ 程序计数器（program counter，PC）：指示下一条要执行的指令地址。

⑦ 数据指针（DPTR）：用于访问外部数据存储器。

ALU 的功能十分强大，它不仅可对 8 位变量进行逻辑"与""或""异或"、循环、求补和清零等基本操作，还可以进行加、减、乘、除等基本运算。ALU 还具有一般微处理器所不具备的位处理操作，它可对位（bit）变量进行位处理，如置位、清零、求补、测试转移及逻辑"与""或"等操作。

累加器 A 是一个 8 位的累加器，从功能上看，它与一般微处理器的累加器相比没什么特别之处，但需要说明的是，累加器 A 的进位标志 CY 是特殊的，因为它同时又是位处理器的一位累加器。

寄存器 B 是为执行乘法和除法操作设置的，在不执行乘、除法操作的一般情况下，可把它当作一个普通寄存器使用。

MCS-51 系列单片机的程序状态字 PSW 是一个 8 位可读写的寄存器，它的不同位包含了程序状态的不同信息。掌握并牢记 PSW 各位的含义是十分重要的，因为在程序设计中，经常会与 PSW 的各个位打交道。程序状态字 PSW 各位的含义如图 2-3 所示。

D7	D6	D5	D4	D3	D2	D1	D0
CY	AC	F0	RS1	RS0	OV	-	P

图 2-3 程序状态字 PSW 各位的含义

CY（PSW.7）：进位标志位，在执行算术和逻辑指令时，可以被硬件或软件置位或清除，在位处理器中，它是位累加器。

AC（PSW.6）：辅助进位标志位，当进行加法或减法操作而产生由低 4 位数向高 4 位进位或借位时，AC 将被硬件置为 1，否则就被清除。AC 常用于十进制调整，与"DA A"指令结合起来用。

F0（PSW.5）：标志位，它是由用户使用的一个状态标志位，可用软件来使它置位或清除，也可以依靠软件测试 F0 控制程序的流向。编程时，该标志位特别有用。

RS1、RS0（PSW.4、PSW.3）：寄存器区选择控制位 1 和 0，这两位用来选择 4 组工作寄存器区（4 组寄存器在单片机内的 RAM 区中，将在下文中介绍），它们与 4 组工作寄存器区的对应关系如下：

	RS1	RS0	
软件写入	0	0	区 0（选择内部 RAM 寄存器地址 00H~07H）
软件写入	0	1	区 1（选择内部 RAM 寄存器地址 08H~0FH）
软件写入	1	0	区 2（选择内部 RAM 寄存器地址 10H~1TH）
软件写入	1	1	区 3（选择内部 RAM 寄存器地址 18H~1FH）

OV（PSW.2）：溢出标志位。当执行算术指令时，由硬件置为 1 或清 0，以指示溢出状态。

各种算术运算对该位的影响情况较为复杂，将在第 3 章详细说明。

PSW.1：是保留位，未用。

P（PSW.0）：奇偶标志位。每个指令周期都由硬件来置位或清除，以表示累加器 A 中值为 1 的位数的奇偶数。若为奇数，则 P=1，否则 P=0。此标志位对串行口通信中的数据传输有重要的意义，常用奇偶检验的方法来检验数据传输的可靠性。

2. 存储器结构

① 程序存储器（ROM）：存放程序代码，MCS-51 系统单片机通常内置 4 KB ROM，可扩展至 64 KB。

② 数据存储器（RAM）：分为内部存储器和外部存储器，内部存储器为 128 B，主要用于存放运行时的数据。

③ 特殊功能寄存器（SFR）：控制和监视单片机的各个特性和外设。

3. 输入/输出（I/O）接口

① 并行口（P0～P3）：4 个 8 位端口，用于数据传输和信号控制。

② 串行口：提供全双工串行通信能力，适用于远距离或速度要求不高的数据传输。

4. 其他重要组件

① 定时/计数器：提供定时和事件计数功能，对于实现精确的时间控制和事件管理至关重要。

② 中断系统：允许外围设备或软件事件请求 CPU 的即时响应，增强了系统的实时性和灵活性。

③ 时钟电路：生成单片机操作所需的基本时钟信号。

④ 复位电路：确保单片机可以在各种情况下正确启动和重启。

2.2.2　系统总线

MCS-51 系统单片机的系统总线是其内部通信的基础，负责在单片机的各个部分之间传输数据、地址和控制信号。系统总线的设计直接影响单片机性能和功能的实现。系统总线是连接单片机内部各个组件（如 CPU、存储器、I/O 端口等）的一组信号线，用于传输数据、地址和控制信息。MCS-51 系统单片机中的系统总线主要包括数据总线、地址总线和控制总线，每种类型的总线都有其特定的作用和重要性。

1. 数据总线

数据总线负责携带在单片机内部或与外部交换的实际数据。

数据总线的宽度决定了单片机一次可以传输的数据量，MCS-51 系列单片机通常具有 8 位宽的数据总线，这意味着它能够一次传输 8 位的数据。

2. 地址总线

地址总线用于指定数据将要传输到的内存位置或 I/O 端口的地址。

由于 MCS-51 系列单片机引脚数目的限制，数据线和低 8 位地址线是复用的，即 P0 口线兼用。为了分离它们，需要在单片机外部增设地址锁存器，从而构成片外三总线结构。

3. 控制总线

控制总线携带的是控制信号，用于管理系统总线的操作，如读写使能、中断控制等。

控制总线可以是同步的也可以是异步的，这取决于具体的操作需求和设计决策。

2.3 存储器结构

MCS-51 系列单片机的存储器组织采用的是哈佛（Harvard）结构，即将程序存储器和数据存储器分开，程序存储器和数据存储器具有各自独立的寻址方式、寻址空间和控制信号。这种结构对于单片机"面向控制"的实际应用较为方便。MCS-51 系列单片机的存储器结构如图 2-4 所示。

MCS-51 系列单片机（8031 和 8032 除外）有 4 个物理上相互独立的存储器空间，即内、外程序存储器和内、外数据存储器。逻辑上分为 3 个存储空间，即片内外统一编址的 64 KB 的程序存储器地址空间、256 B 的片内数据存储器，以及 64 KB 的片外数据存储器地址空间（可扩展数据存储器或 I/O 接口）。

由图 2-4 可见，内部数据存储器的高 128 B 仅为 52 子系列单片机拥有，51 子系列无。对于 8052 而言，8052 内部存储器高 128 B 与特殊功能寄存器（SFR）的地址是重叠的，为了区分，规定：直接寻址为访问 SFR，间接寻址为访问内部存储器高 128 B。

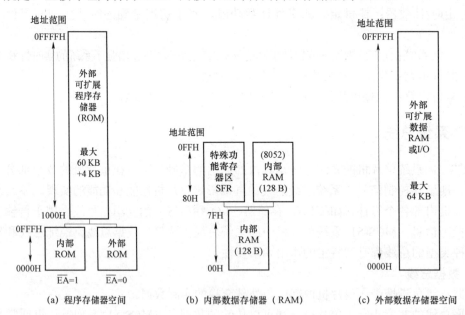

(a) 程序存储器空间　　　(b) 内部数据存储器（RAM）　　　(c) 外部数据存储器空间

图 2-4　MCS-51 系列单片机的存储器结构

2.3.1 程序存储器

程序存储器用于存放编好的程序和表格常数。由于 8031 无内部程序存储器，程序存储器只能外扩，最大的扩展空间为 64 KB。

在 MCS-51 系列单片机的指令系统中，同外部程序存储器打交道的指令仅有两条：

```
MOVC  A,@A+DPTR
MOVC  A,@A+PC
```

两条指令的功能将在第 3 章详细介绍。

MCS-51 系列单片机复位后，程序计数器 PC 的内容为 0000H，故系统必须从 0000H 单元开始取指令，执行程序。程序存储器中的 0000H 地址是系统程序的启动地址（这一点初学者要牢牢记住）。一般在该单元存放一条跳转指令，跳向用户设计的主程序的起始地址。

MCS-51 系列单片机最多可外扩 64 KB 程序存储器，64 KB 程序存储器中有 5 个单元，它们具有特殊用途。5 个单元分别对应 5 种中断源的中断服务程序的入口地址，见表 2-2。

表 2-2　MCS-51 系列单片机各种中断服务子程序的入口地址

中断源	入口地址
外部中断 0（INT0）	0003H
定时器 0（T0）	000BH
外部中断 1（INT1）	0013H
定时器 1（T1）	001BH
串行口（TI 或 RI）	0023H

通常在这些入口地址处都放一条跳转指令。加跳转指令的目的是：由于两个中断入口间隔仅有 8 个单元，故存放中断服务程序往往是不够用的。

存储器
结构（2）

2.3.2　数据存储器

1. 数据存储器

数据存储器用于存放和读取数据，它不能存放和执行程序指令。数据存储器在物理上和逻辑上都分为两个地址空间：内部数据存储器（简称内部 RAM）和外部数据存储器（简称外部 RAM）。内部 RAM 共 128 B，其地址空间为 00H～7FH（8052 为 00H～0FFH，256 B），外部 RAM 地址空间为 0000H～0FFFFH，共 64 KB，两者是由不同指令来访问的：访问内部 RAM 用 MOV 类指令；访问外部 RAM 用 MOVX 指令。

8051 内部 RAM 的 128 B，可按功能分为 3 个区域，见表 2-3。

① 地址 00H～1FH 的 32 B 是 4 个工作寄存器组。前面已介绍每组包括 8 个工作寄存器，寄存器名用 R0、R1、R2、R3、R4、R5、R6、R7 表示，单片机执行程序时同时只能选用其中的一组，具体使用哪一组是通过对 PSW 的 RS1、RS0 两位的设置来实现的。设置 4 组工作寄存器给程序设计带来了好处，能够很容易地实现子程序嵌套、中断嵌套时的现场保护，如果在用户程序中只使用了一组内部 RAM 单元作为工作寄存器，则其他 3 组 RAM 单元可作为一般的内部 RAM 作用，MCS-51 系列单片机在复位后，RS1、RS0 都为 0，即指定 00H～07H 单元为 R0～R7。

② 地址 20H～2FH 的 16 B 共 128 位，是可位寻址的内部 RAM 区，它们既可字节寻址，也可位寻址。这些位寻址单元构成了布尔处理器的数据存储器空间。它们的位地址定义为 00H～7FH，具体定义见表 2-4。

③ 地址 30H～7FH 的 80 B 是只能按字节寻址的内部 RAM 区，为用户区。MCS-51 系列单片机的堆栈安排在内部 RAM 内，堆栈的深度以不超过内部 RAM 的空间为限。对 8051 类芯片最多为 128 B，对 8052 类芯片最多为 256 B。一般将堆栈定义在 00H～7FH 的用户区。

表 2–3　8051 内部 128 B RAM 分配表

7FH ⋮ 30H									用户区
2FH	7F	7E	7D	7C	7B	7A	79	78	
2EH	77	76	75	74	73	72	71	70	
2DH	6F	6E	6D	6C	6B	6A	69	68	
2CH	67	66	65	64	63	62	61	60	
2BH	5F	5E	5D	5C	5B	5A	59	58	
2AH	57	56	55	54	53	52	51	50	
29H	4F	4E	4D	4C	4B	4A	49	48	位寻址区
28H	47	46	45	44	43	42	41	40	
27H	3F	3E	3D	3C	3B	3A	39	38	
26H	37	36	35	34	33	32	31	30	
25H	2F	2E	2D	2C	2B	2A	29	28	
24H	27	26	25	24	23	22	21	20	
23H	1F	1E	1D	1C	1B	1A	19	18	
22H	17	16	15	14	13	12	11	10	
21H	0F	0E	0D	0C	0B	0A	09	08	
20H	07	06	05	04	03	02	01	00	
1FH ⋮ 18H	寄存器 3 组								
17H ⋮ 10H	寄存器 2 组								寄存器工作区
0FH ⋮ 08H	寄存器 1 组								
07H ⋮ 00H	寄存器 0 组								

2. 特殊功能寄存器

8051 内部有 21 个特殊功能寄存器（8052 子系列多 5 个特殊功能寄存器），其中 DPTR 是双字节寄存器，PC 寄存器在物理上是独立的，其余 20 个寄存器都属于内部数据存储器的特殊功能寄存器块。表 2–4 列示了 MCS-51 系列单片机特殊功能寄存器的名称、物理地址分配及复位后的状态。

表 2-4　MCS-51 系列单片机特殊功能寄存器一览表

寄存器名	物理地址	复位后的状态	名　称
*ACC	0E0H	00000000B	累加器
*B	0F0H	00000000B	B 寄存器
*PSW	0D0H	00000000B	程序状态字
SP	81H	00000111B	堆栈指针
DPTR	—	—	2B 数据指针
DPL	82H	00000000B	数据指针（低 8 位）
DPH	83H	00000000B	数据指针（高 8 位）
*P0	80H	11111111B	并行口 0
*P1	90H	11111111B	并行口 1
*P2	0A0H	11111111B	并行口 2
*P3	0B0H	11111111B	并行口 3
*IP	0B8H	×××00000B	中断优先级控制器
*IE	0A8H	0××00000B	中断允许控制器
TMOD	89H	00000000B	定时器方式选择
*TCON	88H	00000000B	定时器控制器
*T2CON	0C8H	00000000B	定时器 2 控制器
TH0	8CH	00000000B	定时器 0 高 8 位
TL0	8AH	00000000B	定时器 0 低 8 位
TH1	8DH	00000000B	定时器 1 高 8 位
TL1	8BH	00000000B	定时器 1 低 8 位
TH2	0CDH	00000000B	定时器 2 高 8 位
TL2	0CCH	00000000B	定时器 2 低 8 位
RCAP2H	0CBH	00000000B	定时器 2 捕捉寄存器高 8 位
RCAP2L	0CAH	00000000B	定时器 2 捕捉寄存器低 8 位
*SCON	98H	00000000B	串行控制器
SBUF	99H	××××××××B	串行数据缓冲器
PCON	87H	0×××××××B	电源控制器

注：寄存器名前有*的表示该寄存器可以位寻址；×表示不确定的值。

　　在 21 个特殊功能寄存器中，有 11 个特殊功能寄存器具有位寻址能力，它们的字节地址正好能被 8 整除，其十六进制地址的末位只能是 0H 或 8H，其地址分布见表 2-5，表内的数字表示的是十六进制位地址，位地址下面是该位的位定义，如 PSW 的字节地址是 0D0H，其位地址即从 0D0H～0D7H，共 8 个位地址，位地址 0D7H 表示的位变量是 CY（进位）。需要注意的是，128 B 的 SFR 地址空间中仅有 20 个字节是有定义的，对于尚未定义的地址单元，用户不能作为寄存器使用，若访问没有定义的单元，则将得到一个不确定的随机数。

表 2-5　特殊功能寄存器中位地址及位定义

SFR	MSB			位地址/位定义				LSB	字节地址
B	F7	F6	F5	F4	F3	F2	F1	F0	0F0H
ACC	E7	E6	E5	E4	E3	E2	E1	E0	0E0H
PSW	D7	D6	D5	D4	D3	D2	D1	D0	0D0H
	CY	AC	F0	RSl	RS0	OV	F1	P	
IP	BF	BE	BD	BC	BB	BA	B9	B8	0B8H
	—	—	—	PS	TP1	PXl	PT0	PX0	
P3	B7	B6	B5	B4	B3	B2	B1	B0	0B0H
	P3.7	P3.6	P3.5	P3.4	P3.3	P3.2	P3.1	P3.0	
IE	AF	AE	AD	AC	AB	AA	A9	A8	0A8H
	EA	—	—	ES	ETl	EXl	ET0	EX0	
P2	A7	A6	A5	A4	A3	A2	A1	A0	0A0H
	F2.7	P2.6	P2.5	P2.4	P2.3	P2.2	P2.1	P2.0	
SBUF									（99H）
SCON	9F	9E	9D	9C	9B	9A	99	98	98H
	SM0	SM1	SM2	REN	TB8	RB8	Tl	Rl	
P1	97	96	95	94	93	92	91	90	90H
	Pl.7	P1.6	P1.5	P1.4	P1.3	P1.2	P1.1	P1.0	
TB1									（8DH）
TH0									（8CH）
TL1									（8BH）
TL0									（8AH）
TMOD	GATE	C/T	M1	M0	GATE	C/T	Ml	M0	（89H）
TCON	8F	8E	8D	8C	8B	8A	89	88	88H
	TF1	TR1	TF0	TR0	IE1	IT1	IT0	IE0	
PCON	SMOD	—	—	—	GF1	GF0	PD	IDL	（87H）
DPH									（83H）
DPL									（82H）
SP									（8lH）
P0	87	86	85	84	83	82	81	80	80H
	P0.7	P0.6	P0.5	P0.4	P0.3	P0.2	P0.1	P0.0	

下面简单介绍程序计数器（PC）及 SFR 中的某些寄存器，其他没有介绍的寄存器将在有关章节中叙述。

1）程序计数器 PC

程序计数器 PC 用于存放下一条要执行的指令地址，是一个 16 位专用寄存器，可寻址范围为 0～65 535。（PC 在物理上是独立的，不属于 SFR，但它与 SFR 有密切联系，故放在此处介绍。）

2）累加器 A

累加器 A 是一个最常用的专用寄存器，它属于 SFR，大部分单操作数指令的操作数取自累加器 A，很多双操作数指令的一个操作数取自累加器 A，加、减、乘、除算术运算指令的运算结果都存放在累加器 A 或 A、B 寄存器中。

3）寄存器 B

在乘、除指令中用到了 B 寄存器。乘法指令的两个操作数分别取自 A 和 B，其结果存放在 A、B 寄存器对中。除法指令中，被除数取自 A，除数取自 B，运算后商数存放于 A，余数存放于 B。

4）程序状态字（PSW）

PSW 是一个 8 位寄存器，它包含了程序状态信息，已在前述章节中做了详细介绍。

5）堆栈指针（SP）

堆栈指针（SP）是一个 8 位专用寄存器。它指示出堆栈顶部在内部 RAM 块中的位置。系统复位后，SP 初始化为 07H，使得堆栈事实上由 08H 单元开始，考虑到 0BH～1FH 单元分别属于工作寄存器区 1～3，若在程序设计中要用到这些区，则最好把 SP 值改置为 1FH 或更大的值。单片机的堆栈是向上生成的。例如，SP=60H，CPU 执行一条调用指令或响应中断后，PC 进栈，PC 的低 8 位送入到 61H，PC 的高 8 位送入到 62H，（SP）=62H。

6）数据指针 DPTR

数据指针 DPTR 是一个 16 位的 SFR，其高位字节寄存器用 DPH 表示，低位字节寄存器用 DPL 表示。DPTR 既可以作为一个 16 位寄存器，也可以作为两个独立的 8 位寄存器 DPH 和 DPL。

7）端口 P0～P3

特殊功能寄存器 P0～P3 分别为 I/O 端口 P0～P3 的锁存器。即每个 8 位 I/O 端口都对应 SFR 的一个地址。在 MCS-51 系列单片机中，I/O 和 RAM 统一编址，使用起来较方便，访问 I/O 端口可用访问 RAM 的指令。

8）串行数据缓冲器 SBUF

串行数据缓冲器 SBUF 用于存放欲发送或已接收的数据，它在 SFR 块中只有一个字节地址，但在物理上是由两个独立的寄存器组成，一个是发送缓冲器 SBUF，另一个是接收缓冲器 SBUF，当要发送的数据传送到 SBUF 时，进的是发送缓冲器 SBUF，接收时，外部来的数据存入接收缓冲器 SBUF。

9）定时器

MCS-51 系列单片机有两个 16 位定时器/计数器 T0 和 T1，它们各由两个独立的 8 位寄存器组成，共为 4 个独立的寄存器：TH0、TL0、TH1、TL1。可以对这 4 个寄存器寻址，但不能把 T0 或 T1 当作一个 16 位寄存器来对待。

3. 外部数据存储器

MCS-51 系列单片机外部数据存储器寻址空间为 64 KB，这对多数应用领域已足够使用。对外部数据存储器可用 R0、R1 及 DPTR 间接寻址寄存器。R0、R1 为 8 位寄存器，寻址范围为 256 B，DPTR 为 16 位的数据指针，寻址范围为 64 KB。

在 MCS-51 系列单片机的指令系统中，访问外部数据存储器的指令有 4 条：

MOVX　　A,@Ri

MOVX　　A,@DPTR

MOVX　　@Ri, A

MOVX　　@DPTR,A

2.4　I/O 端口

MCS-51 系列单片机有 4 个双向的 8 位并行 I/O 端口 P0～P3，每个端口都有一个 8 位锁存器，复位后它们的初始状态全为"1"。

P0 口是三态双向口，既可作为并行 I/O 端口，也可作为数据总线口。当外部扩展了存储器或 I/O 端口时，则只能作为数据总线和地址总线低 8 位。当作为数据总线口时是分时使用的，即先输出低 8 位地址，后用作数据总线，故应在外部加锁存器将先送出的低 8 位地址锁存，地址锁存信号用 ALE。

P1 口是专门供用户使用的 I/O 端口，是准双向接口。

P2 口是准双向接口，既可作为并行 I/O 端口，也可作为地址总线高 8 位口。当外部扩展了存储器或 I/O 端口时，则只能作为地址总线高 8 位口。

P3 口是准双向口，也是双功能口。该口的每一位均可独立地定义为第二功能，当作为第一功能使用时，口的结构与操作与 P1 口相同。表 2-6 列示了 P3 口为第二功能时各位的定义。

表 2-6　P3 口的第二功能定义

端口引脚	第二功能
P3.0	RXD（串行输入口）
P3.1	TXD（串行输出口）
P3.2	INT0（外部中断 0）
P3.3	INT1（外部中断 1）
P3.4	T0（定时器 0 外部中断）
P3.5	T1（定时器 1 外部中断）
P3.6	$\overline{\text{WR}}$（外部数据存储器写信号）
P3.7	$\overline{\text{RD}}$（外部数据存储器读信号）

注：$\overline{\text{WR}}$ 表示管脚 WR 为低电平有效。

2.4.1 P0 口

P0 口是 8 位双向三态输入/输出接口，如图 2-5（a）所示。P0 口既可作为地址/数据总线使用，又可作为通用 I/O 口使用。当连接外部存储器时，P0 口一方面用来输出外部存储器或 I/O 的低 8 位地址（地址总线低 8 位），另一方面作为 8 位数据输入/输出口（数据总线），当 P0 口作为地址/数据总线使用时，就不能再把它当作通用 I/O 口使用。当作为输出口时，输出漏极开路，驱动 NMOS 电路时应外接上拉电阻；作为输入口之前，应先向锁存器写 1，使输出的两个场效应管均关断，引脚处于"浮空"状态，这样才能做到高阻输入，以保证输入数据的正确。正是由于该端口用作输入时应先写 1，故称为准双向口。

准双向口的特点是它们可以用作数字输入和输出，但在作为输入使用时，需要先向对应的锁存器写入逻辑"1"，以确保输入路径能够被激活。这是因为准双向口内部通常存在一个弱上拉电阻（约 50 kΩ），在输入模式下端口是弱上拉状态，也就是说端口只有高或低两种状态。在初始状态和复位状态下，准双向口默认为逻辑"1"。与真正的双向口相比，准双向口不能直接用于模拟输入/输出，且在使用时需要一些预操作（如端口置"1"操作）。

2.4.2 P1 口

P1 口是 8 位准双向口，作为通用输入/输出口使用，如图 2-5（b）所示。在输出驱动器部分，P1 口有别于 P0 口，它接有内部上拉电阻。P1 口的每一位都可以独立地定义为输入或者输出，因此 P1 口既可以作为 8 位并行输入/输出口，又可以作为 8 位相互独立的输入/输出端。CPU 既可以对 P1 口进行字节操作，又可以进行位操作。当作输入方式时，该位的锁存器必须预写 1。

2.4.3 P2 口

P2 口是 8 位准双向输入/输出接口，如图 2-5（c）所示。P2 口可作为通用 I/O 端口使用，与 P1 口相同。当外接存储器或 I/O 时，P2 口给出地址的高 8 位（地址总线高 8 位），此时不能用作通用 I/O 端口。当外接数据存储器时，若 RAM 小于 256 B，用 R0、R1 作间址寄存器，只需 P0 口送出地址低 8 位，P2 口可以用作通用 I/O 端口；若 RAM 大于 256 B，必须用 16 位寄存器 DPTR 作间址寄存器，则 P2 口只能在一定限度内作为一般 I/O 端口使用。

2.4.4 P3 口

P3 口也是一个 8 位的准双向输入/输出接口，如图 2-5（d）所示。它具有多种功能，一方面，与 P1 口一样作为一般准双向输入/输出接口，具有字节操作和位操作两种工作方式；另一方面，8 条输入/输出线可以独立地作为串行输入/输出口和其他控制信号线，即第二功能。

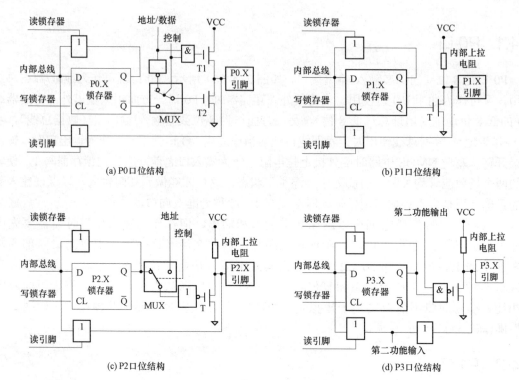

(a) P0 口位结构

(b) P1 口位结构

(c) P2 口位结构

(d) P3 口位结构

图 2-5   并行端口位结构图

2.4.5   I/O 的接口要求与负载能力

P1、P2、P3 口内部均有上拉电阻，输入端可以被集电极开漏电路所驱动，无须再接上拉电阻。当它们用作输入方式时，对应的口锁存器必须先置 1，以关断输出驱动器，这时相应引脚内部的上拉电阻可将电平拉成高电平，然后进行输入，当输入为低电平时，它能拉低为低输入电平。

P0 口内部没有上拉电阻，当结构图中驱动器上方的场效应管仅用于外部存储器读写时，作为地址/数据线用。当它作为通用 I/O 时，输出级是漏极开路形式，如果再置位锁存器，则输出高阻，故当用它驱动 NOMS 电路时，就外接上拉电阻。当然在用作地址/数据线时，不必外加上拉电阻。

P0 口的每位输出可驱动 8 个 LSTTL 负载，主要是因为其独特的开漏输出设计和场效应管的使用，这些结构使其在输出低电平时能够提供较大的驱动电流。P1～P3 口可驱动 4 个 LSTTL 负载。

CHMOS 端口只能提供几毫安的输出电流，故当作为输出口去驱动一个普通晶体管的基极时，应在端口与晶体管基间串接一个电阻，以限制高电平输出时的电流。

2.4.6   I/O 端口的读-修改-写特性

由图 2-5 可见，每个 I/O 端口均有两种读入方法，即读锁存器和读引脚，并有相应的指令，那么如何区分读端口的指令是读锁存器还是读引脚呢？

读锁存器指令是从锁存器中读取数据,进行处理,并把处理后的数据重新写入锁存器中,这类指令称为"读–修改–写"指令。当目的操作数是一个 I/O 端口或 I/O 端口的某一位时,这些指令是读锁存器而不是读引脚,即为"读–修改–写"指令。下面列出的是一些"读–修改–写"指令。

ANL	逻辑与,例如 ANL　P1,A;
ORL	逻辑或,例如 ORL　P2,A;
XRL	逻辑异或,例如 XRL　P3,A;
JBC	若位=1,则转移并清零,例如 JBC　P1.1,LABEL;
CPL	取反位,例如 CPL P3.0;
INC	递增,例如 INC P2;
DEC	递减,例如 DEC P2;
DJNZ	递减,若不等于 0,则转移,例如 DJNZ　P3,LABEL;
MOV P1.7,C	进位位送到端口 P1 的位 7;
CLR P1.4	清零端口 P1 的位 4;
SETB P1.2	置位端口 P1 的位 2。

　　读引脚指令一般都是以 I/O 端口为源操作数的指令,当执行读引脚指令时,打开三态门,端口为输入状态。例如,当读 P1 口的输入状态时,读引脚指令为:MOV　A,P1。

　　读–修改–写指令指向锁存器而不是引脚,其理由是避免可能误解引脚上的电平。例如,端口位可能由于驱动晶体管的基极,在写 1 至该位时,晶体管导通,若 CPU 随后在引脚处读端口位,则它将读回晶体管的基极电压,将其解释为逻辑 0,若读该锁存器,将返回正确值逻辑 1。

复位电路

2.5　复　位　电　路

　　MCS-51 系列单片机的复位,通常是通过在 RST 引脚上输入一个持续 2 个机器周期以上的高电平信号来实现的。复位过程是单片机系统的初始化操作,它会对特殊功能寄存器和单片机的某些引脚信号产生影响。

　　下面是复位过程中的一些关键点。

　　(1)复位信号的要求

　　为了确保 MCS-51 系列单片机能够正确复位,需要在 RST(Reset)引脚上提供一个至少持续 2 个机器周期(24 个振荡周期)的高电平信号。

　　(2)复位的影响

　　复位后,某些特殊功能寄存器的值会被初始化。例如,程序计数器(PC)通常会被重置到地址 0000H,这意味着复位后程序将从这个地址开始执行。

　　(3)复位电路设计

　　在设计复位电路时,需要确保在系统上电启动时能够产生足够的高电平时间来完成复位。此外,有些设计中还会在 RST 引脚接上掉电保护电路,以防止掉电时 RAM 中的数据丢失。

（4）复位状态

复位后，CPU 的状态会被设置为特定的值，比如累加器（ACC）会被清零，而标志位会被设置为特定的状态，这有助于确保单片机从一个已知的状态开始运行。

了解 MCS-51 系列单片机的复位机制对于设计和调试单片机系统至关重要，因为它关系到系统能否正常启动和运行。在实际应用中，复位电路的设计需要考虑到电源的稳定性和复位信号的可靠性，以确保系统的稳定性和可靠性。

复位输入引脚 RST 为 MCS-51 系列单片机提供了初始化的手段，它可以使程序从指定处开始执行，即从程序存储器中的 0000H 地址单元开始执行程序。只要 RST 保持高电平，MCS-51 系列单片机就循环复位。只有当 RST 由高电平变低电平以后，MCS-51 系列单片机才从 0000H 地址开始执行程序。

2.5.1　复位时片内各寄存器的状态

MCS-51 系列单片机复位时片内各寄存器的状态参见表 2-4。

由于单片机内部的各个功能部件均受特殊功能寄存器控制，程序运行直接受程序计数器（PC）指挥。表 2-4 中各寄存器复位时的状态决定了单片机内有关功能部件的初始状态。

下面对表 2-4 中寄存器的复位状态作进一步的说明。

① 复位后 PC 值为 0000H，故复位后的程序入口地址为 0000H。

② 复位后 PSW=00H，使片内存储器中选择 0 区工作寄存器，用户标志为 F0 为 0 状态。

③ 复位后 SP=07H，设定堆栈栈底为 07H。

④ TH1、TL1、TH0、TL0 都为 00H，表明定时/计数器复位后皆清零。

⑤ TMOD=00H 都处于方式 0 工作状态，并设定 T1、T0 为内部定时器方式，定时器不受外部引脚控制。

⑥ TCON=00H，禁止计数器计数，并表明定时/计数器无溢出中断请求，并禁止外部中断源的中断请求，外部中断源的中断请求为电平触发方式。

⑦ SCON=00H，使串行口工作在移位寄存器方式（方式 0），并且设定允许串行移位接收或发送。

⑧ 复位后 IE 的各位均为零，表明在中断系统 CPU 被禁止响应中断，而且每个中断源也被禁止中断。

⑨ 复位后 IP 的各位均为零，表明在中断系统的 5 个中断源都设置为低优先级中断状态。

⑩ 复位后的 P1、P2、P3 口锁存器全为 1 状态，使这些准双向口皆处于输入状态。

另外，在复位有效期间（高电平），MCS-51 系列单片机的 ALE 引脚和引脚均为高电平，且内部 RAM 不受复位的影响。

2.5.2　复位电路

MCS-51 系列单片机系统刚通电（上电）后，必须复位。此外，在系统工作异常等特殊情况下，也可以人为地使系统复位。复位是由外部复位电路来实现的，按功能可以分为以下 3 种方式。

1. 上电自动复位方式

复位电路的基本功能是：系统上电时提供复位信号，直至系统电源稳定后，撤销复位信号。为可靠起见，电源稳定后还要经一定的延时才撤销复位信号，以防电源开关或电源插头分合过程中引起的抖动而影响复位。对于 MCS-51 系列单片机，只要在 RST 复位端接一个电容至 VCC 和一个电阻至 VSS 即可。上电复位电路如图 2-6（a）所示。在加电瞬间，RST 端出现一定时间的高电平，只要高电平保持时间足够长，就可以使 MCS-51 系列单片机复位。

2. 人工复位

除了上电复位外，有时还需要人工复位。图 2-6（b）是实用的上电复位与人工复位电路，KG 为手动复位开关，并联于上电自动复位电路，增加电容 Ch 可避免高频谐波对电路的干扰，增加二极管 D 可在电源电压瞬间下降时使电容迅速放电，一定宽度的电源毛刺也可令系统可靠复位。按一下开关 KG 就会在 RST 端出现一段时间的高电平，使单片机可靠复位。

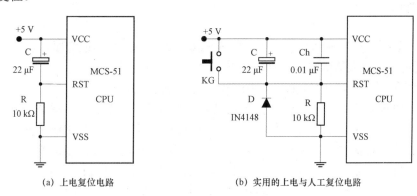

（a）上电复位电路　　　　　　　（b）实用的上电与人工复位电路

图 2-6　单片机的复位电路

3. 复位芯片

能够完成 MCS-51 系列单片机复位的芯片通常是看门狗电路（watchdog timer）。看门狗电路是一种常用的复位芯片，它的主要功能是确保系统在异常情况下能够自动恢复正常工作。其工作原理如下。

1）计时功能

看门狗电路内部有一个计数器，它会在系统正常工作时定期被清零。如果系统出现故障，如程序跑飞或死锁，无法按时清零看门狗计数器，则计数器会溢出。

2）复位信号

当计数器溢出时，看门狗电路会在 RST 引脚上生成一个高电平信号，这个信号持续的时间超过 2 个机器周期，从而触发 MCS-51 系列单片机的复位操作。

除了看门狗电路，还有其他类型的复位芯片，如电源监控芯片，它们可以在上电、掉电或电源波动时提供复位信号。这些芯片通常具有手动复位功能，允许用户通过外部按钮进行复位。

总的来说，在选择复位芯片时，需要考虑系统的具体需求，包括复位条件、复位时间、是否需要手动复位等因素。

在工业控制系统中，常用的看门狗芯片包括 MAX 706 和 MAX 813L 等。这些芯片通常具备上电复位、手动复位及看门狗定时器等功能，确保系统在异常情况下能够自动恢复正常工作。在汽车电子领域，英飞凌的 TLF 35584 是一个集成了看门狗模块的电源管理芯片，适用于对安全性要求极高的汽车应用。

此外，随着技术的发展，许多现代微控制器（MCU）内部已经集成了看门狗定时器，这样的设计可以减少外部电路的复杂性，提高系统的稳定性和可靠性。例如，STM 32 系列微控制器就内置了看门狗定时器，使开发者可以在不增加额外硬件的情况下实现看门狗功能。

2.6 CPU 时序

CPU 时序

2.6.1 时钟电路

MCS-51 系列单片机内部有一个用于构成振荡器的高增益反相放大器，引脚 XTAL1 和 XTAL2 分别是这个放大器的输入端和输出端。

MCS-51 系列单片机的时钟电路可由内部方式或外部方式产生。

内部方式时钟电路如图 2-7 所示。外接晶体及电容 C1、C2 构成并联谐振电路，接在放大器的反馈回路中，内部振荡器产生自激振荡，一般晶振可在 2～12 MHz 之间任选。对外接电容值虽然没有严格的要求，但电容的大小会影响振荡频率的高低、振荡器的稳定性、起振的快速性和温度及稳定性。外接晶体振荡器时，C1、C2 通常选 30 pF 左右。在设计印刷线路板时，晶体和电容应尽可能与单片机芯片靠近，以保证稳定可靠。

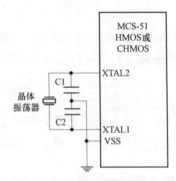

图 2-7 MCS-51 系列单片机内部方式时钟电路

当采用外部方式时钟电路时，外部时钟信号通过反相器接至 XTAL2 和 XTAL1（见图 2-8(a)）。对于 HMOS 的单片机，还可按图 2-8(b)所示，将外部时钟信号直接接至 XTAL2。CHMOS 的单片机可按图 2-8（c）所示，将外部时钟信号直接接至 XTAL1。通常对外部振荡信号无特殊要求，但需保证最小高电平及低电平脉宽，一般为频率低于 12 MHz 的方波。

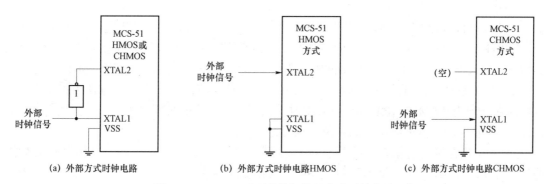

(a) 外部方式时钟电路   (b) 外部方式时钟电路HMOS   (c) 外部方式时钟电路CHMOS

图 2-8 MCS-51 系列单片机外部方式时钟电路

2.6.2 时序

CPU 执行一条指令的时间称为指令周期，它是以机器周期为单位的，MCS-51 系列单片机典型的指令周期为一个机器周期，单机器周期的指令约占全部指令的一半。

MCS-51 系列单片机的 CPU 取指指令和执行指令的时序如图 2-9 所示。

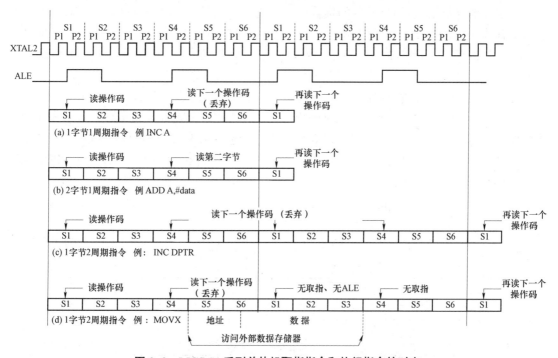

图 2-9 MCS-51 系列单片机取指指令和执行指令的时序

每个机器周期由 6 个状态周期组成，每个状态周期由 2 个振荡周期（时钟周期）组成，状态周期即 S1、S2、S3、S4、S5、S6，而每个状态周期由两个节拍 P1、P2 组成。所以一个机器周期可依次表示为 S1P1、S1P2、S2P1、S2P2、…、S6P1、S6P2 共 12 个振荡周期。一般情况下，算术逻辑操作发生在节拍 P1 期间，而内部寄存器之间的传送发生在节拍 P2 期间，这些内部时钟信号无法从外部观察，故用 XTAL2 振荡信号作参考，而 ALE 可作为外部工作状态指示信号，还可以将 XTAL2 和 ALE 用于外部定时。在一个机器周期中通常出现两次 ALE 信号：一次在 S1P2 与 S2P1 期间，另一次在 S4P2 与 S5P1 期间。由 ALE 信号控制从 ROM 中取两次操作码，读入指令寄存器，指令周期的执行开始于 S1P2 时刻，而总是结束于 S6P2 时刻。

MCS-51 系列单片机的指令周期一般只有 1～2 个机器周期，只有乘、除两条指令为 4 个机器周期，当用 12 MHz 作晶体振荡频率时，执行一条指令的时间也就是一个指令周期，为 1 μs、2 μs 及 4 μs。振荡频率越高，指令执行速度越快。

对于单机器周期的指令，当操作码锁存到指令寄存器时，从 S1P2 开始执行。如果是双字节指令，则在同一机器周期的 S4 读入第二个字节。对单字节指令，在 S4 仍进行读操作，但读数无效，PC 值不增量。在任何情况下，在 S6P2 时结束指令操作。图 2-9（a）和图 2-9（b）所示分别为 1 字节 1 周期指令的时序和 2 字节 1 周期指令的时序。图 2-9（c）所示是单字节双周期指令的时序，在两个机器周期内发生 4 次操作码的操作，由于是单字节指令，后 3 次读操作都是无效的。图 2-9（d）是访问外部数据存储器的指令 MOVX 的时序，它是一条单字节双周期指令。在第一个机器周期 S5 开始时，送出外部数据存储器的地址，随后读或写数据，读写期间在 ALE 端不输出有效信号；在第二个机器周期，即外部数据存储器已被寻址和选通后，也不产生取指操作。ALE 信号为 MCS-51 系列单片机扩展系统外部存储器地址低 8 位的锁存信号。在访问程序存储器的机器周期内，ALE 信号二次有效（S1P2-S2P1 产生正脉冲），因此可以用作时钟输出信号，但要注意，在执行访问外部数据存储器指令 MOVX 时，要跳过一个 ALE 信号，所以 ALE 的频率可能是不稳定的。

MCS-51 系列单片机执行外部程序存储器中指令码时的总线周期如图 2-10 所示。P2 口作为地址总线高 8 位 PCH，每个机器周期输出 2 次外部程序存储器高 8 位地址，P0 口先作为地址总线低 8 位 PCL，即外部程序存储器低 8 位地址，通过 ALE 和外部锁存器锁存后，与 PCH 共同组成 16 位地址，由 $\overline{PSEN}$ 在有效时将 8 位外部程序存储器指令码或常数读入 CPU，此过程引脚 $\overline{RD}$ 一直无效。

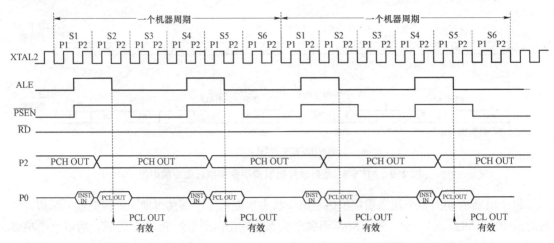

图 2-10　MCS-51 系列单片机执行外部程序存储器中指令码时的总线周期

MCS-51 系列单片机执行 MOVX 指令码时的总线周期如图 2-11 所示。在指令的第 1 个机器周期内，P2 口作为地址总线高 8 位 PCH，输出程序存储器高 8 位地址，P0 口先作为地址总线低 8 位 PCL，取出指令码后，再和 P2 确定外部数据存储器的 16 位地址，通过 ALE 和外部锁存器锁存后，在指令的第 2 个机器周期内由 RD 有效时将 8 位数据读入 CPU。

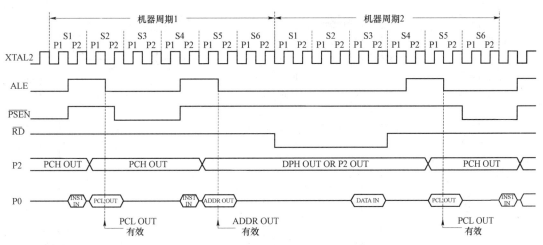

图 2-11　MCS-51 系列单片机执行 MOVX 指令码时的总线周期

2.7　CPU 引脚功能

在 MCS-51 系列单片机中，各类单片机是相互兼容的，只是引脚功能略有差异。在器件引脚的封装上，MCS-51 系列单片机通常有两种封装：一种是双列直插式封装（dual inline package，DIP），常为 HMOS 型器件所用；另一种是方形封装（plastic leaded chip carrier，PLCC），大多数在 CHMOS 型器件中使用，如图 2-12 所示。引脚 1 和引脚 2（PLCC 封装为引脚 2 和引脚 3）的第二功能仅用于 8052/8032。

MCS-51 系列单片机 DIP 封装有 40 条引脚，共分为端口线、电源线和控制线三类。

1. 端口线

MCS-51 系列单片机共有 4 个并行 I/O 端口，每个端口都有 8 条端口线，用于传送数据/地址或其他信息。由于每个端口的结构各不相同，因此它们在功能和用途上的差别颇大，现对它们综述如下。

1）P0.0～P0.7

这组引脚共有 8 条，为 P0 口专用，其中 P0.7 为最高位，P0.0 为最低位。这 8 条引脚共有两种不同功能，分别使用于两种不同情况之下。第一种情况是 MCS-51 系列单片机不带片外存储器的型号，P0 口可以作为通用 I/O 端口使用，P0.7～P0.0 用于传送 CPU 的输入/输出数据。这时，输出数据可以得到锁存，不需外接专用锁存器，输入数据可以得到缓冲，增加了数据输入的可靠性。第二种情况是带片外程序存储器，P0.7～P0.0 在 CPU 访问片外存储器时先是用于传送片外存储器的低 8 位地址，然后传送 CPU 对片外存储器的读或写数据。

8751 的 P0 口还有第三种功能，即它们可以用来给 8751 片内 EPROM 编程或进行编程后的读出校验。这时，P0.7~P0.0 用于传送 EPROM 的编程机器码或读出校验码。

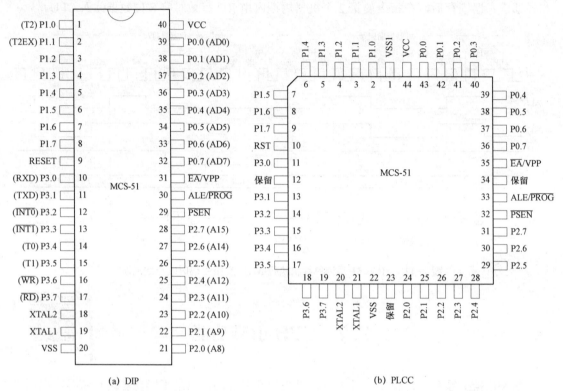

(a) DIP　　　　　　　　(b) PLCC

图 2-12　MCS-51 系列单片机管脚定义及封装图

2）P1.0~P1.7

这 8 条引脚和 P0 口的 8 条引脚类似，P1.7 为最高位，P1.0 为最低位。当 P1 口作为通用 I/O 端口使用时，P1.0~P1.7 的功能和 P0 口的第一种功能相同，也用于传送用户的输入/输出数据。

8751 的 P1 口还有第二种功能，即它在 8751 编程/校验时用于输入片内 EPROM 的高 8 位（实际是高 4 位）地址。

3）P2.0~P2.7

这组引脚的第一种功能和上述两组引脚的第一种功能相同，即它可以作为通用 I/O 端口使用。它的第二种功能和 P0 口引脚的第二种功能相配合，用于输出片外存储器的高 8 位地址，共同选中片外存储器单元，但并不能像 P0 口那样还可以传送存储器的读写数据。

8751 的 P2.0~P2.7 还有第三种功能，即它可以配合 P1.0~P1.7 传送片内 EPROM 12 位地址中的低 8 位地址。

4）P3.0~P3.7

这组引脚的第一种功能和其余 3 个端口的第一种功能相同，第二种功能作控制用，每个引脚并不完全相同，参见表 2-4。

2. 电源线

VCC 为+5 V 电源线，VSS 为地线。

3．控制线

1）ALE/$\overline{\text{PROG}}$

地址锁存允许/编程线，配合 P0 口引脚的第二种功能使用。在访问片外存储器时，MCS-51 系列单片机的 CPU 在 P0.0～P0.7 引脚线上输出片外存储器低 8 位地址的同时，还在 ALE/$\overline{\text{PROG}}$ 线上输出一个高电位脉冲，用于把这个片外存储器低 8 位地址锁存到外部专用地址锁存器，以便空出 P0.0～P0.7 引脚线去传送随后而来的片外存储器读写数据。在不访问片外存储器时，MCS-51 系列单片机自动在 ALE/$\overline{\text{PROG}}$ 线上输出频率为 f_{osc}/6 的脉冲序列。该脉冲序列可用作外部时钟源或作为定时脉冲源使用。

对于 8751 型号单片机，ALE/$\overline{\text{PROG}}$ 还具有第二种功能，它可以在对 8751 片内 EPROM 编程/校验时传送 5 ms 宽的负脉冲。

2）$\overline{\text{EA}}$/VPP

允许访问片外存储器/编程电源线，可以控制 MCS-51 系列单片机使用片内 ROM 还是使用片外 ROM。若 $\overline{\text{EA}}$ =1，则允许使用片内 ROM；若 $\overline{\text{EA}}$ =0，则只能使用片外 ROM。

对于 8751 的 $\overline{\text{EA}}$/VPP，用于在片内 EPROM 编程/校验时输入 21 V 或 11.5 V 编程电源。

3）$\overline{\text{PSEN}}$

片外 ROM 选通线，在执行访问片外 ROM 的指令 MOVC 时，MCS-51 系列单片机自动在 $\overline{\text{PSEN}}$ 线上产生一个负脉冲，用于片外 ROM 芯片的选通。在其他情况下，$\overline{\text{PSEN}}$ 线均为高电平封锁状态。

4）RST/VPD

复位/备用电源线，可以使 MCS-51 系列单片机处于复位（初始化）工作状态。

在单片机应用系统中，除单片机本身需要复位以外，外部扩展 I/O 接口电路等也需要复位，因此需要一个包括上电和按钮复位在内的系统同步复位电路。

RST/VPD 的第二种功能是作为备用电源输入端。当主电源 VCC 发生故障而降低到规定低电平时，RST/VPD 上的备用电源自动投入，以保证片内 RAM 中信息不丢失。

5）XTAL1 和 XTAL2

片内振荡电路输入/输出线，这两个端子用来外接石英晶体和微调电容，即用来连接 MCS-51 系列单片机片内 OSC 的定时反馈回路。

2.8　单片机的工作方式

单片机的工作方式是进行系统设计的基础，也是单片机应用所必须熟悉的问题。通常，MCS-51 系列单片机的工作方式包括：复位方式、程序执行方式、低功耗方式及 EPROM 的编程和校验方式 4 种。

工作方式（1）

2.8.1　复位方式

单片机在开机时都需要复位，以便 CPU 及其他功能部件都处于一个确定的初始状态，并从这个状态开始工作，MCS-51 系列单片机的 RST 引脚是复位信号的输入端。复位信号是高电平有效，持续时间要有 24 个时钟周期以上。例如，若 MCS-51 系列单片机时钟频率为 12 MHz，则复位脉冲宽度至少应为 2 μs。单片机复位后，其片内各寄存器状态参见表 2-4。这时，堆栈指针 SP 为 07H、ALE、$\overline{PSEN}$、P0、P1、P2 和 P3 口，各引脚均为高电平，片内 RAM 中内容不变。

2.8.2 程序执行方式

程序执行方式是单片机的基本工作方式，通常可以分为单步执行和连续执行两种工作方式。

1. 单步执行方式

单步执行方式是指单片机在单步执行按键控制下，一条一条地执行用户程序中指令的方式，即按一次单步执行键，就执行一条用户指令。单步执行方式常常用于用户程序的调试。

单步执行方式是利用单片机外部中断功能实现的。单步执行键相当于外部中断的中断源，当它被按下时相应电路就产生一个负脉冲，即中断请求信号，送到单片机的 $\overline{INT0}$（或 INT1）引脚。MCS-51 系列单片机在 $\overline{INT0}$ 上负脉冲作用下产生中断，便能自动执行预先安排在中断服务程序中的以下指令：

```
        …
LOOP1:  JNB  P3.2 , LOOP 1  ; 则不往下执行
LOOP2:  JB   P3.2 , LOOP2   ; 则不往下执行
        RETI
```

并返回用户程序中，执行一条用户指令（单步）。这条用户指令执行完后，单片机又自动回到上述中断服务程序执行，并等待用户再次按下单步执行键。

2. 连续执行方式

连续执行方式是所有单片机都需要的一种工作方式，被执行程序可以放在片内或片外 ROM 中。由于单片机复位后程序计数器 PC=0000H，因此单片机系统在上电或按复位键后，总是到 0000H 处执行程序，这样就可以预先在 0000H 处放一条转移指令，以便跳转到 0000H～0FFFFH 中的任何地方执行程序。

2.8.3 低功耗方式

CHMOS 型的 MCS-51 系列单片机是低功耗 CMOS 和高速度 HMOS 两种工艺的结合，具有低功耗、高速度的特点。CHMOS 型的 MCS-51 系列单片机在型号中带 "C"，如 80C51、87C51 等。

为进一步降低功耗，适用于电源功耗要求低的应用场合，该型单片机还提供了两种节电工作方式：待机方式和掉电保护方式。这两种工作方式特别适合以电池为工作电源和停电时使用备用电源供电的应用场合。

待机方式和掉电方式都是由电源控制寄存器 PCON 的有关位来控制的。电源控制寄存器属于特殊功能寄存器，地址为 87H，不可位寻址，其格式如图 2-13 所示。

D7	D6	D5	D4	D3	D2	D1	D0
SMOD	–	–	–	GF1	GF0	PD	IDL

图 2-13 PCON 各位的定义

SMOD：串行口波特率系数控制位；

GF1：通用标志 1；

GF0：通用标志 0；

PD：掉电方式控制位，PD=1，系统进入掉电保护方式；

IDL：待机方式控制位，IDL=1，系统进入待机方式。

1. 待机方式

待机方式的进入方法非常简单，只需使用指令将 PCON 寄存器的 IDL 位置 "1" 即可。当 MCS-51 系列单片机进入待机方式时，振荡器仍然运行，而且时钟被送往中断逻辑、串行口和定时器/计数器，但不向 CPU 提供时钟，因此 CPU 是不工作的。CPU 的现场（堆栈指针 SP、程序计数器 PC、PSW、ACC）及除与上述三部件有关的寄存器外，其余通用寄存器都保持原有状态不变，各引脚保持进入待机方式时的状态，ALE 和 $\overline{PSEN}$ 保持高电平，中断的功能还继续存在。

退出待机方式的方法有两种：中断和硬件复位。在待机方式下，任何一个中断请求信号，在单片机响应中断的同时，PCON.0 位（IDL 位）被硬件自动清零，单片机退出待机方式进入到正常的工作状态。另一种退出待机方式的方法是硬件复位，在 RST 引脚引入两个机器周期的高电平即可，复位后的状态如前所述。

2. 掉电保护方式

掉电保护方式的进入类似于待机方式的进入，只需使用指令将 PCON 寄存器的 PD 位置 "1" 即可。进入掉电保护方式，单片机的一切工作全部停止，只有内部的 RAM 单元的内容被保存。I/O 引脚状态和相关的特殊功能寄存器的内容相对应，ALE 和 $\overline{PSEN}$ 为逻辑低电平。

退出掉电保护方式的方法只有一个：硬件复位。复位后，特殊功能寄存器的内容被初始化，但 RAM 的内容仍然保持不变。

2.8.4　编程和校验方式

这里的编程是指利用特殊手段对单片机片内 E^2PROM 进行写入的过程，校验则是对刚刚写入的程序代码进行读出验证的过程。因此，单片机的编程和校验方式只有 E^2PROM 型器件才有。

编程是指将编译后的机器码烧写到单片机的内部存储器中。编程通常是通过编程器和相应的接口完成的。编程器会根据需要对单片机内部的 EPROM 进行写入操作。

在程序烧写完成后，需要进行校验以确保程序代码正确无误地写入到单片机的内部存储器中。校验过程通常包括读取存储在 EPROM 中的程序代码，并与原始程序代码进行比对。

2.9　我国在系统架构设计方面取得的突破

MCS-51 系列单片机的系统架构设计对于整个嵌入式系统的性能和应用范围具有决定性的影响，我国在 MCS-51 系列单片机系统架构设计上也取得了一定的突破，但仍然面临一些困难和挑战。

1. 系统架构的重要性

1）性能优化

MCS-51 系列单片机的系统架构直接影响其运行效率和处理能力。通过优化 CPU、存储器和其他关键组件的设计，可以提高指令执行速度和数据处理能力，从而提升整体性能。

2）功能集成

系统架构设计允许 MCS-51 系列单片机集成多种功能，如定时器、串行通信接口、中断控制系统等，这些功能的集成使得单片机能够应用于更广泛的领域。

3）兼容性与扩展性

良好的系统架构设计不仅需要考虑当前的技术需求，还应考虑未来的兼容性和扩展性。MCS-51 系列单片机的架构设计使其能够适应不同的应用环境和需求变化。

2. 面临的困难

1）技术创新

随着微电子技术的发展，更新更好的架构设计不断涌现。我国在追赶国际先进技术水平方面存在一定的压力，需要不断创新以保持竞争力。

2）市场竞争激烈

全球单片机市场竞争日益加剧，如何在激烈的市场竞争中保持优势，是摆在我国面前的一大挑战。

3）研发投入

高水平的系统架构设计需要大量的研发投入。如何在有限的资源下有效投入，以实现技术上的突破，是我国面临的一个重要问题。

3. 取得的突破

1）自主研发

我国在 MCS-51 系列单片机的自主研发方面取得了显著进展，成功开发出多款具有自主知识产权的单片机产品，打破了国外技术的垄断。

2）应用领域拓展

通过优化系统架构设计，我国的 MCS-51 系列单片机已经成功应用于工业控制、智能家居、物联网等多个领域，展现了良好的应用前景。

3）人才培养

为了支持单片机技术的发展，我国加大了对相关人才的培养力度，多所高校和研究机构开设了相关课程和研究方向，为行业的持续发展提供了人才保障。

MCS-51 系列单片机的系统架构设计对于提升其性能和应用范围具有重要意义。我国在该领域虽然面临一系列挑战，但也取得了不少突破，展现出良好的发展势头。未来，我国应继续加大在单片机技术研发和人才培养方面的投入，以促进行业的进一步发展。

习　题

1. MCS-51 系列单片机内部有哪些主要的逻辑部件？
2. MCS-51 系列单片机的内部程序存储器和数据存储器各有什么用处？

3. MCS-51 系列单片机内部 RAM 区功能如何分配？如何选用 4 组工作寄存器中的一组作为当前的工作寄存器组？位寻址区域的字节地址范围是多少？

4. 简述程序状态字 PSW 中各位的含义。

5. MCS-51 系列单片机设有 4 个 8 位并行端口，若实际应用 8 位 I/O 端口，应使用 P0～P3 中哪个端口传送？16 位地址如何形成？

6. 试分析 MCS-51 系列单片机端口的两种读操作（读引脚和读锁存器），读–修改–写操作是哪一种操作？结构上这种安排有何作用？

7. MCS-51 系列单片机的 P0～P3 口的结构有什么不同？作为通用 I/O 端口在输入数据时应注意什么？

8. MCS-51 系列单片机的时钟周期、机器周期、指令周期是如何分配的？当振荡频率为 10 MHz 时，一个机器周期为多少微秒？

9. 在 MCS-51 系列单片机扩展系统中，当片外程序存储器和片外数据存储器地址一样时，为什么不会发生冲突？

10. MCS-51 系列单片机的 P3 口具有哪些第二种功能？

11. 位地址 7CH 与字节地址 7CH 有什么区别？位地址 7CH 具体在内存中什么位置？

12. 程序状态字 PSW 的作用是什么？常用的状态标志有哪几位？作用是什么？

13. 在程序存储器中，0000H、0003H、000BH、0013H、001BH、0023H 这 6 个单元有什么特定的含义？

14. 若 P0～P3 口作为通用 I/O 端口使用，为什么把它们称为准双向口？

15. MCS-51 系列单片机复位后，P0～P3 口处于什么状态？

　扩展思考题：

　　借助大模型的帮助和参与，思考并与同学讨论：MCS-51 系列单片机在集成度和降低功耗方面，未来还有哪些可能的技术创新？

第 3 章

MCS-51 系列单片机指令系统

提 要

本章首先介绍 MCS-51 系列单片机指令的格式、分类和寻址方式,然后重点介绍单片机指令系统,分 5 个大类,通过具体实例,对 MCS-51 系列单片机指令系统中每条指令的含义和特点进行说明,为程序设计打下基础。

单片机的功能是从外部世界接收信息,并在 CPU 中进行加工、处理,然后再将结果送回外部世界。要完成上述一系列操作,首先要提供一套具有单片机能够识别特定功能的操作命令,这种操作命令就叫作指令。CPU 所能执行的各种指令的集合称为指令系统。不同的计算机有不同的指令系统。例如,01001111(4FH)代码,对于 Z80 CPU 是完成将累加器 A 中的内容传送给寄存器 C;对于 M6800 CPU 是完成将累加器清零;而对于 MCS-51 系列单片机则是完成累加器 A 和工作寄存器 R7 的 "或" 的运算。

3.1　MCS-51 系列单片机指令系统简介

指令系统

指令系统是由计算机生产厂商定义的,因此实际上它就成了用户必须理解和遵循的标准。指令系统没有通用性,各种计算机都有自己专用的指令系统,因此由汇编语言编写的程序也没有通用性,无法直接移植。

MCS-51 系列单片机指令系统是一个具有 55 种操作代码的集合,当用汇编语言表达这些指令代码时,只需熟记 42 种助记符。由于同一助记符可定义同一类型的多种指令(如 MOV、MOVC、MOVX 等),而且指令功能助记符与操作数的各种寻址方式相结合,组合成 MCS-51 系列单片机指令系统的 111 条指令,同一指令还可派生出多种指令。

MCS-51 系列单片机指令系统共分为 5 大类:数据传送类指令(29 条)、算术运算类指令(24 条)、逻辑运算及移位类指令(24 位)、控制转移类指令(17 条)、位操作类指令(17 条)。

编码格式调试

3.1.1 汇编指令

MCS-51 系列单片机的汇编指令由操作码助记符字段和操作数助记符字段组成。指令格式如下：

操作码　　[操作数 1[,操作数 2[,操作数 3]]]

第一部分为操作码助记符，表示要执行的操作指令，一般由 2～5 个英文字母组成，如 JC、MOV、ADD、ORL、SETB、ACALL 等。

第二部分为操作数，指明参与操作的数据。操作码与操作数之间用一个或几个空格隔开。根据指令功能的不同，操作数可以有 1 个、2 个、3 个或者没有，操作数之间用逗号"，"分隔开。对于多数只有两个操作数的指令，通常称操作数 1 为目的操作数，操作数 2 为源操作数。

3.1.2 指令代码的格式

指令代码是指令的二进制数表示方法，是指令在存储中存放的形式。根据指令代码的长度，MCS-51 系列单片机指令可分为单字节指令、双字指令和三字节指令。无论是哪种指令，其第一个字节均为操作码，它确定了指令的功能，其他的字节为操作数，指出了被操作的对象。

3.1.3 指令中的常用符号

在描述 MCS-51 系列单片机指令系统时，经常使用各种缩写符号，其含义见表 3-1。

表 3-1　指令中常用符号及含义

符　号	含　义
A	累加器 ACC
B	寄存器 B
C	进（借）位标志位，在位操作指令中作为位累加器使用
direct	直接地址
bit	位地址，内部 RAM 中的可寻址位和 SFR 中的可寻址位
#data	8 位常数（8 位立即数）
#data 16	16 位常数（16 位立即数）
@	间接寻址
rel	8 位带符号偏移量，其值为-128～+127。在实际指令中通常使用标号，偏移量的计算由汇编程序自动计算得出，不需要人工计算
Rn	当前工作区（0～3 区）的 8 个工作寄存器 R0～R7
Ri	可作为地址寄存器的工作寄存器 R0 和 R1（i=0，1）
(X)	X 寄存器内容
(<X>)	由 X 寄存器寻址的存储单元的内容

续表

符号	含 义
→	表示数据的传送方向
/	表示位操作数取反
∧	表示逻辑与操作
∨	表示逻辑或操作
⊕	表示逻辑相异或操作

3.2 寻 址 方 式

指令分类

寻址方式是指令中确定操作数的形式。在 MCS-51 系列单片机中，存放数据的存储器空间有 4 种形式：内部数据 RAM、特殊功能寄存器 SFR、外部数据 RAM 和程序存储器。其中，除内部数据 RAM 和 SFR 统一编址外，其他存储器都是独立编址的。为了区别指令中操作数所处的地址空间，对于不同存储器中的数据操作，采用了不完全相同的寻址方式，这是 MCS-51 系列单片机在寻址方式上的一个显著特点。

MCS-51 系列单片机共有 7 种寻址方式：立即寻址、直接寻址、寄存器寻址、寄存器间接寻址、基址加变址寻址、相对寻址和位寻址。

表 3–2　寻址方式与相应的存储器的空间、寄存器

序号	寻址方式	相应的存储器空间及寄存器
1	立即寻址	程序存储立即数
2	直接寻址	内部 RAM（0～128 B）、SFR
3	寄存器寻址	R0～R7、ACC、CY（位寻址）、DPTR
4	寄存器间接寻址	内部 RAM（@Ri、SP）、外部 RAM（@Ri，@DPIR）
5	基址加变址寻址	程序存储器（@DPTR+A，@PC+A）
6	相对寻址	以 PC 的当前值为基地址+rel=有效地址。转移范围：PC 当前值的−128～+127
7	位寻址	对内部 RAM 或 SFR 中有定义的单元进行位寻址

3.2.1　立即寻址

寻址空间：

● 程序存储器。

立即寻址是指指令的操作数以指令字节的形式存放在程序存储器中。即操作码后紧跟着一个称为立即数的操作数，这是在编程时由用户给定存放在程序存储器中的常数。

立即寻址的是指令中的操作数，即为立即数。其特征为数前加符号"＃"。指令中的立即数有 8 位立即数（#data8）和 16 位立即数（＃data16）。由于立即数是一个常数，不是物理空间，所以立即数只能作为源操作数，不能作为目的操作数。例如，

```
MOV A,#67H;
```

该指令是数据传送指令，该指令的功能是将立即数 67H 送入累加器 A 中，67H 为立即数。指令执行过程如图 3-1 所示。

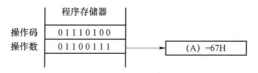

图 3-1　立即寻址方式的执行过程

3.2.2　直接寻址

寻址空间：

- 内部 RAM 的低 128 B；
- 特殊功能寄存器 SFR（直接寻址是访问 SFR 的唯一方式）。

直接寻址是指操作码后面一个字节是实际操作数地址。例如，

```
MOV A,80H;
```

该指令是数据传送指令，80H 是内部 RAM 地址，功能是把 80H 单元的内容 12H 送入累加器 A 中。指令执行过程如图 3-2 所示。

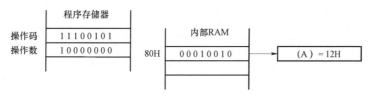

图 3-2　指令"MOV A，80H"的执行过程

3.2.3　寄存器寻址

寻址空间：

- R0～R7，由程序状态字 PSW 的 RS0、RS1 的值选定工作寄存器区；
- A、B、CY、DPTR。

寄存器寻址是指由指令选定寄存器中的内容作为操作数的寻址方式，由指令的操作码字节的最低 3 位所寻址的工作寄存器（R0～R7）。对累加器 A、寄存器 B、数据指针 DPTR、位处理累加器 CY 等，也以寄存器方式寻址。例如，

```
MOV A,R0;
```

该指令的功能是将工作寄存器 R0 的内容送入累加器 A 中，其中的操作数 A、R0 都是寄存器寻址。其执行过程如图 3-3 所示。

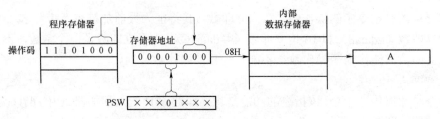

图 3-3 寄存器寻址方式的执行过程

3.2.4 寄存器间接寻址

寻址空间：

- 内部 RAM（@R0、@R1、SP）；
- 外部数据存储器（@R0、@R1、DPTR）。

指令所选中的寄存器内容是实际操作数的地址（而不是操作数本身），这种寻址方式称为寄存器间接寻址。当用 R0、R1 寄存器间接寻址之前，需要有一个确定的寄存器间接寻址区，并且各个寄存器均是有操作数地址的。

寄存器间接寻址是指将指令指定的寄存器内容作为操作数所在的地址，对该地址单元中的内容进行操作的寻址方式。MCS-51 系列单片机规定，使用 R0 和 R1 作为间接寻址寄存器，对于 MCS-51 系列单片机，可寻址内部 RAM 中地址为 00H～7FH 的 128 个字节单元内容。对于 8052 子系列单片机，则为 256 个字节单元的内容，而且高 128 个字节的 RAM，只能使用寄存器间接寻址方式访问。另外，数据指针 DPTR 也可作为间接寻址寄存器，寻址外部数据存储器的 64 KB 空间。例如，

```
        MOV A,@R1;
```

该指令的功能是将当前工作区以 R1 中的内容作为地址的存储单元中的数据送到累加器 A 中，其源操作数采用寄存器间接寻址方式，以 R1 作为地址指针。假设 R1 中的内容为 30H，则该指令是将地址为 30H 存储单元中的内容变为 45H，指令执行后累加器 A 中内容为 45H。其执行过程如图 3-4 所示。

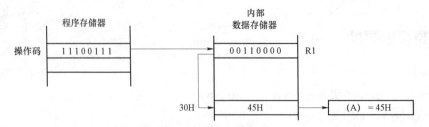

图 3-4 寄存器间接寻址方式的执行过程

3.2.5 基址加变址寻址

寻址空间：

- 程序存储器（@A+DPTR，A+PC）。

基址加变址寻址是 MCS-51 系列单片机指令系统所特有的一种寻址方式，它以 DPTR 或 PC 作基址寄存器，A 作变址寄存器（存放 8 位无符号数），两者相加形成 16 位程序存储器地址作为操作数地址。这种寻址方式是单字节的，用于读出程序存储器中数据表格的常数。例如，

```
MOVC A,@A+DPTR;
```

　　该指令的功能是从程序存储器某地址单元中取一个字节数据送入累加器 A 中。假设累加器 A 的内容为 30H，DPTR 的内容为 2100H，在执行该指令时，把程序存储器中地址为 2100H+30H=2130H 的单元中的数据送入累加器 A 中。该指令的执行过程如图 3-5 所示。

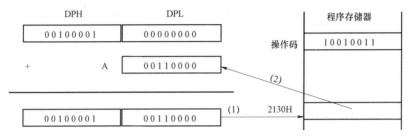

图 3-5　基址加变址寻址方式的执行过程

3.2.6　相对寻址

　　寻址空间：

- 程序存储器。

　　相对寻址用于程序控制，利用指令修正 PC 指针的方式实现转移。即以程序计数器 PC 的内容为基址，加上指令中给出的偏移量 rel，所得结果为转移目标地址。

　　其中，偏移量 rel 是 8 位符号补码数，范围为-128～+127。故可知，转移范围应当在前面 PC 的-128～+127 之间的某一程序存储器地址中。相对寻址一般为双字节或三字节。例如，

```
JC 70H
```

　　若此指令所在地址为 2000H 且 CY=1，由于指令本身占用 2 个单元，所以取出此指令后 PC 内容为 2000H+2=2002H，程序将转移到 2002H+70H=2072H 的单元去执行。该指令的执行过程如图 3-6 所示。

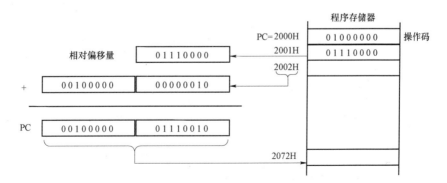

图 3-6　相对寻址方式的执行过程

53

3.2.7 位寻址

寻址空间：

- 片内 RAM 的 20H～2FH；
- SFR 中有定义的能被 8 整除的字节地址。

位寻址是指以访问位的方式对内部 RAM、特殊功能寄存器 SFR 中的位地址空间进行访问。例如，

```
MOV  C,06H;
```

该指令的功能是将位地址为 06H 的位单元的内容送入位累加器 C 中。

3.3 指 令 系 统

MCS-51 系列单片机的指令系统按其功能可归纳为 5 大类，即数据传送类指令（29 条）、算术运算类指令（24 条）、逻辑运算类指令（24 条）、控制转移类指令（17 条）、位操作类指令（17 条），下面分别进行介绍。

数据传送类指令

3.3.1 数据传送类指令

数据传送类指令是应用最频繁的指令，MCS-51 系列单片机提供了丰富的数据传送指令，是数量最多的一类指令。数据传送类指令的助记符为 MOV，其汇编语言指令格式为：

```
MOV  [目的操作数],[源操作数];
```

指令功能是将源操作数的内容传送到目的操作数中，源操作数的内容不变。这类指令不影响标志位。

1. 内部 8 位数据传送指令

内部 8 位数据传送指令共有 15 条，用于单片机内部的数据存储器和寄存器之间的数据传送。所采用的寻址有立即寻址、直接寻址、寄存器寻址和寄存器间接寻址。其数据传输的形式如图 3-7 所示。

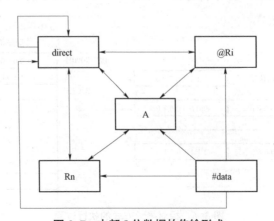

图 3-7　内部 8 位数据的传输形式

1）以累加器 A 为目的的指令

以累加器 A 为目的的指令见表 3-3。

表 3-3 以累加器 A 为目的的指令

指　令	说　明	机器指令编码	
MOV　A，Rn	n=0～7	11101rrr	
MOV　A，direct	—	11101rrr	直接寻址
MOV　A，@Ri	i=0，1	11101rrr	
MOV　A，#data	—	11101rrr	立即数

这组指令的功能是：把源操作数的内容送入累加器 A 中。源操作数有寄存器寻址、直接寻址、寄存器间接寻址和立即寻址等寻址方式。其中，rrr 为寄存器编码。

2）以 Rn 为目的操作数的指令

以 Rn 为目的操作数的指令见表 3-4。

表 3-4 以 Rn 为目的操作数的指令

指　令	说　明	指令编码	
MOV　Rn，A		11111rrr	
MOV　Rn，direct	n=0～7	11101rrr	直接地址
MOV　Rn，#data		01111rrr	立即数

这组指令的功能是：把源操作数的内容送入当前工作寄存器区的 R0～R7 中的某一个寄存器。源操作数有寄存器寻址、直接寻址和立即寻址等寻址方式。

3）以直接地址为目的操作数的操作指令

以直接地址为目的操作数的操作指令见表 3-5。

表 3-5 以直接地址为目的操作数的操作指令

指　令	说　明	机器指令编码		
MOV　direct，A		11110101	直接地址	
MOV　direct，Rn	n=0～7	10001rrr	直接地址	
MOV　direct，@Ri	i=0，1	10000lli	直接地址	
MOV　direct，#data		01110101	直接地址	
MOV　direct，direct		10000101	直接地址（源）	（源）直接地址（目）

这组指令的功能是：把源操作数的内容送入直接地址所指的存储单元。源操作数有寄存器寻址、直接寻址、寄存器间接寻址和立即寻址等寻址方式。

4）以寄存器间接寻址的单元为目的的操作数指令

以寄存器间接寻址的单元为目的的操作数指令见表 3-6。

表 3-6　以寄存器间接寻址的单元为目的的操作数指令

指　令	说　明	机器指令编码	
MOV　@Ri，A		1111011i	
MOV　@Ri，direct	i=0，1	1010011i	直接地址
MOV　@Ri，#data		0111011i	立即数

这组指令的功能是：把源操作数的内容送入 R0 或 R1 所指的内部 RAM 存储单元中。源操作数有寄存器寻址、直接寻址和立即寻址等寻址方式。

【例 3-1】分析程序的执行结果。

解：设内部 RAM 中 30H 单元的内容 50H，试分析执行下面程序后各有关单元的内容。

```
MOV  60H,#30H    ;立即数 30H 送入 60H 单元,即(60H)=30H
MOV  R0,#60H     ;立即数 60H 送入 R0,即(R0)=60H
MOV  A,@R0       ;间接寻址,将(R0)=60H 的单元内容送入 A,即(A)=30H
MOV  R1,A        ;将 A 中的内容送入 R1,即(R1)=30H
MOV  40H,@R1     ;间接寻址,将(R1)=30H 中的内容送入 40H 单元,即(40H)=50H
MOV  60H,30H     ;将 30H 单元的内容送入 60H,即(60H)=50H
```

程序执行结果是（A）=30H，（R0）=60H，（R1）=30H，（60H）=50H，（40H）=50H，（30H）=50H 内容未变。

【例 3-2】将累加器 A 中的内容送入外部数据存储器的 60H 单元。

解：根据题意编程如下：

```
MOV  R0,#60H     ;设置地址指针寄存器
MOVX @R0,A       ;(R0)←A,A 中内容送外部数据存储器的 60H 单元
```

5）16 位数据传送指令

16 位数据传送指令见表 3-7。

表 3-7　16 位数据传送指令

指　令	机器指令编码		
MOV　DPTR，#data16	10010000	高位立即数	低位立即数

这条指令的功能是：把 16 位常数送入 DPTR 中。16 位的数据指针 DPTR 由 DPH 和 DPL 组成，这条指令的执行结果是把高位立即数送入 DPH，低位立即数送入 DPL 中。

6）栈操作指令

在 MCS-51 系列单片机内部 RAM 中设有一个先进后出的堆栈，在特殊功能寄存器中有一个堆栈指针 SP，它指出栈顶位置，在指令系统中有两条用于数据传送的栈操作指令，见表 3-8。

表 3-8　栈操作指令

指　令	机器指令编码	
PUSH　direct	11000000	直接地址
POP　direct	11010000	直接地址

进栈指令 PUSH 的功能是：先将 SP 的指针加 1，然后把直接地址指出的内容传送到栈指针 SP 寻址的内部 RAM 单元中。

出栈指令 POP 的功能是：将栈指针 SP 寻址的内部 RAM 单元的内容送入直接地址所指的字节单元中去，同时栈指针减 1。

【例 3-3】进入中断服务程序后，（SP）=30H，（DPTR）=5544H。下列指令：

```
PUSH  DPL   ; 将 DPL 压入堆栈,指令代码 C082H
PUSH  DPH   ; 将 DPH 压入堆栈,指令代码 C083H
```

执行结果将把 44H 和 55H 两个 8 位数据分别压入片内 RAM 的 31H 和 32H 两个地址单元，SP 的内容两次增 1 后将变成 32H，如图 3-8 所示。

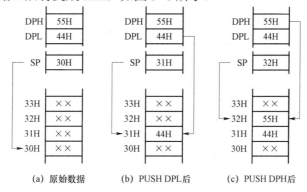

(a) 原始数据　　(b) PUSH DPL 后　　(c) PUSH DPH 后

图 3-8　堆栈指令执行后数据的变化

【注意】

① 堆栈操作压栈与出栈相反，压栈时先进行指针操作，后进行数据操作，出栈时先进行数据操作，后进行指针操作。

② 上电复位后（SP）=07H，由于入栈操作是先指针上移，后压入数据，所以堆栈空间并未占用 0 区的 R7 寄存器。

③ 一般来说，如果应用系统要使用 1～3 寄存器区，在主程序开始执行初期，应将 SP 移至内部数据存储器的高端。

④ 一般情况下，除上电初始化外，不宜轻易修改 SP。

7）字节交换指令

字节交换指令见表 3-9。

表 3-9　字节交换指令

指　令	说　明	机器指令编码	
XCH　A，Rn	n=0～7	11001rrr	
XCH　A，direct	—	11000101	直接地址
XCH　A，@Ri	i=0，1	11000111	

这组指令的功能是：将累加器 A 中的内容和源操作数的内容互相交换。源操作数有寄存器寻址、直接寻址、寄存器间接寻址等寻址方式。

设（A）=0ABH，（R1）=12H，执行指令 XCH　A，R1；则结果为（A）=12H，（R1）=0ABH

8）累加器 A 的半字节交换指令

累加器 A 的半字节交换指令见表 3-10。

表 3-10　累加器 A 的半字节交换指令

指　　令	机器指令编码
SWAP　A	110001000

这条指令的功能是：将累加器 A 的高 4 位和低 4 位互换，不影响标志位。

设（A）=0ABH，执行指令"SWAP　A"后，（A）=0BAH。

9）半字节交换指令

半字节交换指令见表 3-11。

表 3-11　半字节交换指令

指　　令	说　明	机器指令编码
XCHD　A，@Ri	i=0，1	1101011i

这条指令的功能是：将累加器 A 的低 4 位和 R0 或 R1 的低 4 位进行交换，各自的高 4 位不变。

设（A）=12H，（R0）=30H，（30H）=45H，执行指令"XCHD A，@R0"后（A）=35H，（30H）=42H。

交换类指令的传送形式如图 3-9 所示。

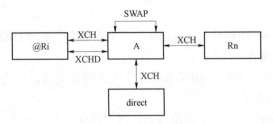

图 3-9　交换类指令的传送形式

2. 累加器 A 与外部数据存储器的传送指令

累加器 A 与外部数据存储器的传送指令见表 3-12。

表 3-12　累加器 A 与外部数据存储器的传送指令

指　　令	说　明	机器指令编码
MOVX　A，@DPTR	—	11101000
MOVX　@DPTR，A	—	11110000
MOVX　A，@Ri	i=0，1	1110001i
MOVX　@Ri，A	i=0，1	1111001i

这组指令的功能是：累加器 A 和外部扩展的 RAM 或 I/O 端口的数据传送指令。由于外部 RAM 或 I/O 端口是统一编址的，共占外部数据的 64 KB 空间，所以指令本身看不出是对 RAM 还是对 I/O 端口的操作，这由硬件的地址分配而定。

【例 3-4】将外部数据存储器的 2000H 单元的内容传送到内部 RAM 的 60H 单元。

解： 程序如下：

```
MOV  DPTR,#2000H  ;将外部数据指针 DPTR 指向 2000H
MOVX A,@DPTR      ;从外部将数据送到 A
MOV  60H,A        ;再将数据送到 60H
```

3. 查表指令

查表指令见表 3-13。

表 3-13 查表指令

指　　令	机器指令编码
MOVC　A，@A+DPTR	10010011
MOVC　A，@A+PC	10000011

查表指令的源字节单元都采用变址寻址方式，第一条指令的基址寄存器为 DPTR，因此其寻址范围为整个程序存储器的 64 KB 空间，表格可以放在程序存储器的任何位置。第二条指令的基址寄存器为 PC，该指令访问程序存储器的地址（A）+（PC），其中"（PC）"为程序计数器的当前内容，即查表指令的地址加 1。因此，当基址寄存器为 PC 时，查表范围实际为查表指令后 256 个字节的地址空间。

【例 3-5】执行下列指令：

```
1232H:MOV A,#30H
1234H:MOVC A,@A+PC
1235H:MOV 60H,A
…
1265H:3FH
…
```

当执行查表指令时，PC 的当前值为 1235H，所以查表指令访问的程序存储器单元的地址为：

$$（A）+（PC）=30H+1235H=1265H$$

执行查表指令后（A）=3FH。

【例 3-6】已知累加器 A 中有一个 0~9 范围内的数，试用查表指令编写能查找该数平方值的程序。

解： 为了进行查表，必须确定一张 0~9 的平方值表。若该平方值表始地址为 1000H，则相应的平方值表如图 3-10 所示。

在图 3-10 中，累加器 A 中之数恰好等于该数平方值对表始地址的偏移量。例如，5 的平方值为 25，25 的地址为 1005H，它对 1000H 的地址偏移量也为 5。因此，查表时作为基址寄存器用的 DPTR 或 PC 的当前值必须是 1000H。采用 DPTR 作为基址寄存器的查表程序比较简单，也容易理解，只要预先使用一条 16 位数传送指令，把表始地址 1000H 送入 DPTR，然后进行查表就行了，相应程序为：

```
MOV  DPTR,#1000H    ;设置 DPTR 为表始地址
MOVC A,@A+DPTR      ;将 A 的平方值查表后送到 A
```

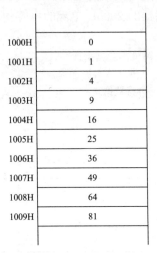

1000H	0
1001H	1
1002H	4
1003H	9
1004H	16
1005H	25
1006H	36
1007H	49
1008H	64
1009H	81

图 3-10　0～9 的平方值表

4. 数据传送指令总表

表 3-14 为数据传送类指令总表，包含了指令的助记符、功能说明、字节数和振荡器周期数。

表 3-14　数据传送类指令总表

助记符	功能说明	字节数	振荡器周期
MOV Rn，A	累加器内容传送到工作寄存器	1	12
MOV Rn，direct	直接寻址字节传送到工作寄存器	2	24
MOV Rn，#data	立即数传送到工作寄存器	2	12
MOV direct，A	累加器内容传送到直接寻址字节	2	12
MOV direct，Rn	工作寄存器内容传送到直接寻址字节	2	24
MOV direct，direct	直接寻址字节传送到直接寻址字节	3	24
MOV direct，@Ri	间接 RAM 传送到直接寻址字节	2	24
MOV direct，#data	立即数传送到直接寻址字节	3	24
MOV @Ri，A	累加器内容传送到间接寻址 RAM	1	12
MOV @Ri，direct	直接寻址字节传送到间接寻址 RAM	2	24
MOV @Ri，#data	立即数传送到间接寻址 RAM	2	12
MOV DPTR，#data16	16 位立即数传送到地址寄存器	3	24
MOVX　A，@Ri	外部 RAM（8 位地址）传送到累加器	1	24
MOVX　A，@DPTR	外部 RAM（16 位地址）传送到累加器	1	24
MOVX @Ri，A	累加器传送到外部 RAM（8 位地址）	1	24

续表

助记符	功能说明	字节数	振荡器周期
MOVX @DPTR，A	累加器传送到外部 RAM（16 位地址）	1	24
MOVC　A，@A+DPTR	程序存储器字节传送到累加器	1	24
MOVC　A，@A+PC	程序存储器字节传送到累加器	1	24
SWAP　A	累加器内半字节交换	1	12
XCHD　A，@Ri	间接寻址 RAM 和累加器低半字节交换	1	12
XCH　A，Rn	寄存器和累加器交换	1	12
XCH　A，direct	直接寻址字节和累加器交换	2	12
XCH　A，@Ri	间接寻址 RAM 和累加器交换	1	12
PUSH direct	直接寻址字节压入栈顶	2	24
POP　direct	栈顶弹到直接寻址字节	2	24

3.3.2　算术运算类指令

算术运算类指令

MCS-51 系列单片机的算术运算类指令包括加、减、乘、除、加 1、减 1 等指令。这类指令大都影响标志位。加、减指令的执行结果将影响程序状态标志寄存器 PSW 的进位 CY、溢出位 OV、辅助进位 AC 和奇偶校验位 P；乘、除指令的执行结果将影响 PSW 的溢出位 OV、进位 CY 和奇偶校验位 P；加 1、减 1 指令的执行结果只影响 PSW 的奇偶校验位 P。

1. 加法指令

1）不带进位的加法指令

不带进位的加法指令见表 3-15。

表 3-15　不带进位的加法指令

指　　令	说　　明	机器指令编码	
ADD　A，Rn	n=0～7	00101rrr	
ADD　A，direct	—	00100101	直接地址
ADD　A，@Ri	i=0，1	0010011i	
ADD　A，#data	—	00100100	立即数

这组加法指令的功能是：把所指的字节变量和累加器 A 的内容相加，其结果放在累加器 A 中。如果第 7 位有进位输出，则 CY=1，否则 CY=0；如果第 3 位有进位输出，则 AC=1，否则 AC=0；如果第 6 位有进位输出而第 7 位没有，或者第 7 位有进位输出而第 6 位没有，则置位溢出标志 OV，否则 OV 清零。源操作数有寄存器寻址、直接寻址、寄存器间接地址和立即寻址等寻址方式。

2）带进位的加法指令

带进位的加法指令见表 3–16。

表 3–16　带进位的加法指令

指　令	说　明	机器指令编码	
ADDC　A，Rn	n=0～7	00101rrr	
ADDC　A，direct	—	00100101	直接地址
ADDC　A，@Ri	i=0，1	0010011i	
ADDC　A，#data	—	00100100	立即数

这组带进位的加法指令的功能是：把所指的字节变量、进位标志和累加器 A 的内容相加，其结果放在累加器 A 中。对标志位的影响及寻址方式同"不带进位的加法指令"。

3）增量指令

增量指令见表 3–17。

表 3–17　增量指令

指　令	说　明	指令编码
INC　A	—	00000100
INC　Rn	n=0～7	00001rrr
INC　direct	直接地址	00000101
INC　@Ri	i=0，1	0000011i
INC　DPTR	—	10100011

这组指令的功能是：把所指的变量加 1，若原来为 0FFH 将溢出为 00H，不影响任何标志。操作数有寄存器寻址、直接寻址和寄存器间接寻址等寻址方式。

当用该组指令修改输出口 Pj（j=0，1，2，3）时，原来口数据的值将从口锁存器读入，而不是从引脚读入。

4）十进制调整指令

十进制调整指令见表 3–18。

表 3–18　十进制调整指令

指　令	指令编码
DA　A	11010100

这条指令是对累加器中由前两个变量（每一个变量均为压缩的 BCD 码形式）的加法所获得的 8 位结果进行调整，使它变为两位 BCD 码的数。该指令的执行过程如图 3–11 所示。

在 MCS-51 系列单片机中，表示 0～9 之间的十进制数是用 4 位二进制数表示的，即 BCD 码。在运算过程中，按二进制规则进行，即每位相加大于 16 时进位，十进制数在大于 10 时进位，因此 BCD 码运算时，结果大于 9 时得到的结果不是正确的，必须按图 3-11 进行修正。

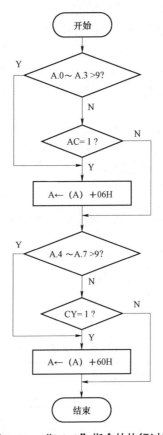

图 3-11　"DA A"指令的执行过程

【例 3-7】设 A=34，B=53，求 A+B=？

解：34 的 BCD 码为 0011 0100B，53 的 BCD 码为 0101 0011。运算过程为：

$$
\begin{array}{r}
0011\ 0100 \\
+\ 0101\ 0011 \\
\hline
1000\ 0111
\end{array}
$$

结果本为 87，显然运算结果仍然为 BCD 码，并且运算过程没有产生进位，这一结果是正确的，可以不必修正。

如果设 A=37，B=46，求 A+B=？

这两个 BCD 码的运算过程为：

$$
\begin{array}{r}
0011\ 0111 \\
+\ 0100\ 0110 \\
\hline
0111\ 1101 \\
+\ 0000\ 0110 \quad\text{————调整} \\
\hline
1000\ 0011 \quad\text{————BCD 码}
\end{array}
$$

结果为 7DH。运算结果的低位大于 9，已不是 BCD 码。这种情况下就需要进行修正，以得到正确的 BCD 码。

在单片机中，BCD 码进行加法运算时，中间结果的修正是由 ALU 硬件中的十进制修正电路自动进行的。使用时只要在加法指令后紧跟一条"DA A"指令即可修正。但需注意的是：在 MCS-51 系列单片机中，"DA A"指令不能直接用在减法指令后，即不能直接用来对 BCD 码的减法运算进行修正。

【例 3-8】设有两个 4 位 BCD 码，分别存放在内部数据存储器的 50H～51H 单元和 60H～61H 单元中，试编写求这两数之和的程序，结果存放到 40H～41H 单元中。

解：程序如下：

```
MOV  A,50H      ;A←(50H)
ADD  A,60H      ;低两位相加,A←(A)+(60H)
DA   A          ;进行 BCD 码修正
MOV  40H,A      ;将修正后的低两位结果送到 40H
MOV  A,51H      ;A←(51H)
ADDC A,61H      ;高两位带上低位的进位位相加,A←(A)+(61H)+CY
DA   A          ;进行 BCD 码修正
MOV  41H,A      ;将修正后的高两位结果送到 41H
```

2．减法指令

1）带借位减法指令

带借位减法指令见表 3-19。

表 3-19　带借位减法指令

指　　令	说　明	机器指令编码	
SUBB　A，Rn	n=0～7	10011rrr	
SUBB　A，direct	—	10010101	直接地址
SUBB　A，@Ri	i=0，1	1001011i	
SUBB　A，#data	—	10010100	立即数

这组带借位的减法指令的功能是：从累加器 A 中减去指定的变量和进位标志，其结果存放在累加器 A 中。如果第 7 位有借位输出，则 CY=1，否则 CY=0；如果第 3 位有借位输出，则 AC=1，否则 AC=0；如果第 6 位有借位输出而第 7 位没有，或者第 7 位有借位输出而第 6 位没有，则置位溢出标志 OV，否则 OV 清零。源操作数有寄存器寻址、直接寻址、寄存器间接地址和立即寻址等寻址方式。

2）减 1 指令

减 1 指令见表 3-20。

表 3-20　减 1 指令

指　　令	说　明	机器指令编码	
DEC　A	—	00010100	
DEC　Rn	n=0～7	00011rrr	
DEC　direct	—	00010101	直接地址
DEC　@Ri	i=0，1	0001011i	

这组指令的功能是：把所指的变量减 1，若原来为 00H，将溢出为 0FFH，不影响任何标志。操作数有寄存器寻址、直接寻址和寄存器间接寻址等寻址方式。当用该组指令修改输出口 Pj（j=0，1，2，3）时，原来口数据的值将从口锁存器读入，而不是从引脚读入。

加、减法运算对 PSW 中的状态标志位的影响在前面已经介绍，这里再总结如下：当加法运算结果的最高位有进位，或减法运算的最高位有借位时，进位位 C 置位，否则 C 清零；当加法运算时低 4 位向高 4 位有进位，或减法运算时低 4 位向高 4 位有借位时，辅助进位位 AC 置位，否则 AC 清零；在加、减法运算过程中，当位 6 和位 7 不同时产生进位或借位时，溢出标志位 OV 置位，否则清零；当累加器 A 中的 8 位数据有奇数个 1 时，奇偶校验位 P 置位，否则清零。

【例 3-9】 设（A）=0BAH，（R1）=88H，执行指令：

```
        ADD  A,R1
```

解： 结果为：（A）=42H

标志位为：P=0；CY=1；OV=1；AC=1

运算过程为：

```
        (A) =  1 0 1 1 1 0 1 0   (0BAH)
      + (R1)=  1 0 0 0 1 0 0 0   ( 88H)
    P=0       0 1 0 0 0 0 1 0   ( 42H)
    CY=1
    OV=1
    AC=1
```

【例 3-10】 设（A）=0BAH，（R1）=88H，CY=1，执行指令：

```
        SUBB  A,R1
```

解： 结果为：（A）=31H

标志位为：P=1；CY=0；OV=0；AC=0

运算过程为：

```
        (A) =  1 0 1 1 1 0 1 0   (0BAH)
        (R1)=  1 0 0 0 1 0 0 0   ( 88H)
      -  CY             1
    P=1       0 0 1 1 0 0 0 1   ( 31H)
    CY=0
    OV=0
    AC=0
```

值得一提的是，状态标志位也应看作是运算结果的一部分，在不同情况下其意义也不同。例如，对于无符号二进制加法，进位位 CY 置 1，表示运算结果大于 255，产生了溢出；对于有符号二进制加法，溢出标志位 OV 置 1，表示运算结果小于-128 或大于 127，也产生了溢出。在例 3-10 中，如果将两个操作数都看成有符号数，两个负数相加结果为正，显然是错误的，溢出标志位置 1。

【例 3-11】 试编写计算 1234H+5678H 的程序。

解： 加数和被加数是 16 位数，而 MCS-51 系列单片机的 CPU 是 8 位字长，所以需两步完成运算：低 8 位数相加，若有进位保存在 CY 中；高 8 位采用带进位的加法，结果放入 R7、R6 中。

```
        MOV A,#34H      ;低 8 位加数送到 A←34H
        ADD A,#78H      ;与被加数低 8 位相到加 A←(A)+78H
```

```
MOV  R6,A      ;低 8 位加法结果送到 R6←(A)
MOV  A,#12H    ;高 8 位加数送到 A←12H
ADDC A,#56H    ;与被加数高 8 位及低 8 位的进位相加 A←(A)+56H+(C)
MOV  R7,A      ;高 8 位加法结果送到 R7←(A)
```

3）乘法指令

乘法指令见表 3-21。

表 3-21　乘法指令

指　令	指令编码
MUL AB	10100100

这条指令的功能是：把累加器 A 和寄存器 B 中的无符号 8 位整数相乘，其 16 位积的低位字节存放在累加器 A 中，高位字节存放在寄存器 B 中。如果积大于 255（0FFH），则置溢出标志位 OV，否则 OV 清零。进位标志 CY 总是清零。

设（A）=56H，（B）=78H，执行指令：

```
MUL  AB
```

结果为：（A）=50H；（B）=28H；OV=1。

4）除法指令

除法指令见表 3-22。

表 3-22　除法指令

指　令	指令编码
DIV AB	10000100

这条指令的功能是：用累加器 A 的无符号 8 位整数除以寄存器 B 中的无符号 8 位整数，所得的商的整数部分存放在累加器 A 中，商的余数部分存放在寄存器 B 中。如果原来 B 中的内容为 0（即除数为 0），则 A 和 B 中的内容不变，置溢出标志位 OV，否则 OV 清零。

设（A）=0ABH，（B）=12H，执行指令：

```
DIV  AB
```

结果为：（A）=09H；（B）=09H；OV=0。

表 3-23 列示了算术运算类指令。

表 3-23　算术运算类指令一览表

助记符	功能说明	字节数	振荡器周期
ADD A，Rn	寄存器内容加到累加器	1	12
ADD A，direct	直接寻址字节内容加到累加器	2	12
ADD A，@Ri	间接寻址 RAM 内容加到累加器	1	12
ADD A，#data	立即数加到累加器	2	12
ADDC A，Rn	寄存器加到累加器（带进位）	1	12

续表

助记符	功能说明	字节数	振荡器周期
ADDC A，direct	直接寻址字节加到累加器（带进位）	2	12
ADDC A，@Ri	间接寻址 RAM 加到累加器（带进位）	1	12
ADDC A，#data	立即数加到累加器（带进位）	2	12
SUBB A，Rn	累加器内容减去寄存器内容（带借位）	1	12
SUBB A，direct	累加器内容减去直接寻址字节（带借位）	2	12
SUBB A，@Ri	累加器内容减去间接寻址 RAM（带借位）	1	12
SUBB A，#data	累加器减去立即数（带借位）	2	12
DA A	累加器十进制调整	1	12
INC A	累加器加 1	2	12
INC Rn	寄存器加 1	1	12
INC direct	直接寻址字节加 1	2	12
INC @Ri	间接寻址 RAM 加 1	1	12
INC DPTR	数据指针寄存器加 1	1	12
DEC A	累加器减 1	1	12
DEC Rn	寄存器减 1	1	12
DEC direct	直接寻址地址节减 1	2	12
DEC @Ri	间接寻址 RAM 减 1	1	12
MUL AB	累加器 A 和寄存器 B 相乘	1	12
DIV AB	累加器 A 除以寄存器 B	1	12

3.3.3 逻辑运算类指令

逻辑运算

1. 累加器 A 的逻辑操作指令

1）累加器清零指令

累加器清零指令见表 3-24。

表 3-24 累加器清零指令

指　令	指令编码
CLR A	11100100

这条指令的功能是：将累加器 A 清零，且不影响 CY、AC、OV 等标志。

2）累加器取反指令

累加器取反指令见表 3-25。

表 3-25　累加器取反指令

指　令	指令编码
CPL　A	11110100

这条指令的功能是：将累加器 A 中的每一位逻辑取反，原来为 1 的位变为 0，原来为 0 的位变为 1，不影响其他标志。

3）左环移指令

左环移指令见表 3-26。

表 3-26　左环移指令

指　令	指令编码
RL　A	00100011

这条指令的功能是：将累加器 A 中的每一位向左环移一位，第 7 位循环移入第 0 位，不影响其他标志。如图 3-12（a）所示，若 ACC.7 为 0，则"RL　A"指令可以作（A）×2 运算。

```
    RL  A
```
指令执行前（A）=01001010B，执行后（A）=10010100B。

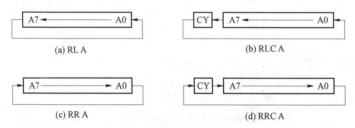

图 3-12　循环移位指令示意图

4）带进位的左环移指令

带进位的左环移指令见表 3-27。

表 3-27　带进位的左环移指令

指　令	指令编码
RLC　A	00110011

这条指令的功能是：将累加器 A 中的内容和进位标志一起向左环移一位，第 7 位循环移入进位位 CY，不影响其他标志，如图 3-12（b）所示。

```
    RLC A
```
指令执行前（A）=11100111B，CY=0；执行后（A）=11001110B。

5）右环移指令

右环移指令见表 3-28。

表 3-28 右环移指令

指 令	指令编码
RR A	00000011

这条指令的功能是：将累加器 A 中的每一位向右环移一位，第 0 位循环移入第 7 位，不影响其他标志，如图 3-12（c）所示。若在"RR A"指令执行前，ACC.0 为 0，则"RR A"指令可作（A）/2 的运算。

RR A

指令执行前（A）=10110110B，执行后（A）=01011011B。

6）带进位的右环移指令

带进位的右环移指令见表 3-29。

表 3-29 带进位的右环移指令

指 令	指令编码
RRC A	00010011

这条指令的功能是：将累加器 A 中的内容和进位标志一起向右环移一位，第 0 位循环移入进位 CY，不影响其他标志，如图 3-12（d）所示。

RRC A

指令执行前（A）=11100011B，CY=0；执行后（A）=01110001B。

2. 两个操作数的逻辑操作指令

1）逻辑与指令

逻辑与指令见表 3-30。

表 3-30 逻辑与指令

指 令	说 明	机器指令编码		
ANL A，Rn	n=0~7	01011rrr	—	
ANL A，direct	—	01010101	直接地址	
ANL A，@Ri	i=0，1	01010111	—	
ANL A，#data	—	01010100	立即数	
ANL direct，A	—	01010010	直接地址	
ANL direct，#data	—	01010011	直接地址	立即数

这组指令的功能是：在指出的变量之间以位为基础的逻辑与操作，结果存放在目的变量中。操作数有寄存器寻址、直接寻址、寄存器间接寻址和立即寻址等寻址方式。当这条指令用于修改一个输出口时，作为原始数据的值将从输出口数据锁存器（P0~P3）读入，而不是读引脚状态。

【例 3-12】将累加器 A 中的压缩 BCD 码分为 2 个字节，形成非压缩 BCD 码，放入 40H 和 41H 单元中。

解： 由题意，将累加器 A 中的低 4 位保留，高 4 位清零放入 40H；高 4 位保留，低 4 位清零，半字节交换后存入 41H 单元中。程序为：

```
MOV  R0,A           ;保存 A 中的内容到 R0
ANL  A,#00001111B   ;高 4 位清 0,保留低 4 位不变
MOV  40H,A          ;将形成的低 4 位非压缩 BCD 码存入 40H
MOV  A,R0           ;取原数据
ANL  A,#11110000B   ;保留高 4 位不变,清低 4 位
SWAP A              ;将高低 4 位交换,形成的高 4 位非压缩 BCD 码
MOV  41H,A          ;将高 4 位非压缩 BCD 码存入 41H
```

2）逻辑或指令

逻辑或指令见表 3-31。

表 3-31　逻辑或指令

指　令	说　明	机器指令编码	
ORL A, Rn	n=0～7	01001rrr	
ORL A, direct	—	01000111	直接地址
ORL A, @Ri	i=0, 1	01000111	
ORL A, #data	—	01000100	立即数
ORL direct, A	—	01000010	直接地址
ORL direct, #data	—	01000011	直接地址	立即数

这组指令的功能是：在指出的变量之间以位为基础的逻辑或操作，结果存放在目的变量中。操作数有寄存器寻址、直接寻址、寄存器间接寻址和立即寻址等寻址方式。当这条指令用于修改一个输出口时，作为原始数据的值将从输出口数据锁存器（P0～P3）读入，而不是读引脚状态。

【例 3-13】编写程序：将 P1 口高 4 位不变，把累加器 A 中的低 4 位由 P1 口的低 4 位输出。

解： 据题意编写程序如下：

```
ANL  A,#00001111B   ;将 A 的高 4 位清零
MOV  R0,A           ;将 A 保存在 R0 中
MOV  A,P1           ;P1 读入 A
ANL  A,#11110000B   ;高 4 位不变
ORL  A,R0           ;将 A 的低 4 位和 P1 口的高 4 位组成一个字节
MOV  P1,A           ;送 P1 口输出
```

3）逻辑异或指令

逻辑异或指令见表 3-32。

表 3–32 逻辑异或指令

指 令	说 明	机器指令编码	
XRL A，Rn	n=0～7	01101rrr	—
XRL A，direct	—	01100101	直接地址
XRL A，@Ri	i=0，1	01100111	—
XRL A，#data	—	01100100	立即数
XRL direct，A	—	01100010	直接地址
XRL direct，#data	—	01100011	直接地址 立即数

这组指令的功能是：在指出的变量之间以位为基础的逻辑异或操作，结果存放在目的变量中。操作数有寄存器寻址、直接寻址、寄存器间接寻址和立即寻址等寻址方式。当这条指令用于修改一个输出口时，作为原始数据的值将从输出口数据锁存器（P0～P3）读入，而不是读引脚状态。

累加器 A 的内容为 11000011B，执行指令：

```
XRL A,#11100111B;
```

累加器 A 中的内容为 24H。

表 3-33 列示了逻辑运算类指令。

表 3–33 逻辑运算类指令一览表

助记符	功能说明	字节数	振荡器周期
ANL A，Rn	寄存器"与"到累加器	1	12
ANL A，direct	直接寻址字节"与"到累加器	2	12
ANL A，@Ri	间接寻址 RAM"与"到累加器	1	12
ANL A，#data	立即数"与"到累加器	2	12
ANL direct，A	累加器"与"到直接寻址字节	2	12
ANL direct，#data	立即数"与"直接寻址字节	3	12
ORL A，Rn	寄存器"或"到累加器	1	12
ORL A，direct	直接寻址字节"或"到累加器	2	12
ORL A，@Ri	间接寻址 RAM"或"到累加器	1	12
ORL A，#data	立即数"或"到累加器	2	12
ORL direct，A	累加器"或"到直接寻址字节	2	12
ORL direct，#data	立即数"或"到直接寻址字节	3	12
XRL A，Rn	寄存器"异或"到累加器	1	12
XRL A，direct	直接寻址字节"异或"到累加器	2	12
XRL A，@Ri	间接寻址 RAM"异或"到累加器	1	12

续表

助记符	功能说明	字节数	振荡器周期
XRL A，#data	立即数"异或"到累加器	2	12
XRL direct，A	累加器"异或"到直接寻址字节	2	12
XRL direct，#data	立即数"异或"到直接寻址字节	3	12
RL A	累加器循环左移	1	12
RLC A	经过进位位的累加器循环左移	1	12
RR A	累加器循环右移	1	12
RRC A	经过进位位的累加器循环右移	1	12
CLR A	累加器清零	1	12
CPL A	累加器求反	1	12

3.3.4 控制转移类指令

控制转移类指令

1. 无条件转移指令

1）短跳转指令

短跳转指令见表 3-34。

表 3-34 短跳转指令

指　令	机器指令编码	
AJMP addr11	A10 A9 A8 0 0 0 0 1	A7 A6 A5 A4 A2 A1 A0

这是 2 KB 范围内的无条件跳转指令，程序转移到指定的地址。该指令在运行时先将 PC+2，然后通过 PC 的高 5 位和指令第一节字的高 3 位及第二字节相连（PC15 PC14 PC13 PC12 PC11 A10 A9 A8 A7 A6 A5 A4 A3 A2 A1 A0）而得到的跳转目的地址送入 PC。因此，目标地址必须和它下面的指令存放在同一个 2 KB 区域内。

【例 3-14】若在 ROM 中的 07FDH 和 07FEH 两地址单元处有一条 AJMP 指令，试问它向高地址方向跳转有无余地？

解：AJMP 指令执行过程中，要求 PC 值的高 5 位不能发生变化。但是在执行本例的 AJMP 指令时 PC 内容已经是 07FFH，若向高地址跳转就到 0800H 以后了，这样高 5 位地址就要发生变化，这是不允许的。换言之，07FFH 是第 0 个 2 KB 页面中的最后一个字节，因此从这里往高地址方向再无 AJMP 跳转的余地了。

结论：笼统地说，AJMP 的跳转范围为 2 KB 是不确切的，应当说，AJMP 跳转的目的地址必须与 AJMP 后面一条指令位于同一个 2 KB 页面范围之内。

2）相对量转移指令

相对量转移指令见表 3-35 所示。

表 3-35　相对量转移指令

指　　令	机器指令编码	
SJMP　rel	10000000	相对地址

这也是一条无条件跳转指令，执行时先将 PC+2，然后把指令的有符号的位移值加到 PC 上，并计算出转向地址。因此，转向的目标地址只可以在这条指令的前 128 个字节和后 127 个字节之间。

例如在 0123H 单元存放着指令 AJMP 45H，则目标地址为 0123H+2+45H=016AH。若指令为 SJMP 0F2H，则目标地址为 0123H+2+F2H=0117H。

自跳转指令"SJMP $"偏移量的计算：因为该条指令的长度为 2 个字节，自跳转只需从下一条指令的地址减 2 即可，所以 rel=-2，它的 8 位补码为 0FEH，故此指令的机器码为 80FEH。

3）长跳转指令

长跳转指令见表 3-36。

表 3-36　长跳转指令

指　　令	机器指令编码		
LJMP addr16	00000010	A15 … A8	A7 … A0

这是 64 KB 范围内的无条件跳转指令。该指令在运行时把指令的第二位和第三字节分别装入 PC 的高位和低位字节中，无条件地转移到指定的地址，不影响任何标志。

4）基址寄存器加变址寄存器间接转移指令（散移指令）

基址寄存器加变址寄存器间接转移指令（散移指令）见表 3-37。

表 3-37　基址寄存器加变址寄存器间接转移指令（散移指令）

指　　令	指令编码
JMP　@A+DPTR	01110011

这条指令的功能是把累加器 A 中的 8 位无符号数与数据指针 DPTR 的 16 位数相加（模 2^{16}），结果作为下一条指令的地址送入 PC，不改变累加器和数据指针内容，也不影响标志位，利用这条指令能够实现程序的散转。

【例 3-15】编写程序，要求当（A）=00H 时，程序散转到 KEY0；当（A）=01H 时，程序散转到 KEY1，等等。

解：根据题意，编写程序如下：

```
        CLR    C            ;清进位位
        RLC    A            ;累加器内容乘 2
        MOV    DPTR,#TABLE
        JMP    @A+DPTR
        …
TABLE:AJMP   KEY0
```

```
    AJMP    KEY1
    AJMP    KEY2
    ...
```

2. 条件转移指令

条件转移指令是依据某种特定条件转移的指令。条件满足则转移（相当于一条相对转移指令）；条件不满足时则顺序执行下面的指令。目的地址限制在以下一条指令的起始地址为中心的 256 个字节中（-128～127）。当条件满足时，把 PC 加到指向下一条指令的第一个字节地址，再把有符号的相对偏移量加到 PC 上，计算出转向地址。

1）测试条件符合转移指令

测试条件符合转移指令见表 3-38。

表 3-38　测试条件符合转移指令

指　　令	转移条件	机器指令编码		
JZ　　rel	（A）=0	01100000		相对地址 rel
JNZ　rel	（A）≠0	01110000		相对地址 rel
JC　　rel	CY=1	01000000		相对地址 rel
JNC　rel	CY=0	01010000		相对地址 rel
JB　bit，rel	（bit）=1	00100000	位地址	相对地址 rel
JNB　bit，rel	（bit）=0	00110000	位地址	相对地址 rel
JBC　bit，rel	（bit）=1	00010000	位地址	相对地址 rel

这组条件转移指令的功能如下。

JZ：如果累加器 A 为零，则执行转移；

JNZ：如果累加器 A 不为零，则执行转移；

JC：如果进位标志 CY 为 1，则执行转移；

JZ：如果进位标志 CY 为 0，则执行转移；

JB：如果直接寻址的位的值为 1，则执行转移；

JNB：如果直接寻址的位的值为 0，则执行转移；

JBC：如果直接寻址的位的值为 1，则执行转移，然后将直接寻址的位清零。

在短转移和条件转移中，用偏移量 rel 和转移指令所处的地址值来计算转移的目的地址。rel 是 1 字节码值，如 rel 是正数的补码，程序往前转移；如果 rel 是负数的补码，程序往回转移。下面介绍计算 rel 大小的方法。

设条件转移指令的首地址为 YY（为源地址），指令字节数 ZZ 为 2 字节或 3 字节，要转移到的地址 M 为目的地址，这三者之间的关系为：

$$M=YY+ZZ+rel_{补}$$

于是

$$rel=(M-YY-ZZ)_{补}$$

这就是已知源地址、目的地址和指令的长度时，计算 rel 大小的公式。

【例 3-16】一条短转移指令"SJMP　rel"的首地址为 2010H 单元。求：① 转移到目的

地址为2020H单元的rel；② 求转移到目的的地址为2000H单元的rel。

解： "SJMP rel"是2字节指令，ZZ=2；则由题意知，YY=2010H，所以

① rel=(2020H−2010H−2)$_{补}$=(0EH)$_{补}$=0EH

② rel=(2000H−2010H−2)$_{补}$=(−12H)$_{补}$=0EEH

在①中，rel是正数的补码，所以实现了向前（地址增大）方向的转移。在②中，rel是负数的补码，所以实现了向回（地址减小）方向的转移。

2）比较不等偏移指令

比较不等偏移指令见表3-39。

表3-39 比较不等偏移指令

指 令	机器指令编码		
CJNE A，direct，rel	10110101	直接地址	相对地址
CJNE A，#data，rel	10110100	立即数	相对地址
CJNE Rn，#data，rel	10111rrr	立即数	相对地址
CJNE @Ri，#data，rel	10110111	立即数	相对地址

这组指令的功能是：比较两个操作数的大小，如果它们的值不相等，则转移。在PC加到下一条指令的起始地址后，通过把指令的最后一个字节的有符号数的相对偏移量加到PC上，并计算出转向地址，如果第一操作数（无符号整数）小于第二操作数，则置位进位标志CY；否则CY清零，不影响任何一个操作数的内容。操作数有寄存器寻址、直接寻址、寄存器间接寻址和立即寻址等寻址方式。

【例3-17】 已知：内部RAM的M1和M2单元中各有一个无符号8位二进制数，试编程比较它们的大小，并把大数送到MAX单元。

解： 程序为：

```
        MOV   A,M1          ;A←(M1)
        CJNE  A,M2,LOOP     ;若A≠(M2),则LOOP,形成CY标志
LOOP:   JNC   LOOP1         ;若A≥(M2),则LOOP1
        MOV   A,M2          ;若A<(M2),则A←(M2)
LOOP1:  MOV   MAX,A         ;大数MAX
        RET                 ;返回
```

3）"减1不等于0"的转移指令

"减1不等于0"的转移指令见表3-40。

表3-40 "减1不等于0"的转移指令

指 令	机器指令编码		
DJNZ Rn，rel	11011rrr		相对地址
DJNZ direct，rel	11010101	直接地址	相对地址

这组指令的功能是：把源操作数减1，结果送回源操作数中，结果不为0则转移。源操作数有寄存器寻址和直接寻址。这组指令允许用户把内部RAM单元用作程序循环计数器。

延时程序：

```
    MOV  50H,#0FFH    ;30H ←0FFH
DELAY:DJNZ 50H,DELAY   ;重复执行 0FFH 次，即 255 次
```

3. 调用和返回指令

1）短调用指令

短调用指令见表 3-41。

表 3-41　短调用指令

指　　令	机器指令编码	
ACALL addr11	A10 A9 A8 10001	A7 A6 A5 A4 A3 A2 A1 A0

这条指令无条件地调用首地址由 A10～A0 所指的子程序，执行时把 PC 加 2 以获得下一条指令的地址，把 16 的地址压入堆栈（先低位后高位），栈指针加 2，并把 PC 的高 5 位和指令第一字节的高 3 位及第二字节相连（PC15 PC14 PC13 PC12 PC11 A10 A9 A8 A7 A6 A5 A4 A3 A2 A1 A0），以获得子程序的起始地址，并将它送入 PC。因此，所调用的子程序的起始地址必须和该指令的下一个指令的第一个字节在同一个 2 KB 页面内的程序存储器中。

```
    PC ←(PC)+2,SP←(SP)+1
    SP ←(PC)7-0,SP←(SP)+1
    SP ←(PC)15-8,PC10-0←addr11
```

2）长调用指令

长调用指令见表 3-42。

表 3-42　长调用指令

指　　令	机器指令编码		
LCALL addr16	00010010	A15～A8	A7～A0

这条指令无条件地调用位于指定地址的子程序，该指令在运行时先把 PC 加 3 获得下一条指令的地址，并把它压入堆栈（先低位后高位），栈指针加 2。接着把指令的第二和第三字节分别装入 PC 的高位和低位字节，然后从该地址开始执行程序。LCALL 指令可以调用 64 KB 范围内程序存储器中的任何一个子程序，执行后不影响任何标志。

```
    PC ←(PC)+2,SP←(SP)+1
    SP ←(PC)7-0,SP←(SP)+1
    SP ←(PC)15-8,PC15-0←addr16
```

3）返回指令

（1）从子程序返回指令

从子程序返回指令见表 3-43。

表 3-43　从子程序返回指令

指　　令	机器指令编码
RET	00100010

这条指令的功能是：从堆栈中退出 PC 的高位和低位字节，同时把栈指针减 2，并从产生的 PC 值开始执行程序，不影响任何标志。

$$PC_{15-8} \leftarrow ((SP)), SP \leftarrow (SP)-1$$
$$PC_{7-0} \leftarrow ((SP)), SP \leftarrow (SP)-1$$

（2）从中断返回指令

从中断返回指令见表 3-44。

表 3-44　从中断返回指令

指　令	机器指令编码
RETI	00110010

这条指令除了执行 RET 指令的功能外，还清除内部相应的中断状态寄存器（该触发器由 CPU 响应中断时置位，指示 CPU 当前是否在处理高级或低级中断）。因此，中断服务子程序必须以 RETI 为结束指令。需要注意的是，CPU 在执行 RETI 指令后至少要再执行一条指令，才响应新的中断。此特性常被用作单步执行程序。

$$PC_{15-8} \leftarrow ((SP)), SP \leftarrow (SP)-1$$
$$PC_{7-0} \leftarrow ((SP)), SP \leftarrow (SP)-1$$

4）空操作指令

空操作指令见表 3-45。

表 3-45　空操作指令

指　令	机器指令编码
NOP	00000000

该指令在延时等待程序中用于延长一个机器周期的时间而不影响其他任何状态。

表 3-46 列示了控制转移类指令。

表 3-46　控制转移类指令一览表

助记符	功能说明	字节数	振荡器周期
LJMP addr16	长转移	3	24
AJMP addr11	短转移	2	24
SJMP rel	相对量转移	2	24
JMP @A+DPTR	相对 DPTR 的间接转移	1	24
JZ rel	累加器为零则转移	2	24
JNZ rel	累加器为非零则转移	2	24
CJNE A，direct，rel	比较直接寻址字节和 A，不相等则转移	3	24
CJNE A，#data，rel	比较立即数和 A，不相等则转移	3	24

续表

助记符	功能说明	字节数	振荡器周期
CJNE Rn，#data，rel	比较立即数和寄存器，不相等则转移	3	24
CJNE @Ri，#data，rel	比较立即数和间接寻址 RAM，不相等则转移	3	24
DJNZ Rn，rel	寄存器减 1，不为零则转移	2	24
DJNZ direct，rel	直接寻址字节减 1，不为零则转移	3	24
ACALL addr11	短调用子程序	2	24
LCALL addr16	长调用子程序	3	24
RET	从子程序返回	1	24
RETI	从中断返回	1	24
NOP	空操作	1	12

3.3.5 位操作类指令

在 MCS-51 系列单片机内有一个布尔处理器，它以进位位 CY（程序状态字 PSW.7）作为累加器 C，以 RAM 和 SFR 内的位寻址区的位单元作为操作数，进行位变量的传送、修改和逻辑等操作。

1. 位变量的传送指令

位变量的传送指令见表 3-47。

表 3-47 位变量的传送指令

指 令	机器指令编码	
MOV C，bit	10100010	位地址
MOV bit，C	10010010	位地址

这组指令的功能是：将源操作数指出的位变量送到目的操作数的位单元中去。其中一个操作数必须是位累加器 C，另一个可以是任何直接寻址的位，也就是说位变量的传送必须经过 C 进行。

【例 3-18】编程把 56H 位中内容和 78H 位中内容交换。

解：为了将 56H 和 78H 位地址单元中的内容变换，可以采用 00H 位作为暂存寄存器位，相应程序为：

```
MOV  C,56H   ;C←(56H)
MOV  00H,C   ;暂存于 00H
MOV  C,78H   ;C←(78H)
MOV  56H,C   ;存入 56H 位
MOV  C,00H   ;56H 位的原内容送到 C
MOV  78H,C   ;存入 78H 位
```

在程序中，00H、56H 和 78H 均为位地址，其中 00H 是指 20H 单元中的最低位，56H 是

指 2AH 单元中的次高位，78H 是指 2FH 单元中的最低位。

2. 位变量修改指令

位变量修改指令见表 3-48。

表 3-48 位变量修改指令

指 令	机器指令编码	
CLR C	11000011	
CLR bit	10000101	位地址
CPL C	10110011	
CPL bit	10110011	
SETB C	11010011	
SETB bit	11010010	位地址

这组指令将操作数指出的位清零（CLR）、置"1"（SETB）和取反（CPL），不影响其他标志。

3. 位变量逻辑操作指令

1）位变量逻辑与指令

位变量逻辑与指令见表 3-49。

表 3-49 位变量逻辑与指令

指 令	机器指令编码	
ANL C，bit	10000010	位地址
ANL C，/bit	10110000	位地址

这组指令的功能是：如果源操作数的逻辑值为 0，则进位标志清零，否则进位标志保持不变。操作数前的"/"表示用寻址位的逻辑非作源值，并不影响操作数本身值，不影响其他标志值。源操作数只有直接寻址方式。

2）位变量逻辑或指令

位变量逻辑或指令见表 3-50。

表 3-50 位变量逻辑或指令

指 令	机器指令编码	
ORL C，bit	01110010	位地址
ORL C，/bit	01110010	位地址

这组指令的功能是：如果源操作数的逻辑值为 1，则进位标志置位，否则进位标志保持不变。操作数前的"/"表示用寻址位的逻辑非作源值，并不影响操作数本身值，不影响其他标志值。源操作数只有直接寻址方式。

使用位操作指令可以实现选择当前寄存器工作区为 2 区，程序如下：

```
CLR  RS0    ;RS0←0
SETB RS1    ;RS1←1
```

使用这种方法可以达到灵活切换工作区的目的。

这类指令与位累加器 C 和可位寻址位构成了一个完整的位处理机，大大增强了 MCS-51 系列单片机的位处理功能。

【例 3–19】用单片机来实现图 3–13 所示电路的逻辑功能。

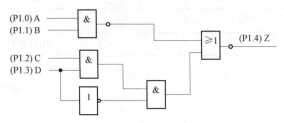

图 3–13　用位处理实现的逻辑电路

解：为了使逻辑问题适合用单片机来处理，先选择一些端口位作为输入逻辑变量和输出逻辑变量。

设 P1.0=A，P1.1=B，P1.2=C，P1.3=D，P1.4=Z，程序为：

```
MOV C,P1.0      ;读入变量 A
ANL C,P1.1      ;和 B 相与
CPL C           ;将 A 与 B 取反
MOV 00H,C       ;保存中间运算结果到 00H
MOV C,P1.2      ;读入变量 C
ANL C,P1.3      ;和 D 相与
ANL C,/P1.3     ;再和 D 非相与
ORL C,00H       ;再和将 A 与 B 取反的值相或
CPL C           ;结果取反
MOV P1.4,C      ;输出运算结果
```

习　题

1. 什么是指令系统？MCS-51 系列单片机共有多少种指令？

2. 什么是寻址方式？MCS-51 系列单片机有哪几种寻址方式？

3. 指出下列指令中画线的操作数的寻址方式。

```
MOV R0, #55H
MOV A,2AH
MOV A,@R1
MOV @R0,A
DIV A,B
ADD A,R7
MOVX A,@DPTR
MOV DPTR,#0123H
```

```
MOVC A,@A+DPTR
INC DPTR
```

4. 试说明"CJNE, JNB, JB"这类指令的字节数, 这几条指令可实现的转移范围有多大? 为什么?

5. 我国自主龙芯指令系统架构 LoongArch 突破美国技术封锁, 有望形成除 Wintel (Windows+Intel) 和 AA (Android+Arm) 之外的第三个技术生态体系。试阐述指令系统架构对于底层 CPU 硬件设计、上层应用软件编程、计算机产品生态建立等方面的重要性。

6. 为什么要进行十进制调整? 调整方法是什么?

7. 编程实现两个单字节压缩型 BCD 码的减法。设被减数地址在 R0 中, 减数地址在 R1 中, 差仍存于被减数地址单元中。

8. 把片外数据存储器 8000H 单元中的数据读到累加器中, 应用哪几条指令?

9. 已知内部 RAM 中 (A)=35H, (R0)=6FH, (P1)=0FCH, (SP)=0C0H, 分别写出下列各条指令的执行结果:

```
(1) MOV R0,A      ;_____
(2) MOV @R0,A     ;_____
(3) MOV A,#90H    ;_____
(4) MOV A,90H     ;_____
(5) MOV 80H,#81H  ;_____
(6) MOVX @R0,A    ;_____
(7) PUSH A        ;_____
(8) SWAP A        ;_____
(9) XCH A,R0      ;_____
```

10. 设 C=0, A=66H, 请指出下列程序段的执行路线。

```
        JC  L1
        CPL C
L1:     JC  L2
        ...
L2:     JB  ACC.0,L3
        SETB ACC.0
L3:     JNB ACC.3,L4
        CLR ACC.3
L4:     JBC ACC.7,L8
        ...
L8:
```

11. 说明下段程序执行过程中, SP 的内容及堆栈中内容的改变过程。

```
MOV SP,#20H
MOV A ,#20H
MOV B,#30H
PUSH ACC
PUSH B
POP ACC
POP B
```

12. 试编写一段程序，将累加器 A 的高 4 位由 P1 口的高 4 位输出，P1 口低 4 位保持不变。

13. 试编写一段程序，将 P1 口的高 5 位置位，低 3 位不变。

14. 试编写一段程序，将累加器 A 中的负数转换为其补码。

15. 试编写一段程序，将 R3、R2 中的双字节负数转换成补码。

16. 试编写一段程序，将 R2 中的各位倒序排列后送入 R3 中。

17. 借助成熟的生成式大模型，试编写一段程序，将 R2 中的数乘 4（用移位指令）。

18. 借助成熟的生成式大模型，执行下列程序后，（P1）等于多少？

```
MOV P1,#3AH
CPL P1.1
CPL P1.4
CPL P1.6
SETB P1.7
```

19. 借助成熟的生成式大模型，执行下列程序后，（A）等于多少？（CY）等于多少？

```
MOV A,#0A2H
RL A
```

20. 借助成熟的生成式大模型，执行下列程序后，（R1）等于多少？（3EH）等于多少？（3FH）等于多少？

```
MOV R1,#3EH
MOV 3EH,#0FFH
MOV 3FH,#30H
    INC @R1
INC R1
INC @R1
```

21. 已知(SP)=30H，子程序 BUF 的首地址为 0123H，现执行位于 4567H 的 ACALL BUF 双字节指令，那么（CP）等于多少？（31H）等于多少？（32H）等于多少？

22. 阅读下列程序，说明其功能。

```
MOV R1,#37H
MOV A,@R1
RL A
MOV R0, A
RL A
RL A
ADD A, R0
MOV @R1,A
RET
```

第4章

程 序 设 计

提 要

　　本章主要介绍 MCS-51 系列单片机的程序设计，包括 C51 语言编程基础、汇编语言编程基础、程序设计结构与方法、典型程序设计举例、C51 程序中嵌入汇编程序等。通过基础介绍与实例分析，帮助读者掌握利用 C51 语言和汇编语言进行单片机程序设计的基础知识和基本技能，并熟练运用这些知识来设计、调试和优化单片机程序。同时，通过介绍顺序、分支、循环、子程序等基本程序结构，结合具体程序设计案例，帮助读者掌握程序设计步骤、调试过程和优化方法。更进一步，本章还介绍了 C51 和汇编语言混合编程方法，帮助读者理解 C51 和汇编语言各自的编程特点和优势，通过两者的结合，提升程序设计的开发效率和运行性能。

　　在单片机编程领域，熟练掌握 C51 语言和汇编语言是开发高效、可靠应用的基础。本章首先介绍了 C51 语言编程基础，使读者了解和回顾 C51 的数据类型、变量、头文件、函数声明等基础知识。然后，通过介绍汇编语言编程基础，使读者掌握汇编语言的语法规则、伪指令等，通过具体案例，使读者认识到汇编语言在直接控制硬件、实现高性能代码方面的独特优势。接着，介绍了程序设计的步骤和基本结构，具体包括顺序、分支、循环、子程序与子函数等结构的程序设计方法，通过对子程序和子函数设计细节的介绍，强调了它们在提高代码复用性、模块化编程和简化调试过程中的作用，详细阐述了如何通过合理的参数传递方式、现场保护措施及清晰的接口说明来设计高效且易于维护的子程序。程序设计的关键是实操练习，本章通过具体的编程实例，进一步说明了如何在实际项目中应用这些理论知识，包括如何实现延时程序、数据传输，以及如何优化程序结构以提升执行效率。C51 程序中嵌入汇编程序属于高端的编程技能，可以充分利用 C51 和汇编语言各自的特点和优势，提升程序开发效率和运行性能。

　　通过本章的学习，读者能够系统地掌握 MCS-51 系列单片机程序设计的核心技术和方法，为后续的单片机系统开发打下坚实的基础。

4.1 C51 语言编程基础

C51 的特点

4.1.1 C51 语言概述

汇编语言的机器代码生成效率很高，但可读性和移植性不强，而 C51 语言在大多数情况下其机器代码生成效率与汇编语言相当，但可读性和可移植性却远超过汇编语言，而且 C51 语言还可以嵌入汇编语言来解决高时效性的代码编写问题。对于开发周期来说，中大型的软件编写，用 C51 语言的开发周期与汇编语言相比要缩短很多。

将 C51 语言向单片机上移植始于 20 世纪 80 年代中后期，于 90 年代开始日趋成熟，已经成为专业化的单片机高级语言了。过去长期困扰人们的所谓"高级语言产生代码太长，运行速度太慢，因此不适合单片机使用"的缺点，已被大幅度地克服。目前，解决同一个应用问题，采用 C51 语言编写所生成的代码长度已经做到了汇编语言代码的 1.2～1.5 倍水平。编写代码超过 4KB 的程序时，C51 语言的优势更能得到发挥。至于执行速度的问题，只要有好的仿真器的帮助，找出关键代码，进一步进行人工优化，就可很简单地达到很好的程度。在开发速度、软件质量、结构严谨、程序坚固等方面，C51 语言则更好。

综合来看，MCS-51 系列单片机使用 C51 语言的优越性如下。

① 不懂单片机的指令集，也能够编写单片机程序。

② 无须懂单片机的具体硬件，也能够编写出符合硬件实际的专业水平的程序。

③ 不同函数的数据实行覆盖，有效利用片上有限的 RAM 空间。

④ 程序具有坚固性。数据被破坏是导致程序运行异常的重要原因。C51 语言对数据进行了许多专业性的处理，避免了运行中间数据异步破坏。

⑤ C51 语言提供复杂的数据类型（数组、结构、联合、枚举、指针等），极大地增强了程序处理能力和灵活性。

⑥ 提供 auto、static、const 等存储类型和专门针对单片机的 data、idata、pdata、xdata、code 等存储类型，自动为变量合理地分配地址。

⑦ 提供 small、compact、large 等编译模式，以适应片上存储器的大小。

⑧ 中断服务程序的现场保护和恢复，中断向量表的填写，是直接与单片机相关的，都由 C 编译器代办。

⑨ 提供常用的标准函数库，以供用户直接使用。

⑩ 头文件中定义宏、说明复杂数据类型和函数原型，有利于程序的移植和支持单片机的系列化产品的开发。

⑪ 有严格的语法检查，可以在编译时发现错误。

⑫ 可方便地接受多种实用程序的服务，如片上资源的初始化有专门的实用程序自动生成；再如，有实时多任务操作系统可调度多个任务，简化用户编程，提高运行的安全性等。

4.1.2　C51 语言的数据类型及存储模式

C51 数据类型

C51 语言的变量数据类型和存储模式见表 4-1。

表 4-1　**C51 语言的变量数据类型和存储模式**

数据类型	位	字节	取值范围
bit *	1	—	0 或 1
signed char	8	1	−128～+127
unsigned char	8	1	0～255
enum	8/16	1 或者 2	−128～+127／−32 768～+32 767
signed short	16	2	−32 768～+32 767
unsigned short	16	2	0～65 535
signed int	16	2	−32 768～+32 767
unsigned int	16	2	0～65 535
signed long	32	4	−2 147 483 648～+2 147 483 647
unsigned long	32	4	0～4 294 967 295
float	32	4	±1.175 494E−38～±3.402 823E+38
sbit *	1	—	0 或 1
sfr *	8	1	0～255
sfr16 *	16	2	0～65 535

注意：bit，sbit，sfr 和 sfr16 数据类型在 ANSI　C 中存在，是 C51 语言独有的数据、变量的存储器类型。

数据和变量可以不指定存储器类型，让编译器按照内存模式自动指定，也可以在程序中指定以下存储器类型。

1.　程序存储器

程序存储器存放程序或常数，存储类型说明为 code，是只读类型，不能写入，通过 $\overline{\text{PSEN}}$ 信号选择物理存储器。程序存储器最多支持 64 KB，程序代码包括所有的子程序及程序库都存于此处，单片机只运行存储在该区域的程序。

2.　内部存储器

内部存储器位于单片机芯片内部，为可读可写类型，访问速度快，存储类型分成以下 3 种。

data：　　00～7FH，直接寻址，速度最快。

idata：　　00～FFH，间接寻址，速度比 data 类型慢。

bdata：　　20～2FH，16 B，可以位寻址，共 128 位。

3.　外部存储器

外部存储器一般位于 CPU 片外，当在片外时用 $\overline{\text{RD}}$、$\overline{\text{WR}}$ 信号选择物理存储器，最大空间一般为 64 KB，用指针访问，执行速度最慢。外部存储器分为以下两种类型。

xdata：64 KB 空间中任何位置，用 DPTR 数据指针访问"@DPTR"。

pdata：64 KB 空间中某一页内（1 页为 256 B），用寄存器间接寻址访问"@R0，@R1"。

注意，CPU 外部的各种 I/O 设备连接在总线上时，作为存储器映射 I/O 也按照外部存储器方式访问。

4. 特殊功能寄存器 SFR

特殊功能寄存器 SFR 位于 80H 开始的 128 B 空间内，可以按字、字节和位寻址，用于控制 CPU 片上的定时器/计数器、串行口、I/O 端口和其他片上外围器件（AD、DA、比较器、电源管理、I²C 或 USB 通信口等）。

4.1.3　C51 语言变量

C51 语言变量有多种类型，下面是几种变量定义的举例。

```
int code logtab[256];              //位于程序存储器中的 256 个整数的常数表
char data var1;                    //片内直接寻址字符变量
char code text[] = "better";       //程序存储器中的常量字符数组
unsigned long xdata array[100];    //外部存储器中长整数型变量数组
float idata x,y,z;                 //片内浮点变量
char bdata flags;                  //可以位寻址的字符变量
```

1. bit 变量类型

C51 语言定义的 bit 变量类型可以用来定义位变量、函数参数及函数返回类型。其用法与 C 语言中其他变量类型使用类似。例如：

```
static bit done_flag = 0;          // 定义 bit 型变量
bit testfunc (bit flag1, bit flag2){  // testfunc 函数返回值为 bit 型,函数的两
                                      个输入参数也为 bit 型
…
return (0);                        //bit 返回值
}
```

定义的 bit 型变量保存在数据存储器的位寻址区（20H～2FH），共 16 B，所以最多可定义 128 个位变量。使用 bit 型变量的时候，要注意以下几点。

① 不能定义 bit 型指针。

```
bit *ptr;        // 定义无效
```

② 不能定义 bit 型数组。

```
bit  ware[5];   // 定义无效
```

③ 禁止中断的函数（#pragma disable）和明确定义了使用寄存器组的函数（using n），返回值不能为 bit 型。

2. 可按位寻址对象

可按位寻址对象是指那些既可以按字/字节寻址也可以按位寻址的对象。可按位寻址对象只能占据单片机内部位可寻址存储区。

C51 编译器会把用 bdata 存储类型修饰的变量放在位可寻址区。另外，用 bdata 存储类型修饰的变量必须定义为全局变量。例如：

```
int bdata ibase;            // 可位寻址 int 变量
char bdata bary [4];        // 可位寻址字符数组
...
```

```
sbit mybit0 = ibase^0;        // ibase 变量的 bit 0
sbit mybit15 = ibase^15;      // ibase 变量的 bit 15
sbit Ary07 = bary[0]^7;       // bary[0] 的 bit 7
sbit Ary37 = bary[3]^7;       // bary[3] 的 bit 7
...
mybit0 = 1;
Ary07 = 0;
ibase=0x3f4C;
mybit15=1;
```

上面定义了可按位寻址变量 ibase 和 bary，可以用 sbit 声明变量访问可按位寻址对象的某一位。比如 mybit0 可以直接操纵 ibase 的第 0 位。符号"^"用来指定对应的位。对于字节型变量（char，unsigned char）可指定位的范围为 0～7；整型（int，unsigned int，short，unsigned short）可指定的位范围为 0～15；长整型（long，unsigned long）可指定的位范围为 0～31。

除了在位寻址区定义的对象外，某些特殊功能寄存器也可以作为位寻址对象。同样可以用 sbit 声明访问特殊功能寄存器中某一位。通常特殊功能寄存器定义及位声明定义在对应芯片的头文件中。例如：

```
sfr P1   = 0x90;        //头文件中对 P1 口地址的定义
sbit P1_0 = 0x90;        //P1 端口 bit0 地址
char c;
...
c=P1;                    //读取 P1 口数据
P1_0=1;                  //将 P1 的 bit 0 置1
```

3. 指针

C51 语言支持指针，使用方式与标准 C 一样。然而，由于 MCS-51 系列单片机独特的结构，C51 语言支持两种指针：通用指针和指定存储类型的指针。

通用指针，占用 3 个字节，第一个字节指定存储类型，第二个字节为地址的高位，第三个字节为地址的低位。通用指针可以访问单片机存储空间内的任何地址。但是，由于编译器无法事先对通用指针优化，所以采用通用指针会比指定存储类型的指针执行速度慢。例如：

```
char *s;
int *n;
```

指定存储类型的指针在声明时带有存储类型修饰，总是指向指定存储区内地址。由于存储类型已指定，编译时可以优化生成的代码，因此执行速度较快。指定存储类型指针占用一个字节（idata，data，bdata，pdata 指针）或两个字节（code 和 xdata 指针）。例如：

```
char data *str;
int xdata *number;
long code *powtab;
```

注意：不可以有 bit 变量类型的指针。

4.1.4 C51 语言中的头文件

C51 语言中有很多头文件，如 stdio.h、stdlib.h、math.h 等，这些头文件包含了大量的标准库函数，如常用的 abs()、printf()函数，在编程中使用这些库函数可以极大地优化程序。C51

语言中也有一些特有的头文件，如 reg51.h、reg52.h，这两个头文件是分别定义 MCS-51 系列单片机和 52 系列单片机的特殊功能寄存器和位寄存器的。下面给出 reg52.h 头文件的部分内容。

```
/*  BIT Registers  */
/*  PSW  */
sbit CY   = PSW^7;        //程序状态字的相关位定义
sbit AC   = PSW^6;
sbit F0   = PSW^5;
sbit RS1  = PSW^4;
sbit RS0  = PSW^3;
sbit OV   = PSW^2;
sbit P    = PSW^0;        //8052 only


/*  TCON  */
sbit TF1  = TCON^7;       //定时器/计数器控制字的相关位定义
sbit TR1  = TCON^6;
sbit TF0  = TCON^5;
sbit TR0  = TCON^4;
sbit IE1  = TCON^3;
sbit IT1  = TCON^2;
sbit IE0  = TCON^1;
sbit IT0  = TCON^0;
```

C51 编程中若要使用相关的库函数或位定义等则需要在程序开始就引用相关的头文件。在熟练使用已有的头文件的基础上，可以根据需要来定义有自己风格的头文件。

下面列举一些常用头文件及其所包含的库函数声明。

STDIO.H：I/O 相关函数定义。

getchar	putchar	sscanf	puts	ungetchar	
gets	scanf	vprintf	printf	sprint	vsprintf

STDLIB.H：类型转换及内存分配函数定义。

atof	strtod	atoi	malloc	strtol
atoll	rand	strtoul	calloc	realloc
free	srand			

MATH.H：数学运算函数定义。

abs	exp	modf	acos	fabs		
pow	asin	floor	sin	atan		
fmod	sinh	atan2	sqrt	cabs		
tan	ceil	tanh	cos	log	cosh	log10

4.1.5 C51 函数声明扩展

C51 语言对标准 C 的函数声明进行了扩展，支持以下功能。

① 指定函数为中断处理函数。

② 指定函数所使用的寄存器组。

③ 选择内存模型。

④ 明确函数是否可重入。

函数声明格式为：

```
[return_type] funcname([args]) [{small | compact | large} ] [ reentrant ]
[interrupt n] [using n]
```

其中，return_type 为函数返回值的类型；funcname 为函数名称；args 为函数的参数表；small，compact，large 为该函数内存使用模型，指明函数的局部变量和传递给函数参数的存储区域；reentrant 表明该函数是可重入的；interrupt 表示该函数为中断处理函数，参数 n 表示中断号，它和中断向量相对应，其对应关系见表 4–2；using 明确该函数所使用的寄存器组，参数 n 取值为 0～3，对应于 4 个寄存器组之一。

表 4–2　中断号和入口地址对应表

中断号	入口地址	中断号	入口地址
0	0003H	16	0083H
1	000BH	17	008BH
2	0013H	18	0093H
3	001BH	19	009BH
4	0023H	20	00A3H
5	002BH	21	00ABH
6	0033H	22	00B3H
7	003BH	23	00BBH
8	0043H	24	00C3H
9	004BH	25	00CBH
10	0053H	26	00D3H
11	005BH	27	00DBH
12	0063H	28	00E3H
13	006BH	29	00EBH
14	0073H	30	00F3H
15	007BH	31	00FBH

4.1.6　用 C51 语言编写中断

C51 语言对函数功能的扩展使我们能够方便地用 C 语言编写中断函数。8051 单片机支持 5 个中断源，其中断功能见表 4–3。

表 4-3　8051 单片机支持的中断

类型	中断标记	入口地址	允许中断	中断优先权	服务优先级	唤醒掉电
Ext.Int0	IE0	0003H	EX0	PX0/H	1（最高的）	是
T0	TF0	000BH	ET0	PT0/H	3	不是
Ext.Int1	IE1	0013H	EX1	PX1/H	4	是
T1	TF1	001BH	ET1	PT1/H	5	不是
UART/SPI	TI/RI/SPIF	0023H	ES	PS/H	9	不是

中断函数格式如下：

```
void 函数名()interrupt 中断号 using 工作组
{
    中断服务程序内容
}
```

下面代码是用 C51 语言编写的定时器 0 中断处理函数。

```
unsigned int interruptcnt;
unsigned char second;
void timer0 (void) interrupt 1 using 2 {
    if(++interruptcnt == 4000) {   // count to 4000
        second++;                   // second counter
        interruptcnt = 0;           // clear int counter
    }
}
```

代码中，假定 MCS-51 系列单片机的定时器每隔 1/4 000s 产生一次中断（定时器 0 中断，中断号为 1，中断号和地址对应关系见表 4-2），函数 timer0 处理 1 号中断，使用寄存器组 2。在函数中对中断进行计数，当计数值达到 4 000（1 秒钟间隔）时，变量 second 加 1。

中断函数中的中断编号为 0～31。在函数原型声明中不可以使用 interrupt 属性，不可以对编号用表达式。函数的 interrupt 属性将在以下几方面影响编译器产生的目标代码。

① 如果有必要，将在调用函数时把 ACC，B，DPH，DPL 和 PSW 的内容保存在堆栈内。

② 如果没有使用 using 参数，则在中断函数中使用的工作寄存器都将保存在堆栈。

③ 保存在堆栈的特殊功能寄存器和工作寄存器内容在函数推出时从堆栈中恢复。

④ 函数以一个 RETI 指令结束。

此外，C51 编译器自动产生中断矢量。

4.2　汇编语言编程基础

汇编简介

4.2.1　汇编语言概述

汇编语言是一种用于编写计算机程序的低级编程语言，它利用易于理解和记忆的英文字母（助记符）来代替难以直接阅读和书写的二进制机器码（机器码）。这种替代方案大大提高了程序员编写和理解代码的便利性。汇编语言源程序是由一系列汇编语句构成的，每个语句包含助记符指令、操作数和可能的注释，遵循特定的书写规则，便于计算机处理。在程序开发过程中，汇编语言源代码需要经过一个叫作"汇编"的过程转换成计算机可以直接执行的机器语言，即目标程序。这个过程由汇编译器自动完成，它负责将程序员的汇编指令翻译成机器可识别的二进制指令序列，从而实现程序的功能。简而言之，汇编语言是连接人类思维与机器执行之间的一座桥梁，通过助记符形式的指令提高编程效率，最终通过编译过程转换为机器执行的目标代码。

1. 机器语言与汇编语言

机器语言（machine language）是计算机硬件能够直接识别的二进制代码，它是计算机 CPU（中央处理器）所理解和执行的最低级语言。机器语言由一系列由 0 和 1 组成的二进制指令码组成，每一条指令码都对应着计算机硬件的一个基本操作。这种语言无需经过翻译，每一个操作码在计算机内部都有相应的电路来完成。机器语言具有直接性、二进制代码、低级性、不可移植性等特点。它直接反映了计算机硬件的结构和操作方式，是计算机能够直接理解和执行的编程语言。机器语言指令是一种二进制代码，由操作码和操作数两部分组成。操作码规定了指令的操作，是指令中的关键字，不能缺省。操作数表示该指令的操作对象。然而，机器语言也存在一些缺点，如可读性和可移植性差、编程繁杂等。因此，在实际应用中，程序员通常使用更高级别的编程语言（如汇编语言、C 语言、Python等）来编写程序，这些高级语言更容易编写、阅读和维护，同时也提高了程序的可移植性和可重用性。

汇编语言（assembly language）是一种用于电子计算机、微处理器、微控制器或其他可编程器件的低级编程语言，也称为符号语言。在汇编语言中，用助记符（mnemonics）代替机器指令的操作码，用地址符号（symbol）或标号（label）代替指令或操作数的地址，并允许程序员访问机器语言中的低级操作，如寄存器、内存地址等。汇编语言通常是为特定的处理器体系结构设计的，这意味着在不同的计算机架构（如 x86、ARM、MIPS 等）上，汇编语言的语法和指令集可能会有所不同。

汇编语言与机器语言之间存在直接对应和转换关系，其中汇编语言利用易于理解的助记符形式表述机器语言的二进制指令，提高了编程的可读性和编写效率。通过汇编过程，汇编语言代码被编译器转化为与之对应的机器语言——计算机硬件直接执行的二进制代码，实现了人类友好编写与机器高效执行的桥梁连接。尽管两者在功能上等效，汇编语言增强了程序的可维护性，但受限于特定硬件平台，移植性较低。

2. 汇编语言的特点

汇编语言的特点主要包括以下几个方面。

1）机器相关语言

汇编语言是面向机器的低级语言，通常是为特定的计算机或系列计算机专门设计的。它直接与计算机硬件交互，因此可以充分利用硬件的性能和功能。

2）直接控制硬件

汇编语言可直接访问和控制计算机硬件资源，如寄存器、存储器、I/O 端口等，提供了对硬件资源的最精细控制。这对于编写需要高度优化性能或与硬件紧密交互的程序至关重要。

3）高速度、高效性

由于汇编语言直接控制硬件，因此其目标代码简短，占用内存少，执行速度快。这使得汇编语言在需要高性能和实时响应的场合中具有独特的优势。

4）编程调试复杂

汇编语言语句通常与机器指令一一对应，即使简单任务也需要多条指令来实现，这增加了程序编写的复杂度，而且程序的逻辑错误和语法错误不易察觉，调试过程的错误排查更为困难。

5）可移植性不好

由于汇编语言是针对特定计算机或系列计算机设计的，因此其代码在不同的计算机平台上可能无法直接运行。这意味着汇编语言程序通常需要在不同的平台上进行修改和重新编译。

6）混合编程应用

虽然汇编语言具有直接控制硬件的能力，但编写和维护汇编语言程序需要较高的技术水平和经验。在实际应用中，汇编语言常与高级语言配合使用，以实现更好的编程效率和可维护性。

3. 汇编程序的汇编过程

汇编程序的汇编过程主要指的是将汇编语言源代码（通常是.asm、.s 或特定平台下的扩展名文件）转换成机器代码（或称为目标代码、对象代码）的过程。这个过程由汇编器（assembler）完成。以下是汇编语言汇编过程的部分关键步骤。

1）编写保存汇编源代码

使用文本编辑器编写汇编语言源代码。在编写过程中，需要遵循特定的汇编语言语法和指令集，这些指令集对应于目标平台的机器指令。将编写的汇编语言代码保存为源文件，通常使用.asm、.s 或其他特定于汇编器或平台的扩展名。

2）使用汇编器进行汇编

打开集成开发环境，如 Keil uVision、IAR Embedded Workbench、WAVE 或其他专用的汇编工具，调用汇编器来编译汇编源文件。汇编器会读取源文件，并将其中的汇编指令转换为机器指令（二进制代码）。这个过程称为"汇编"或"编译"。

3）错误检查与运行调试

在汇编过程中，汇编器会检查源代码中的语法错误、拼写错误或逻辑错误，并生成相应的错误消息，需检查错误消息并修改源代码以消除错误。开发过程还需要使用调试器对程序进行运行测试和调试，这通常涉及设置断点、单步执行、查看寄存器和内存等操作。

4.2.2　汇编语言语法规则

指令格式

51 汇编语言，作为众多汇编语言中的一种，其语法规则具有广泛的共通性。以下将结合 51 汇编语言的特点，对其基本语法规则进行详细介绍。汇编语言由汇编语句组成，汇编语句在书写的时候，应遵循以下结构：

[标号/标签：]操作码　[操作数]　[;注释]

汇编语言语句的结构说明如下。

1. 结构

汇编语言由标号、操作码、操作数、注释 4 部分组成。其中，标号又称标签，标号和注释部分可根据需要省略，某些指令甚至可能不包含操作数（如 NOP、RET 等）。

2. 标号

标号位于语句的开头，用于标识该语句在程序中的地址。它以字母开头，可由字母和数字组成。标号与指令间用冒号 ":" 分隔，且冒号前不能有空格，冒号后可以有空格。

3. 操作码与操作数

操作码是指令的助记符，表示指令的功能。操作数则是操作码所作用的对象，可以是数据或地址。操作码和操作数之间用空格分隔。如果有多个操作数，它们之间用逗号分隔。

操作数中的数据可以有多种格式，包括：

① 十进制数：通常以 D 结尾（可省略），如 45D 或 45。

② 十六进制数：以 H 结尾，如 57H。若以 A~F 开头，其前必须加数字 0，如 0A3H。

③ 二进制数：以 B 结尾，如 11100011B。

④ 八进制数：以 O 或 Q 结尾，如 67O 或 67Q。

⑤ 字符串：用单引号 ' ' 或双引号 " " 表示，如 'M' 表示字符 M 的 ASCII 码。

4. 注释

注释位于语句的末尾，以分号 ";" 开始，用于解释说明语句的功能，不参与程序的汇编。

注意：汇编程序代码中冒号 ":"、逗号 "," 和分号 ";" 必须为英文符号。";" 后面的注释内容除外。

【例 4-1】为累加器 A 赋值。

> START: MOV A, #00H；将立即数 00H（十六进制的 0，也就是十进制的 0）移动到累加器 A 中。

在此语句中，START 为标号，表示该指令的地址；MOV 为操作码，表示数据传送功能；A 和 #00H 为操作数，分别表示目标寄存器和源数据；"将立即数 00H（十六进制的 0，也就是十进制的 0）移动到累加器 A 中"为注释，用于解释说明该语句的功能。

4.2.3 汇编语言伪指令

伪指令格式（1）

汇编语言中的伪指令（pseudo-instructions）并不直接对应到机器码，而是在程序汇编过程中起控制和辅助作用的指令。它们主要用于指导编译器如何处理源代码中的特定部分，比如定义内存分配、设定程序起始地址等。这些指令在汇编阶段被执行，并不生成可执行的机器代码，因此称为"伪指令"。MCS-51 系列单片机的汇编语言中，一些常用的伪指令包括但不限于以下几种。

1. 设置起始地址 ORG（Origin）

格式：ORG 起始地址

功能：ORG 伪指令的主要功能是为后续的汇编代码或数据指定一个起始地址。它告诉汇编器，从该地址开始将汇编后的机器代码或数据存放到目标存储器中。通过使用 ORG 伪指令，程序员可以控制程序在内存中的布局，从而优化程序的性能或满足特定的内存管理需求。

注意：起始地址须在 MCS-51 系列单片机 64 KB 地址空间内，即 0000H~FFFFH 之间。在复杂程序中，通常会使用多个 ORG 伪指令来定义不同的程序段和数据段，每个段都有自己的起始地址，这有助于组织代码和数据，并使其更易于管理和维护。ORG 定义的空间地址不应重叠，即两个不同的 ORG 伪指令指定的起始地址之间不能有交集，否则会导致汇编错误或不可预测的行为。如果在源程序的开始处没有指定 ORG 伪指令，则汇编器默认从 0000H 单元开始编排目标程序。在实际编程中，为了避免与单片机的启动代码或中断向量表冲突，通常会显式地指定一个起始地址。ORG 伪指令总是出现在每段源程序或数据块开始，在汇编过程中，汇编器会按照 ORG 伪指令指定的地址顺序将代码和数据存放到目标存储器中。

【例 4-2】 设置目标程序从 2000H 单元开始存放。

```
ORG 2000H      ; 设置程序的起始地址为 2000H
MOV A,20H      ; 将位于地址 20H 处的数据加载到累加器 A 中
```

2. 源程序结束 END

格式：＜标号：＞END［＜表达式＞］

功能：END 伪指令的主要功能是告诉汇编器源程序已经结束，从而结束汇编过程。在 END 伪指令之后，汇编器将不再处理任何后续的指令或数据。如果没有 END 伪指令，汇编器可能会发出警告或错误，因为它不知道何时应该停止汇编。

注意：方括号内的＜表达式＞是可选的，通常用于指定程序的退出状态或进行一些最终的处理，但并非所有汇编器都支持这一用法，最简单的形式仅需键入 END 即可。END 伪指令必须出现在源程序的最后，或者在想让汇编器停止处理代码的地方。在一些复杂的项目中，可能会有多个 END 伪指令，每个都对应一个不同的程序段或模块。但是，这通常是在使用特定的链接器或构建系统时才会出现的情况。

【例 4-3】 END 结束汇编。

```
ORG 2000H          ; 设置程序的起始地址为 2000H。
START:             ; 标号/标签,标记程序的开始位置
    MOV A,20H      ; 将存储在地址 20H 处的内容加载到累加器 A 中
END                ; 伪指令,标志着源程序的结束
```

3. 定义字节 DB

格式：＜标号：＞DB＜项或项表＞

伪指令格式（2）

功能：DB 伪指令的功能是将指定的一系列字节（项或项表）按照给定的顺序存储在从指定标号开始的连续内存单元中。这些项或项表是指一个字节、数值、字符串或以引号括起来的 ASCII 码字符串（每个字符用 ASCII 码表示，就相当于一个字节）。

注意：数值的取值范围应为 00H～0FFH，这是字节数据类型的自然取值范围。如果使用 ASCII 码字符，它们会被转换成相应的字节值（即 ASCII 码）进行存储。字符串的长度通常没有严格的限制，但过长的字符串可能会导致汇编器处理时出现问题或内存溢出。在 MCS-51 系列单片机等嵌入式系统中，由于内存资源有限，通常建议将字符串长度限制在合理的范围内。

【例 4-4】 下列伪指令汇编后，存储器相应地址里的内容是什么？

```
ORG 8000H                  ; 设置程序的起始地址为 2000H
SUJU:DB 09,12H,'A'         ; 标号 SUJU 标记数据定义位置,DB 定义一个或多个字节数据
ZIFU:'ABC'                 ; 标号 ZIFU 标记另一段数据定义位置,用字符常量来定义数据
```

解： 存储器相应地址里的内容如下：

```
(8000H)= 09H      (8001H)= 12H          (8002H)= 41H
```

(8003H)＝41H	(8004H)＝42H	(8005H)＝43H

4. 定义字 DW

格式：＜标号：＞DW＜项或项表＞

功能：DW 伪指令的功能是将指定的一系列 16 位数值按照给定的顺序存储在从指定标号开始的连续内存单元中。每个 16 位数值的高 8 位存储在较低的地址上，低 8 位存储在较高的地址上。DW 伪指令常用于建立地址表或其他需要 16 位数据的场合。

注意：数值的取值范围应为 0000H～FFFFH，这是 16 位数据类型的自然取值范围。如果项或项表只包含一个字节的数据（如 88H），则汇编器通常会将该字节扩展为 16 位，通常在高 8 位填充 0（例如，88H 会被解释为 0088H）。

【例 4-5】下面 DW 伪指令汇编后，9000H～9003H 地址里的内容是多少？

```
9000H: DW 5566H, 88H      ; 从地址 9000H 开始定义两个字
```

解：9000H～9003H 地址里的内容是：

(9000H)＝55H	(9001H)＝66H	(9002H)＝00H	(9003H)＝08H

5. 定义存储区 DS

格式：＜标号：＞DS＜表达式＞

功能：DS 伪指令的功能是在由标号指定的内存地址处开始，预留一定数量的连续存储单元，这些存储单元常用于存放数据或代码。存储区大小由表达式的值决定，表达式的结果将被解释为需预留的字节数。

注意：DS 伪指令只是预留存储区，并不会自动给这些存储单元赋值。如果需要给存储单元赋值，需要使用其他指令（如 DB、DW 等）。表达式的值必须是一个正整数，表示需要预留的字节数。

【例 4-6】下面 DS 伪指令汇编后，8000H～8003H 地址里的内容是多少？

```
ORG 8000H          ; 设定程序起始地址为 8000H
SEG1:DS 4          ; 从当前地址(8000H)开始,预留 4 个字节的存储空间
ORG 8002H          ; 重新设定程序起始地址为 8002H
SEG2:DB 11H,22H    ; 从当前地址(8002H)开始,定义两个字节的数据
```

解：8000H～8003H 地址里的内容如下：

(8000H)＝未定义	(8001H)＝未定义	(8002H)＝11H	(8003H)＝22H

注：读取未定义内容时，可能会得到不确定的任何值。

6. 为标号赋值或定义常量 EQU

格式：＜标号：＞EQU　数值表达式或符号

功能：EQU 伪指令的功能是为一个标识符（即＜标号＞）赋值，这个值可以是一个常数或者是一个已经定义的符号的地址值。赋值后，＜标号＞就代表了这个值，可以在程序的其他地方引用这个＜标号＞来代替直接写这个值。

注意：EQU 伪指令定义的常量或别名是在汇编阶段处理的，不会占用存储空间。EQU 伪指令定义的常量或别名在整个汇编过程中是全局有效的。

【例 4-7】为标号赋值。

```
MAN   EQU  R7       ; 定义符号 MAN 等价于寄存器 R7
DOOR  EQU  P1       ; 定义符号 DOOR 等价于端口 P1
MOV   DOOR, MAN     ; 将寄存器 R7 的值传送到端口 P1
```

7. 数据地址赋值 DATA

格式：＜标号：＞DATA　数或表达式

功能：DATA 伪指令允许将一个立即数或计算得出的表达式结果关联到一个符号名上，这个符号名随后可在程序中作为地址或数据值被引用。与 EQU 伪指令类似，但它在使用场景和能力上有所不同。

① 先使用性。使用 DATA 伪指令定义的标识符在汇编时会作为标号登记在符号表中，因此可以在定义之前引用它（只要汇编器支持这种前向引用）；而 EQU 伪指令通常需要先定义后使用。

② 赋值对象：虽然 EQU 伪指令可以直接将汇编符号与常量值关联，但 DATA 伪指令支持更广泛的赋值选项，包括表达式，这使得它在动态地址计算或复杂的初始化场景中更为适用。

③ 数据地址定义。DATA 伪指令常在程序中用来定义一个表示数据地址的常量，这样可以在代码中多次引用此地址而无需每次都写出完整的地址值。

【例 4-8】为标号赋地址。

```
ATHENS: DATA 2004H ；汇编后 ATHENS 的值为 2004H。
```

8. 位地址符号 BIT

格式：字符名　BIT　位地址

功能：BIT 伪指令的功能是将一个位地址赋予一个字符名（或标识符），使得在程序中可以通过这个字符名来方便地引用和操作该位地址。这对于简化代码、提高可读性和可维护性非常有用。

注意：字符名（或标识符）在整个程序中应该是唯一的，以避免混淆和冲突。在使用 BIT 伪指令之前，需要确保目标微控制器或硬件平台支持位寻址操作，并且知道要引用的位地址是有效的。

【例 4-9】将位地址赋给变量。

```
LED  BIT  P1.7   ；将位地址 P1.7 赋给变量 LED。
```

4.3　程序设计结构与方法

4.3.1　程序设计步骤

程序（programming 或 software programming）设计，也称为软件开发或编程，是利用编程语言编写计算机程序的过程。程序设计的核心目标是利用计算机语言（如高级语言，如 Python、Java、C++、C；或低级语言，如汇编语言）来创建一系列指令，指导计算机完成特定任务或解决特定问题。

在程序设计过程中，应在完成规定功能的前提下，根据实际问题和所使用计算机的特点来确定算法，然后按照尽可能节省数据存放单元、缩短程序长度和加快运算速度 3 个原则编制程序。同时，在单片机程序设计时要按照规定的步骤进行。

1．项目需求分析

分析项目的具体需求，明确需要实现的功能和性能指标。形成书面文档，详细记录所有需求，作为后续设计与验证的基础。

2．选择开发工具

根据需求选择合适的开发工具，包括编程语言（如 C 语言、汇编语言）、编译器、调试器等。配置开发环境，包括编程软件、调试工具和适配器等。

3．程序架构设计

清晰划分系统层次，如驱动层、应用层等，每层职责明确，增强系统的可维护性和可扩展性。设计可重用模块，并定义明确的接口规范，减少重复代码，提高开发效率。

4．存储资源分配

根据程序的需求和硬件特性，合理分配寄存器和存储单元，以节省资源并提高访问效率。使用合适的数据类型来存储数据，以减少内存占用和提高运算速度。

5．程序编写实现

遵循良好的编程规范，如命名规范、注释规范等。使用版本控制系统（如 Git）来管理代码，确保多人开发时的协作和版本控制。进行单元测试，确保每个模块或函数都能正常工作。

6．调试测试程序

通过仿真器或实际硬件进行程序调试，逐步排查和修复错误。使用调试工具查看变量的值、执行流程等，确保程序逻辑正确。进行集成测试和系统测试，验证程序是否满足需求。

7．优化改进程序

根据测试结果和性能分析，对程序进行优化和改进。使用代码优化技术来提升程序的执行效率。优化内存使用和数据结构，减少内存占用和提高访问效率。

8．编写文档留存

编写清晰、详细的用户手册、技术文档和注释；使用图表、流程图等可视化工具来解释程序的架构和流程；提供必要的示例代码和测试数据，以便用户理解和使用程序。文档的编写和更新应与开发过程同步进行，确保文档的准确性和及时性。

4.3.2　程序基本结构

程序设计的核心在于解决多样化的实际问题，而这不可避免地导致程序结构的多样性。目前结构化程序设计可归纳为三大基本结构：顺序结构、分支结构、循环结构。这 3 种结构组成了程序设计基石，无论多么复杂的逻辑，皆可通过它们的组合来实现。3 种基本结构的流程图如图 4-1 所示。

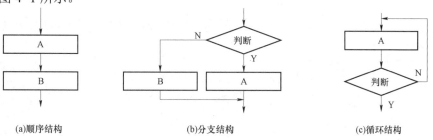

(a)顺序结构　　　　　　　　　(b)分支结构　　　　　　　　　(c)循环结构

图 4-1　3 种基本程序结构

1. 程序流程图设计

程序开发的高效路径始于流程图的设计。实际编程是对预先构思的流程图的编程语言的实现。流程图与源代码虽然表达同一逻辑，但形式迥异：前者以二维图形直观展现逻辑流程，后者则是一维的指令序列。二维图形的视觉优势使得逻辑关系一目了然，极大地提升了错误检测与修正的效率，前期的流程图设计投入能显著减少后续编程调试的时间成本。

2. 绘制程序流程图

绘制流程图可以采用"由粗到细"的策略，初期聚焦于逻辑框架与算法构思，暂时忽略具体的编程指令细节。此法有助于设计者全神贯注于程序架构的宏观布局，确保逻辑的合理性与可靠性。一旦逻辑框架确立，后续只需将逻辑节点逐一替换为具体编程语句，源代码的编写自然水到渠成，而且大大降低了因逻辑错误导致的重构需求。

流程图中经常使用的几种符号如下。

端点符号：⬭，表示程序的起始或终止，是流程的边界标识。

处理符号：▭，表示程序中的执行步骤或计算操作，体现数据处理逻辑。

判断符号：◇，表示条件判断，根据不同的条件结果导向不同的流程分支。

理解并熟练运用程序基本结构，同时结合高效的流程图设计技巧，是提升程序设计质量和开发效率的关键。通过分层次、模块化的思维方式，复杂的问题也能被条理清晰地解决。

4.3.3 顺序程序设计

简单程序是指程序中没有使用转移类指令的程序段，机器执行这类程序时也只需按照先后顺序依次执行，中间不会有任何分支、循环，也无调用子程序，故又称为无分支程序，有时也称为顺序程序。在这类程序中，大量使用了数据传送指令，程序的结构也比较简单，但能解决某些实际问题，或可以成为复杂程序的某个组成部分。

【例 4-10】拆字程序。将内部数据存储器 50H 单元中的一个 8 位二进制数拆开，分成两个 4 位数，高 4 位存入 61H 单元，低 4 位存入 60H 单元，60H、61H 单元的高 4 位清零。

① C51 语言编程如下：

```
void splitByte(void)
{ // 假设 50H 单元中有一个 8 位二进制数,这里通过直接内存访问来模拟
    unsigned char *sourcePtr = (unsigned char *)0x50; // 指向 50H 的指针,用于读取
原始数据
    unsigned char *lowBytePtr = (unsigned char *)0x60; // 指向 60H 的指针,用于存
储低 4 位数据
    unsigned char *highBytePtr = (unsigned char *)0x61; // 指向 61H 的指针,用于
存储高 4 位数据
    // 从地址 0x50 处读取 8 位二进制数
    unsigned char data = *sourcePtr; // 通过指针引用读取数据
    // 拆出低 4 位并存入 60H 单元,同时确保 60H 单元的高 4 位清零(这里已经是 0 了,因为赋值的是
低 4 位)
    *lowBytePtr = data & 0x0F; // 存储低 4 位到 60H
    // 拆出高 4 位并存入 61H 单元,同时确保 61H 单元的低 4 位清零(通过右移 4 位实现)
```

```
    *highBytePtr = (data & 0xF0) >> 4;  // 存储高 4 位(右移后)到 61H
}
```

② 汇编语言编程如下：

```
    ORG  8000H  ; 设定程序起始地址为 8000H
CZCX:  ; 定义一个程序段名为 CZCX
    MOV  R0, #50H  ; 将立即数 50H 赋值给寄存器 R0,设源数据指针为 R0
    MOV  R1, #60H  ; 将立即数 60H 赋值给寄存器 R1,设目的数据指针为 R1
    MOV  A, @R0  ; 把 R0 指向地址中的内容取到累加器 A 中,取要拆的数
    ANL  A, #0FH  ; 累加器 A 的内容与立即数 0FH 进行逻辑与运算,高 4 位清零,拆出低 4 位
    MOV  @R1, A  ; 将累加器 A 的内容存到 R1 指向的地址中,存低 4 位
    INC  R1  ; 寄存器 R1 的值加 1,调整目的地址指针
    MOV  A, @R0  ; 重新把 R0 指向地址中的内容取到累加器 A 中
    ANL  A, #0F0H  ; 累加器 A 的内容与立即数 0F0H 进行逻辑与运算,低 4 位清零,拆出高 4 位
    SWAP A  ; 累加器 A 的高低 4 位交换,将高 4 位移到低 4 位
    MOV  @R1, A  ; 将累加器 A 的内容存到 R1 指向的地址中,存结果
    SJMP $  ; 原地跳转,即停机
```

【例 4-11】将一个单字节十六进制数转换成 BCD 码。

解： 算法分析，单字节十六进制数在 0～255 之间，将其除以 100 后，商为百位数，余数除以 10，商为十位数，余数为个位数。

① C51 语言编程如下：

```
void hexToBCD(unsigned char hexValue, unsigned char *hundreds, unsigned char
*tens, unsigned char *ones)
{
    *hundreds = hexValue / 100; // 将输入的十六进制值除以 100,得到的商作为百位数存入
指针 hundreds 所指位置
    unsigned char remainder = hexValue % 100;  // 计算输入值除以 100 的余数
    *tens = remainder / 10;       // 将上述余数除以 10,得到的商为十位数存入指针 tens
所指的位置
    *ones = remainder % 10;       // 将上述余数除以 10 的余数作为个位数存入指针 ones 所
指的位置
}
```

② 汇编语言编程如下：设单字节数存在 56H，转换后，百位数存放于 R0 中，十位存放于 R1，个位数存在 R2 中。程序如下：

```
    ORG  4000H       ; 设定程序起始地址为 4000H
    MOV  A, 56H      ; 将 56H 单元中的单字节数存入累加器 A 中
    MOV  B, #100     ; 将立即数 100 存入寄存器 B,用于分离出百位数
    DIV  AB          ; A 除以 B,商存于 A(即百位数)中,余数存于 B 中
    MOV  R0, A       ; 将百位数送寄存器 R0,此时余数仍在 B 中
    XCH  A, B        ; 将 A 和 B 的内容交换,即余数送到 A 中
    MOV  B, #10      ; 将立即数 10 存入寄存器 B,用于分离出十位和个位
    DIV  AB          ; A 除以 B,商存于 A(即十位数),余数存于 B 中
    MOV  R1, A       ; 将十位数存入寄存器 R1
    MOV  R2, B       ; 将个位数存入寄存器 R2
    SJMP $           ; 原地跳转,即暂停
```

分支程序

4.3.4 分支程序设计

分支程序设计允许程序在执行过程中根据一定的条件选择不同的执行路径。分支程序的特点在于其包含转移指令，这些指令根据条件判断的结果来决定程序的流向。分支程序可以细分为两大类：无条件分支程序和条件分支程序。

无条件分支程序中含有无条件转移指令，无论条件是否满足，程序都会无条件地跳转到指定的地址继续执行。无条件分支程序通常用于简单的跳转或循环结构中。

条件分支程序则更为复杂，它包含条件转移指令。在执行过程中，程序会根据条件判断的结果来决定是否跳转到另一个分支执行。条件分支程序体现了计算机执行程序时的分析判断能力，是程序设计中最为常见的结构之一。

在 C51 语言中，分支程序的设计主要通过条件语句和循环语句来实现，这些语句内部会隐式地使用条件转移指令。具体而言，C51 语言支持以下几种类型的分支结构。

① if-else 语句。用于根据条件判断的结果执行不同的代码块。当条件满足时，执行 if 后的代码块；否则，执行 else 后的代码块（如果有 else 部分）。

② switch-case 语句。用于处理多分支选择问题。根据表达式的值跳转到相应的 case 标签处执行代码。如果没有匹配的 case 标签，则执行 default 标签后的代码（如果有 default 部分）。

在 C51 编译器中，这些高级语言结构会被转换为底层的汇编指令（包括条件转移指令）来执行。在 51 汇编指令中共有 13 个条件转移指令，这些指令可以根据不同的条件进行跳转，具体分为累加器 A 判零条件转移、比较条件转移、减 1 条件转移和位控制条件转移 4 类。因此，分支程序设计实际上就是如何正确运用这 13 个条件转移指令来进行编程的问题。

1. 单分支程序

单分支程序是只使用一次条件转移指令的分支程序。

【例 4-12】 一位十六进制数转换为 ASCII 码。设十六制数在 A 中，转换结果仍存在于 A 中。

解： 算法分析：程序中的转换原则是十六进制的 0～9，加 30H 即转换为 ASCII 码，0AH～0FH 要加 37H 才能转换为 ASCII 码。

① C51 语言编程如下：

假设 hexValue 是要转换的十六进制数（0～F），asciiValue 存储转换后的 ASCII 码。

```
void hexToAscii(unsigned char hexValue, unsigned char *asciiValue)
{
    if (hexValue < 10)    // 如果 hexValue 小于 10(0~9),则加 30H('0'的 ASCII 码)
    {
        *asciiValue = hexValue + '0'; // 在 ASCII 中,'0'的值为 48(0x30)
    }
    else      // 如果 hexValue 在 10(A) 到 15(F) 之间,则先加 7 再加 30H('A'的 ASCII 码减 7)
    {
        *asciiValue = hexValue + 'A' - 10; // 在 ASCII 中,'A'的值为 65(0x41)
    }
}
```

② 汇编语言编程如下：

```
CJNE A, #10, NO10   ; 将累加器 A 的值与立即数 10 比较,如果不相等则跳转到 NO10 处
```

```
NO10: JC LT10          ; 如果进位标志 C 为 1(即 A < 10),则跳转到 LT10 处
      ADD A, #07H      ; 如果 A ≥ 10,先给 A 加上 7
LT10: ADD A, #30H      ; 给 A 加上 30H
      SJMP $           ; 原地跳转,程序暂停
```

2. 三路分支结构

【例 4-13】 符号函数

$$y = \begin{cases} 1 , & x > 0 \\ 0 , & x = 0 \\ -1 , & x < 0 \end{cases}$$

设其中 x 的值存于 35H 单元中,y 值存于 36H 单元中,编程求解此函数。

解: 算法分析:由于没有带符号的比较指令,只能按正数比较,即等于 0;1~7FH 为正数;80H~0FFH 为负数。符号函数分支流程图如图 4-2 所示。

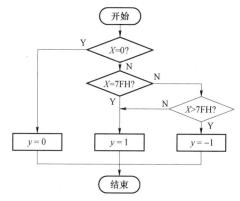

图 4-2　符号函数分支流程图

① C51 语言编程如下:

```
#define X_ADDRESS 0x35  // 定义 x 的存储地址为 0x35
#define Y_ADDRESS 0x36  // 定义 y 的存储地址为 0x36
void sign_function()
 {
    unsigned char x = *((unsigned char*)X_ADDRESS); //从地址 0x35 读取无符号字
符并赋值给 x
    unsigned char y;
    if (x == 0)
    { y = 0; }            // 如果 x 为 0,将 y 赋值为 0
    else if (x < 7F)
    { y = 1; }            // 如果 x 小于 0x7F,将 y 赋值为 1
    else
    { y = 0xFF; }         // 否则,将 y 赋值为 0xFF(使用补码表示 -1)
    *((unsigned char*)Y_ADDRESS) = y;    // 将 y 的值存储到地址 0x36 处
}
```

② 汇编语言编程如下:

```
 ORG  8000H                ; 设定程序起始地址为 8000H
```

```
FHHS:                       ; 定义一个程序段, 名为 FHHS
   MOV  A, 35H              ; 把 35H 单元中的值取到累加器 A 中
   CJNE A, #0, NEQ0         ; 将 A 的值与 0 比较,如果不相等则跳转到 NEQ0 处
   MOV  A, #00H             ; 如果 A 的值为 0,将 A 赋值为 0
   SJMP OK                  ; 跳转到 OK 处
NEQ0:                       ; 定义一个程序段, 名为 NEQ0,不等于 0 时的处理
   CJNE A, #7FH, ISPN       ; 将 A 的值与 7FH 比较,如果不相等则跳转到 ISPN 处
   SJMP GT0                 ; 如果 A 的值等于 7FH,跳转到 GT0 处
ISPN:                       ; 定义一个程序段, 名为 ISPN,不等于 7FH 时的处理
   JNC LT0                  ; 如果进位标志 C 为 0(即 A 的值大于 7FH),则跳转到 LT0 处
GT0:                        ; 定义一个程序段, 名为 GT0,A 的值小于 7FH 时的处理
   MOV  A, #01H             ; 将 A 赋值为 1
   SJMP OK                  ; 跳转到 OK 处
LT0:                        ; 定义一个程序段, 名为 LT0,A 的值大于 7FH 时的处理
   MOV  A, #0FFH            ; 将 A 赋值为 0FFH(-1 的补码)
OK:                         ; 定义一个程序段, 名为 OK,处理结果存储
   MOV  36H, A              ; 将 A 的值存储到 36H 单元中
   SJMP $                   ; 原地跳转,程序暂停
```

3. 多种分支结构

在处理涉及多个分支（N 个分支）的程序设计时，传统方法如使用一系列 if-else 语句或连续的条件转移指令（如汇编语言中的多条 CJNE），可能会导致程序执行效率低下，尤其是当分支数量庞大时。为提升效率，一种更高效的策略是采用跳转表技术，它通过直接映射条件值到相应的代码段地址，实现了快速的多路分支选择。

在高级语言如 C51 语言中，switch-case 语句是实现这一策略的利器，它根据一个表达式的值直接跳转到对应的代码块执行，减少了比较操作的次数，提升了执行效率。而在汇编层面，利用基址寄存器(如 DPTR)结合累加器 A 的值进行间接寻址跳转,如指令 JMP @A+DPTR，能够灵活地根据累加器的内容定位到不同分支入口,这种方式构建的程序通常被称为散转(或索引跳转)程序。

总之，面对多分支逻辑，采用跳转表和相应的 switch-case 结构或汇编中的间接跳转指令，不仅能够显著提高程序执行速度，还可以使代码结构更为清晰、维护性更强，是优化多分支程序设计的有效手段。

多分支程序转移示例如图 4-3 所示。

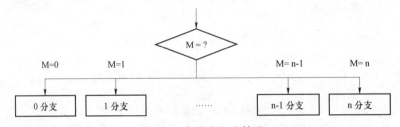

图 4-3 多分支程序转移

【例 4-14】假设累加器 A 中内容为 0～4，编程实现根据累加器 A 的内容进行不同的处理。

解： ① C51 语言编程如下：

```
unsigned char AccA;        // 假设一个变量来模拟累加器 A 的内容
unsigned char FZ;          // 定义赋值变量
void processAccordingToAccA()
{
    switch(AccA)           // 假设 AccA 已经被赋予了一个值(0～4)
    {
        case 0: // 执行当 AccA 为 0 时的代码
            FZ = 0x01;     // 赋值变量取 0x01
            break;
        case 1:  // 执行当 AccA 为 1 时的代码
            FZ = 0x02;     // 赋值变量取 0x02
            break;
        case 2:  // 执行当 AccA 为 2 时的代码
            FZ = 0x05;     // 赋值变量取 0x05
            break;
        case 3:  // 执行当 AccA 为 3 时的代码
            FZ = 0x08;     // 赋值变量取 0x08
            break;
        case 4:  // 执行当 AccA 为 4 时的代码
            FZ = 0x10;     // 赋值变量取 0x10
            break;
        default:  // 执行当 AccA 为其他值时的代码
            FZ = 0x00;     // 赋值变量取 0x00
            break;
    }
}
```

② 汇编程序流程图如图 4-4 所示。

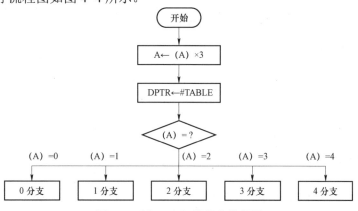

图 4-4　例 4-14 汇编程序流程图

汇编程序实现上述流程有两种方法，即散转表法（跳转法）和差值表法（查表法）。
散转表法汇编语言编程如下：

```
START:  ; 程序起始标记
    MOV R0, A              ; 将累加器 A 的值传送给寄存器 R0
    ADD A, R0             ; A 的值加上 R0 的值,实现 A = 2 * A
    ADD A, R0             ; A 的值再加上 R0 的值,实现 A = 3 * A
```

```
        MOV DPTR, #TABLE    ; 将转移表的首地址赋给数据指针 DPTR
        JMP  @A+DPTR        ; 根据 A 的值和 DPTR 的值进行跳转,实现散转
TABLE:  ; 转移表开始
        LJMP  FZ0           ; 长跳转至分支 0 的处理入口
        LJMP  FZ1           ; 长跳转至分支 1 的处理入口
        LJMP  FZ2           ; 长跳转至分支 2 的处理入口
        LJMP  FZ3           ; 长跳转至分支 3 的处理入口
        LJMP  FZ4           ; 长跳转至分支 4 的处理入口
```

由于每条长跳转指令 LJMP 占用 3 个程序存储器单元,所以在此程序中首先将累加器 A 中的内容置为原来的 3 倍,然后通过"JMP @A+DPTR"指令实现散转,程序中的 FZ0～FZ4 为与 0～4 对应的各处理程序的入口地址。使用散转指令,根据 X 的内容(X=0,1,…)进行程序散转的地址表达式为:地址=表首地址+表中每元素字节数×X。

查表法与跳转法不同,这个表的内容不是跳转指令,而是地址的偏移量,即各分支处理程序的入口地址与表的基地址的差值,因此也称为差值表法。由于表内的差值只限于 8 位,使各分支处理程序入口地址分布范围受到影响。这种方法只能实现数量少于 255 的分支。

差值表法汇编语言编程如下:

```
        MOV DPTR,#BJTAB     ;设表基地址
        MOVC A,@A+DPTR      ;A 的内容为分支号,查差值表
        JMP  @A+DPTR        ;计算实际地址,跳转
BJTAB:  DB FZ0-BJTAB        ;分支 0 处理程序入口地址-表基地址的差值
        DB FZ1-BJTAB        ;分支 1
        DB FZ2-BJTAB        ;分支 2
        DB FZ3-BJTAB        ;分支 3
        DB FZ4-BJTAB        ;分支 4
FZ0:        …               ;分支 0 处理程序
            …
FZ1:        …               ;分支 1 处理程序
            …
FZ2:        …               ;分支 2 处理程序
            …
FZ3:        …               ;分支 3 处理程序
            …
FZ4:        …               ;分支 4 处理程序
```

4.3.5　循环程序设计

循环程序

循环程序设计是编程领域的一个基本技巧,它使计算机能够自动重复执行特定代码片段,直至满足预设的退出条件。特定代码片段通常称为循环体。循环过程依赖于精心设计的循环结构与条件转移指令,确保循环逻辑既有效又可控。

1. 循环程序的结构

循环程序的结构一般包括下面几个部分。

1)循环初始化

在循环开始之前,应进行必要的初始化操作,即置初值,包括设置循环控制变量(如计

N

数器）的初始值及准备循环过程中可能用到的其他变量或资源。例如，在单片机编程中，可能会将工作寄存器 Rn 或内部 RAM 单元设置为循环的初始次数。

2）循环体（循环工作部分）

即重复执行的程序段部分，可分为循环工作部分和循环控制部分。循环控制部分每循环一次，检查结束条件，当满足条件时，就停止循环，往下继续执行其他程序。

3）修改控制变量

在循环程序中，必须给出循环结束条件。常见的是计数循环，当循环了一定的次数后，就停止循环。在单片机中，一般用一个工作寄存器 Rn 或内部 RAM 单元作为计数器，给这个计数器赋初值作为循环次数，每循环一次，令其减 1，即修改循环控制变量，当计数器减为 0 时，就停止循环。

4）循环控制部分

循环控制部分负责检查循环结束条件是否满足。这个条件可以基于循环控制变量的值、输入数据的变化或其他因素来确定。当循环控制部分检测到满足结束条件时，它会终止循环的执行，并将控制权交还给程序的其他部分。

在 C51 编程中，通常使用循环语句 for、while 和 do-while 来实现循环，在使用循环结构时需明确循环体和循环条件，要避免死循环。编写汇编程序时可以使用"DJNZ"等指令来自动修改控制变量并检查是否满足结束条件。

上述 4 个部分有两种组织方式，如图 4-5 所示。

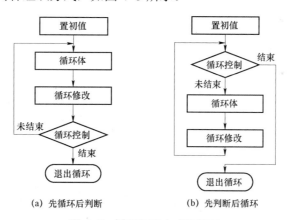

(a) 先循环后判断　　　　　(b) 先判断后循环

图 4-5　循环组织方式流程图

【**例 4-15**】将内部数据存储器中 20H～3FH 单元的内容传送到外部数据存储器以 2000H 开始的连续单元中去。

解： 20H～3FH 共计 32 个单元，需传送 32 次数据。将 R1 作为循环计数器，程序流程图如图 4-6 所示。

① C51 语言编程如下：

```
void copyDataToExternalRam(void)
{
    unsigned char i;
    unsigned char *src = (unsigned char*)0x20;   // 内部 RAM 起始地址 20H
    unsigned char *dst = (unsigned char*)0x2000; // 外部 RAM 起始地址 2000H
```

```
for (i = 0; i < 32; i++)
 {
   *dst = *src;        // 从内部 RAM 复制到外部 RAM
   src++;              // 内部 RAM 地址递增
   dst++;              // 外部 RAM 地址递增
 }
}
```

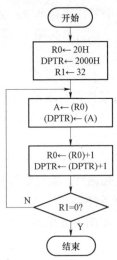

图 4-6　例 4-15 程序流程图

② 汇编语言编程如下：

```
START: ; 程序起始标记
   MOV R0, #20H          ; 将立即数 20H 赋值给寄存器 R0,设置 R0 为内部 RAM 首地址
   MOV DPTR, #2000H      ; 将立即数 2000H 赋值给数据指针 DPTR,设置外部 RAM 首地址
   MOV R1, #32          ; 将立即数 32 赋值给寄存器 R1,设置 R1 为计数器
LOOP: ; 循环体开始
   MOV A, @R0           ; 从 R0 指向的内部 RAM 地址中取出数据存入累加器 A
   MOVX @DPTR, A        ; 将累加器 A 中的数据送到 DPTR 指向的外部 RAM 地址
   INC R0              ; R0 的值加 1,调整内部 RAM 指针,指向下一个数据
   INC DPTR            ; DPTR 的值加 1,调整外部 RAM 指针
   DJNZ R1, LOOP        ; R1 的值减 1,若不为 0,则跳转到 LOOP 处继续循环
   SJMP $              ; 原地跳转,程序暂停
```

2. 多重循环程序

如果一个循环中包含了其他的循环程序，则称该循环程序为多重循环程序。

【例 4-16】 设计 20 ms 延时程序，假设使用的单片机晶振频率为 12 MHz。

解： 在单片机编程中，延时程序设计通常基于对机器周期的理解和利用循环结构来消耗一定时间。给定单片机的晶振频率为 12 MHz，一个机器周期等于 12 个时钟周期，即每个机器周期为 1 μs（微秒）。若要实现 20 ms 的延时，需要编写一个循环，该循环执行次数能累积达到 20 ms 的延时时间。

① C51 语言编程。为了达到 20 ms 的延时，基于单个机器周期为 1 μs 进行计算。20 ms=

20 000 μs，因此需要循环 20 000 次。但是，直接使用一个大循环可能不够精确，特别是对于较短的延时，所以这里采用嵌套循环来提高精度。延时 20 ms 的程序如下：

```
void delay_20ms(void)
{
    unsigned int i, j;              // 使用两个循环变量以增加延时精度
    for(i = 0; i < 200; i++)        // 外层循环,执行 100 次
      {
        for(j = 0; j < 100; j++)    // 内层循环,每次外层循环里执行 100 次
        {
            _nop_();                // 空操作指令,用来消耗一个机器周期
        }
      }
}
```

上述代码中的延时函数是基于大致估算和简化模型编写的。在实际应用中，准确的延时时间可能受到编译器优化、CPU 负载及其他系统活动的影响。对于精确的定时需求，通常建议使用单片机的定时器功能而非纯软件延时。此外，_nop_( )函数是一个典型的空操作指令，用于消耗一个机器周期，但它并非标准 C 的一部分，而是 C51 等单片机开发环境中提供的特有函数。

② 汇编语言编程。执行一条 "DJNZ" 指令的时间为 2 μs，20 ms=2 μs×10 000，由于 8 位的计数值最大为 256，这时可用双重循环方法（20 ms=2 μs×100×100）。延时 20 ms 的程序如下：

```
DL20MS:MOV R4,#100      ;20 ms=1 μs×100×100,外循环初值=100
DELAY1:MOV R3,#100      ;内循环初值=100
DELAY2:DJNZ R3,DELAY2   ;100×2=200=0.2 ms
       DJNZ R4,DELAY1   ;0.2×100=20 ms
       RET
```

上述程序中，第 2、4 句要运行 100 次，100×（2+2）=400 μs=0.4 ms，该段程序的延时时间约 20.4 ms，与要求的 20 ms 有一定误差。想一想，如何实现精确的延时？

若需要延时更长时间，可采用多重循环，如 1s 延时可用三重循环，而用七重循环可延时几年！

【例 4-17】排序。把片内 RAM 中地址 40H～49H 中的 10 个无符号数逐一比较，并按从小到大的顺序依次排列在 40H～49H 单元中。

解：为了把 10 个单元中的数按从小到大的顺序排列，可从 40H 单元开始，取前数与后数比较，如果前数小于后数，则顺序继续比较下去；如果前数大于后数，则前数和后数交换后再继续比较下去。第一次循环将在最后单元中得到最大的数，要得到所有数据从小到大的升序排列（冒泡法），需要经过多重循环。程序流程图如图 4-7 所示。

① C51 语言编程如下：

```
void bubbleSort(void)
{
   unsigned char dataBuffer[10]; // 定义一个大小为 10 的无符号字符型数组 dataBuffer,
用于暂存数据
   unsigned char i, j, temp;
   unsigned char *pSrc = (unsigned char*)0x40; // 定义指针 pSrc,初始化为片内 RAM 起
始地址 40H
   // 首先,将数据从 40H~49H 复制到缓冲区
```

107

```
for (i = 0; i < 10; i++)
{
    dataBuffer[i] = *pSrc++;  // 将 pSrc 所指地址数据复制到 dataBuffer 数组,使 pSrc
指向下一地址
}
// 冒泡排序算法
for (i = 0; i < 9; i++) // 外层循环控制排序轮数
{
    for (j = 0; j < 9-i; j++)  // 内层循环进行相邻元素的比较和交换
    {
        if (dataBuffer[j] > dataBuffer[j+1]) // 如果前一个元素大于后一个元素
        {
            temp = dataBuffer[j]; // 临时存储当前元素
            dataBuffer[j] = dataBuffer[j+1]; // 将后一个元素的值赋给当前元素
            dataBuffer[j+1] = temp; // 将临时存储的当前元素的值赋给后一个元素
        }
    }
}
// 将排序后的数据写回到 40H~49H
pSrc = (unsigned char*)0x40;      // 将指针 pSrc 重新赋值为片内 RAM 起始地址 40H
for (i = 0; i < 10; i++)
{
    *pSrc++ = dataBuffer[i]; //将 dataBuffer 数组中的数据逐个写回到片内 RAM 的 40H
开始的地址
}
}
```

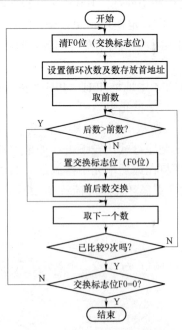

图 4-7   例 4-17 程序流程图

② 汇编语言编程程序如下:

```
START:CLR F0           ; 程序起始,清除交换标志位 F0
      MOV  R3, #9       ; 将立即数 9 赋值给寄存器 R3,作为 10 个数据的循环次数
      MOV  R0, #40H     ; 将立即数 40H 赋值给寄存器 R0,作为数据存放区的首地址
      MOV  A, @R0       ; 从 R0 指向的地址中取出数据存入累加器 A,即取前数
L2:   INC  R0           ; R0 的值加 1,指向下一个地址
      MOV  R2, A        ; 将 A 中的值(前数)保存到寄存器 R2 中
      SUBB A, @R0       ; A 的值(前数)减去 R0 新指向地址中的值(后数)
      MOV  A, R2        ; 恢复前数到累加器 A
      JC   L1           ; 如果有借位(即前数小于后数,顺序),则跳转到 L1
      SETB F0           ; 如果前数大于后数(逆序),则设置交换标志位 F0
      XCH  A, @R0       ; 前数与后数交换
      DEC  R0           ; R0 的值减 1,指向前数单元
      XCH  A, @R0
      INC  R0           ; R0 的值加 1,仍指向后数单元
L1:   MOV  A, @R0       ; 从 R0 指向的地址中取出数据存入累加器 A,即取下一个数
      DJNZ R3, L2       ; R3 的值减 1,若不为 0,则跳转到 L2 继续比较
      JB   F0, START    ; 若交换标志位 F0 被设置,则跳转到 START 重新比较
      RET               ; 程序返回
```

3. 编写循环程序时应注意的问题

在设计循环程序时,遵循一些基本原则对于确保程序的效率、可读性和正确性至关重要。以下是一些指导原则,旨在帮助开发者高效地编写循环程序。

1) 循环初始化的合理设置

确保在循环开始之前,循环控制变量被恰当地初始化。合理的初始化值能够确保循环按预期次数执行,并避免无意义的迭代。

2) 避免死循环

每个循环都应有一个明确的终止条件。务必确认循环能够在达到某个预定条件时结束,防止形成永不停歇的"死循环",消耗系统资源。

3) 循环结构的完整性保护

维护循环的封闭性,避免从循环外部直接跳入循环体内部,或在循环执行过程中意外修改循环控制变量,这可能导致逻辑混乱或循环行为不可预测。

4) 多重循环的有序嵌套

当使用多重循环时,推荐按照由外至内进入、由内至外退出的逻辑结构进行设计。避免非结构化的交叉跳转,如图 4-8 所示,确保使用清晰的如图 4-8 (a) 和如图 4-8 (b) 所示的形式,避免复杂的如图 4-8 (c) 所示的形式,以维护代码的可读性和逻辑清晰度。

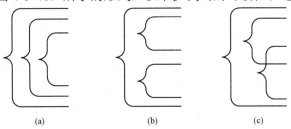

图 4-8　多重循环嵌套的形式

5）灵活控制循环终止

允许在循环体内根据不同的条件执行提前退出操作，比如使用 break 语句直接跳出循环，或利用标签和 goto（虽然在现代编程中较少推荐使用）来实现复杂的控制流，使循环可以根据多个条件灵活结束。

6）循环优化策略

在优化循环时，首先是减少循环的执行时间，这意味着要最小化每次迭代的运算量和提高数据访问的效率。其次，安考虑循环结构的紧凑性，避免冗余代码，减少程序长度，但不应牺牲代码的可读性和可维护性。

遵循以上原则，不仅可以提升循环程序的执行效率，还能增强代码的可读性和维护性，这是编写高质量循环程序的基础。

4.3.6 子程序与子函数设计

子程序设计

在程序设计中，经常会遇到需要重复执行相同或相似运算与操作的情况，比如数学函数计算、基本算术运算（加减乘除）、数据转换及延时控制等。这些操作若每次都在程序中从头编写，不仅极大地增加了编程的复杂性和工作量，还显著占用了宝贵的程序存储空间。为了优化这一过程，通常采用子程序或子函数来组织代码。

1．子程序与子函数的概念

子程序与子函数是程序设计中两个相关但略有不同的概念，它们在不同的编程语言和上下文中可能有不同的含义。

子程序（subroutine）是一段可以在程序中多次调用的代码块，用于执行特定的任务，但不一定有返回值。与子函数类似，子程序通常具有局部作用域，可能没有返回值，或者通过特定的方式（如寄存器或内存位置）返回结果，在需要执行特定任务的地方调用。

子函数（function）是一个在程序中定义的代码块，它接受输入参数，执行一些操作，并且可能返回一个结果。子函数通常有局部作用域，即它的作用域仅限于函数内部或调用它的代码块；可以有一个或多个返回值，通过返回语句返回给调用者；可以在程序的任何允许的位置被调用。

子程序与子函数的区别如下。

① 返回值。子程序不强调返回值，主要用于执行任务。子函数通常强调返回值，即函数的输出。

② 使用场景。子程序常用于需要执行一系列操作但不返回结果的场景。子函数常用于需要计算并返回结果的场景。

③ 参数传递。子程序的参数传递可能更依赖于特定的编程环境或硬件架构，如在汇编语言中可能通过寄存器或内存传递。子函数的参数传递可以是值传递或引用传递，具体取决于编程语言。

④ 命名习惯。在某些编程语言中，"子程序"用于没有返回值或返回操作较少的代码块，而"函数"一词通常用于具有返回值的代码块。

⑤ 语言支持。在某些编程语言中，子程序与子函数可能没有严格的区分，都可以使用相同的关键字定义（如 function 或 sub）。

在实际编程实践中，子程序与子函数的概念可能会根据具体的编程语言和上下文有所重叠或差异。在 C51 编程中，"子函数"这一术语更为常见。C51 语言是 C 语言的一个变种，专为 MCS-51 系列单片机设计。在 C51 语言中，函数是一种非常重要的编程结构，用于封装特定的代码块，以实现特定的功能。这些函数可以被程序的其他部分调用，从而实现代码的复用和模块化。在汇编语言编程中，"子程序"这一术语更为常见。汇编语言是一种低级语言，它直接对应于计算机的机器指令。在汇编语言中，子程序通常用于实现一段相对独立的代码块，这些代码块可以被主程序或其他子程序调用。

2. 子程序与子函数的特性与优点

子程序或子函数结构的特性如下。

① 通用性。强调子程序能够广泛适用于多种应用场景，关键实现方式是通过设计可变参数的接口，允许调用者传递不同数量或类型的参数，从而灵活适应不同的需求和上下文环境。

② 可浮动性。这意味着子程序的代码可以在内存中的任意位置加载执行而不影响其正确性。为了实现这一特性，编程时应避免使用绝对地址的转移指令，转而采用相对地址或符号地址来引用子程序的入口点，确保子程序位置的变动不会影响到调用它的其他部分。

③ 可递归性。指子程序能够自我调用的能力，即在执行过程中再次调用自身以解决同类问题的细分情况。这要求子程序设计时要考虑状态的正确保存与恢复，避免无限循环，并且通常需要有明确的退出条件。

④ 可重入性。意味着子程序能够被多个并发进程或线程安全地调用，即使是在前一次调用尚未完成的情况下。实现可重入性，需要子程序内部不使用全局变量或静态变量存储状态信息，确保每次调用都是独立的，互不影响。

子程序或子函数结构的优点如下。

① 代码复用性高。通过定义子程序或子函数，可以避免在程序中多次重复编写相同的代码段。当需要执行相同操作时，只需调用相应的子程序或子函数即可，从而大大提高了代码的复用性，减少了编程工作量。

② 编程逻辑清晰。将复杂的程序逻辑分解为多个简单的子程序或子函数，使得每个子程序或子函数只负责完成一项特定的任务。这样的设计使得程序的逻辑结构更加清晰，易于理解和维护。

③ 节省存储空间。由于代码复用，减少了程序中重复代码的数量，从而缩短了源程序的长度。同时，编译器在处理子程序或子函数时可能会进行一定的优化，进一步减少编译后的目标程序大小，节省了程序存储器的空间。

④ 促进模块化与通用化。子程序或子函数的使用促进了程序的模块化设计，使得程序可以划分为多个独立的模块，每个模块完成特定的功能。这种模块化设计不仅提高了程序的可维护性，还使程序更加通用化，易于在不同的应用场景中进行调整和复用。

⑤ 便于交流与共享资源。由于子程序或子函数具有独立的接口和明确的功能定义，因此它们可以被视为可复用的软件组件。这促进了编程人员之间的交流与协作，使优秀的子程序或子函数可以被广泛地共享和使用，提高了软件开发的效率和质量。

⑥ 调试与维护方便。当程序出现问题时，可以针对特定的子程序或子函数进行调试，而无需考虑整个程序的复杂性。此外，由于子程序或子函数通常具有较小的体积和明确的功能

定义，因此它们更容易被理解和修改，从而降低了维护的难度和成本。

3. 子程序与子函数调用要点

调用子程序与子函数的要点可以总结为以下几个方面，这些要点不仅适用于汇编语言，也广泛适用于其他高级编程语言中的函数调用机制。

1）调用与返回

每个子程序或子函数都应该有一个明确的名称和入口地址（在汇编语言中通常是一个标签），以便在需要时可以被调用。在主程序或其他子程序中，使用适当的调用指令（如ACALL、LCALL 在汇编语言中，或在高级语言中直接使用函数名）来执行子程序/子函数。

在子程序/子函数执行完毕后，使用适当的返回指令（如 RET 在汇编语言中）或语法（如 return 语句在 C51 语言中）来返回到调用点。

2）参数传递

调用子程序与子函数时，要特别注意主程序与子程序/子函数之间的信息交换问题。在调用一个子程序/子函数时，主程序应先把有关参数（入口条件）放到某些特定的位置，子程序/子函数在运行时，可以从约定的位置得到有关参数。同样，子程序/子函数结束前，也应把处理结束（出口条件）送到约定位置。返回后，主程序便可以从这些位置到需要的结果，就是参数传递。子程序与子函数的参数名称应具有描述性，能够清晰地表达其用途。明确每个参数的数据类型，包括整型、浮点型、字符型等，以及是否需要指针或引用。如果函数有多个参数，应明确参数的传递顺序，确保调用时顺序一致。

3）现场保护

在 C51 编程中，"现场保护"通常指的是在进入子函数（函数）前保存当前状态（如寄存器的值），以确保子函数执行完毕后能恢复到调用前的环境，避免子函数对全局状态的意外修改影响到调用者。C51 语言作为 C 语言的一个变种，主要用于 MCS-51 系列单片机编程，其本身进行了较为高级的抽象，不像汇编语言那样直接操作寄存器。然而，在某些特定情况下，尤其是当子函数需要使用工作寄存器组或者对硬件状态有直接操作时，仍然需要考虑现场保护。

在汇编语言编程中，特别是针对单片机或微处理器的开发，现场保护是一个重要的概念，旨在确保子程序（或称为子例程、过程）执行时不会无意中修改那些对调用者至关重要的状态，如累加器、工作寄存器、状态寄存器等。

常见的几种实现现场保护的方式如下。

（1）使用局部变量代替全局变量或直接操作寄存器

C51 语言中最简单的方式是尽可能使用局部变量，这样可以自然地避免与外部状态的冲突。C51 编译器会自动管理局部变量的存储，不会影响到全局或外部状态。

（2）显式保存和恢复寄存器

在 C51 语言中，如果子函数确实需要使用或修改某些寄存器（特别是当使用了特定的硬件功能时，如中断、定时器等），并且这些寄存器的状态对调用者是敏感的，可以手动在函数开始时保存寄存器的值，函数结束前再恢复。在汇编语言中，包括但不限于将累加器 A、工作寄存器（如 R0～R7 在 MCS-51 系列单片机中）、程序状态字（PSW）等寄存器压入堆栈，在子程序结束前，从堆栈中弹出之前保存的寄存器值，恢复原始状态。

（3）使用工作寄存器组切换

MCS-51 系列单片机有多个工作寄存器组（如 R0～R7 在 MCS-51 系列单片机中），C51 语言允许通过关键字 using 来指定函数使用哪一组寄存器。如果一个函数需要大量使用寄存器，可以指定它使用一个不会与其他代码冲突的寄存器组，这样就不需要显式保存和恢复寄存器状态。

4）接口说明

子程序或子函数接口说明是程序文档化的重要组成部分，它为程序员提供了如何正确使用和实现子程序的指导。接口说明虽然对子程序的机器级结构没有直接影响，但对于代码的可读性、可维护性和正确性却至关重要。下面给出对子程序或子函数接口说明的主要描述。

① 子程序或子函数名称。子程序或子函数应有一个清晰、描述性的名称，表明其功能或用途。

② 功能描述。简要描述子程序或子函数的主要功能和作用。

③ 参数列表。列出所有入口参数，包括参数名称、类型、预期值的范围或格式及各参数作用。

④ 参数传递方式。说明参数是通过值传递、引用传递还是通过寄存器或堆栈传递。

⑤ 返回值。如果子程序或子函数有返回值，应描述返回值的类型、可能的值范围及它们的含义。

⑥ 寄存器和工作单元使用。说明子程序或子函数中哪些寄存器和工作单元被使用或修改。

⑦ 状态标志。如果子程序或子函数影响任何状态标志（如零标志、进位标志等），应明确指出。

⑧ 全局变量。如果子程序或子函数使用或修改任何全局变量，应在接口说明中列出。

⑨ 调用其他子程序或子函数。如果子程序或子函数调用了其他子程序或子函数，应列出依赖关系。

⑩ 版本和修改历史。记录子程序或子函数的版本和修改历史，以便跟踪变更。

5）需要思考和注意的问题

① 能否从一个子程序内部直接跳转到另一个子程序执行？

② 能否使用转移指令从主程序跳到子程序？

③ 能否使用转移指令从子程序跳到主程序？

上述问题，如果从堆栈角度思考，将不难得到正确的结论。

4. 参数传递分类与举例

1）C51 编程中参数传递的分类

在 C51 编程中，子函数的参数传递是实现函数功能和数据交换的重要机制。对于基本数据类型（如整型、浮点型等）参数，通常采用按值传递的方式。这意味着在调用函数时，会将实际参数的值复制一份给形式参数，函数内部对形式参数的修改不会影响到实际参数；对于复杂数据类型（如结构体、数组等），或者需要函数能够修改主程序中变量的值时，可以采用按引用传递的方式。这通常通过传递变量的地址或引用（在支持引用的语言中）来实现，函数内部对形式参数的修改会直接影响到实际参数。参数传递也可以根据传递方式和参数的作用域进行分类。下面是 C51 编程中子函数参数传递的几种常见分类和举例。

（1）值传递

参数的值被复制并传递给函数，函数接收到的是原始数据的副本，对参数的修改不会影响到原始数据。

【例4-18】子函数对传入的整数参数执行加1操作，主函数调用后值不变。

```
void increment(int value)
{
    value++; // value加1,在函数内部修改了value副本,不会影响到函数外部传递来的原始数据
}
int main()
{
    int a = 5;  // 定义并初始化变量 a 为 5
    increment(a); // 调用 increment 函数,但函数内部对 value 的修改不会改变 a 的值,a 仍是 5
}
```

（2）地址传递

传递参数的内存地址给函数，函数通过指针访问和修改原始数据。

【例4-19】子函数对传入的地址参数执行加1操作，主函数调用后值改变。

```
void increment(int *value)
{
    (*value)++;  // 对指针指向的内存位置中的值进行自增操作,从而修改了原始数据
}
int main()
{
    int a = 5;   // 定义并初始化变量 a 为 5
    increment(&a); //将 a 的地址传给 increment 函数,函数内部会通过该地址修改 a 的值,a 变为 6
}
```

（3）引用传递

C 语言本身不支持引用传递，但可以通过指针实现类似的效果。使用指针作为参数，可以在函数内部间接修改原始数据。

【例4-20】子函数对传入的引用参数进行交互，主函数调用后值被交换。

```
void swap(int *x, int *y)
{
    int temp = *x;        // 将指针 x 所指向的值存储到临时变量 temp 中
    *x = *y;              // 将指针 y 所指向的值赋给指针 x 所指向的变量
    *y = temp;            // 将临时变量 temp 的值赋给指针 y 所指向的变量
}
int main()
{
    int a = 1, b = 2;     // 定义并初始化变量 a 为 1,变量 b 为 2
    swap(&a, &b);         // 调用 swap 函数,并传递变量 a 和 b 的地址,实现 a 和 b 的值交换
}
```

（4）数组传递

数组作为参数传递时，实际上是传递数组首元素的地址。

【例4-21】子函数对传入的数组参数进行打印，主函数调用后打印数组内容。

```
void printArray(int arr[], int size)
```

```
{
    for (int i = 0; i < size; i++)// 从 0 开始,循环 size 次
    {
        printf("%d ", arr[i]);     // 打印数组中当前索引位置的元素,并添加一个空格
    }
}
int main()
{
    int myArray[] = {1, 2, 3, 4}; // 定义并初始化一个整数数组 myArray
    printArray(myArray, 4);         //调用printArray函数,传递数组myArray,打印数组内容
}
```

（5）结构体传递

结构体作为参数传递时，可以按值传递或按地址传递。

【例 4-22】子函数对传入的结构体参数赋值，主函数调用后可能被修改或不会改变。

```
typedef struct {
    int x;
    int y;
} Point;          // 定义一个名为 Point 的结构体,包含两个整数成员 x 和 y
void setPointByAddress(Point *p, int x, int y)
{
    p->x = x;  // 通过指针修改结构体成员 x 的值
    p->y = y;  // 通过指针修改结构体成员 y 的值
}
void setPoint(Point p, int x, int y)
{
    p.x = x;  // 修改结构体副本 p 的成员 x 的值
    p.y = y;  // 修改结构体副本 p 的成员 y 的值
}
int main()
{
    Point pt;     // 定义一个 Point 类型的结构体变量 pt
    setPointByAddress(&pt, 10, 20); // 按地址传递 pt 的地址,pt 的值被修改
    setPoint(pt, 10, 20);            // 按值传递 pt,pt 的值不会改变
}
```

2）汇编编程中参数传递分类

汇编编程中子程序参数传递要靠程序设计者自己安排数据的存放和工作单元的选择。汇编编程子程序参数传递大致可分为以下几种方法。

（1）子程序无需传递参数

这类子程序所需的参数是子程序赋予的，不需要主程序给出。例如，调用 20 ms 延时子程序 DL20MS，只要在主程序中用"ACALL DL20MS"指令即可。子程序根本不需要主程序提供入口参数，从进入子程序开始，到返回主程序，这个过程 CPU 耗时约 20 ms。

（2）用累加器和工作寄存器传递参数

这种方法要求所需的入口参数,在转子程序之前将它们存入累加器 A 和工作寄存器 R0～R7 中。在子程序中就用累加器 A 和工作寄存器 R0～R7 中的数据进行操作，返回时，出口参

数（即操作结果）也就存放在累加器 A 和工作寄存器 R0～R7 中。采用这种方法，参数传递最直接、最简单，运算速度快，但是工作寄存器数量有限，不能传递更多的参数。

【例 4-23】通过调用子程序实现延时 100 ms。

解： 子程序和主程序如下：

```
;子程序名称:DL1MS
;功能:延时 1~256 ms,fosc = 12MHz
;入口参数:R3 = 延时的 ms 数(二进制表示)
;出口参数:无
;使用寄存器:R2、R3
;调用:无
DL1MS: MOV R2, #250      ; 将立即数 250 赋值给寄存器 R2
LOOP:  NOP               ; 空操作指令,执行时间为 1μs
       NOP               ; 空操作指令,执行时间为 1μs
       DJNZ R2, LOOP     ; R2 的值减 1,如果不为 0 则跳转到 LOOP 处,执行时间为 2μs
DJNZ   R3, DL1MS         ; R3 的值减 1,如果不为 0 则跳转到 DL1MS 处
RET                      ; 子程序返回


; 主程序
...
PUSH PSW                 ; 将程序状态字入栈保存
MOV PSW, #08H            ; 选择工作寄存器组 1
MOV R3, #100             ; 给寄存器 R3 赋值 100 作为入口参数
ACALL DL1MS              ; 调用延时子程序 DL1MS
POP PSW                  ; 从栈中弹出程序状态字恢复
```

（3）通过操作数地址传递参数

子程序中所需要的参数存放在数据存储器 RAM 中。调用子程序之前的入口参数为 R0、R1 或 DPTR 间接指出的地址，出口参数（即操作结果）仍为 R0、R1 或 DPTR 间接指出的地址。一般内部 RAM 由 R0、R1 作地址指针，外部 RAM 由 DPTR 作地址指针。这种方法可以节省传递数据的工作量，可实现变字长运算。

【例 4-24】n 字节求补子程序。

解： 参考程序如下：

```
;子程序名称:QUBU
;入口参数:(R0)= 求补后低字节指针  (R7)= n-1 字节
;出口参数:(R0)= 求补后的高字节指针
;使用寄存器:R0、R7
;调用:无
QUBU:  MOV A, @R0        ; 将 R0 所指地址中的内容取到累加器 A 中
       CPL A             ; 对累加器 A 的值取反
       ADD A, #01H       ; 累加器 A 的值加 1
       MOV @R0, A        ; 将累加器 A 的值送回 R0 所指的地址
NEXT:  INC R0            ; R0 的值加 1,调整数据指针
       MOV A, @R0        ; 将新 R0 所指地址中的内容取到累加器 A 中
       CPL A             ; 对累加器 A 的值取反
       ADDC A, #0        ; 累加器 A 的值加上低位的进位
```

```
        MOV @R0, A          ; 将累加器 A 的值送回 R0 所指的地址
        DJNZ R7, NEXT       ; R7 的值减 1,如果不为 0,则跳转到 NEXT 处
        RET                 ; 子程序返回
```

（4）用堆栈传递参数

堆栈可以作为传递参数的工具。使用堆栈进行参数传递时，主程序使用 PUSH 指令把参数压入堆栈中，子程序可以通过堆栈指针来间接访问堆栈中的参数，并且可以把出口参数送回堆栈中。返回主程序后，可以使用 POP 指令得到这些参数。这种方法的优点是简单易行，并可传递较多的参数。

注意：通过堆栈传递参数时，不能在子程序的开头通过压入堆栈来保护现场，而应在主程序中先保护现场，然后压入要传递的参数。另外，在子程序返回后，应使堆栈恢复到原来的深度，这样才能保证后续堆栈操作正确，并且不会因为每调用一次子程序，堆栈深度就会加深，而使堆栈发生溢出。

4.3.7 程序设计调试和优化

1. 程序调试方法

单片机调试工具和调试方法是单片机开发过程中不可或缺的部分，它们帮助开发者有效地检测、定位和修复代码中的错误，确保程序的正确性和可靠性。Keil 是广泛应用于单片机开发领域的集成开发环境（IDE），它集成了项目管理、编辑、编译、链接、调试等功能，极大地便利了嵌入式系统的开发流程。集成开发环境允许程序员逐行执行代码、查看和修改程序状态，它通常提供以下功能。

① 断点设置。允许在代码特定位置暂停程序执行，以便检查此时的变量值、内存状态或程序运行路径。

② 单步执行。使程序能够一行接一行地执行，这对于理解代码执行流程和发现问题至关重要。

③ 查看内存和变量。在程序暂停时，可以查看任何变量的当前值，以测试不同的执行路径。

④ 调用堆栈查看。显示当前函数调用序列，帮助理解程序执行的上下文。

⑤ 条件断点和日志点。可在满足特定条件时暂停程序或记录信息，对于定位难以复现的问题特别有用。

断点是调试的核心概念之一。开发者可以在疑似存在问题的代码行设置断点，程序执行到这一行时会自动暂停。随后，可以使用单步进入（step into）和单步跳过（step over）命令来逐步执行代码，观察每一步的执行效果及变量值的变化，从而定位错误源头。

2. 程序优化方法

程序优化是为了提升程序的执行效率、减少资源消耗或改善代码可读性和可维护性。代码优化的基本原则：一是清晰性优先，即优化不应牺牲代码的可读性和可维护性，清晰的代码比高度优化但难以理解的代码更受欢迎；二是度量与分析，即在优化之前，应该使用性能分析工具（profiler）确定瓶颈所在，避免盲目优化；三是避免过早优化，即不要在没有确凿证据表明需要优化之前就开始优化，因为这可能引入不必要的复杂性。

常见的优化方法如下。

① 指令选择。在低级编程或编译器层面,选择执行效率更高的指令集来实现相同的功能。

② 寄存器分配。合理利用有限的寄存器资源,减少访问内存的次数。编译器通常会自动进行这项优化,但高级语言编程时也可能通过显式指明某些变量为寄存器变量来指导编译器。

③ 循环优化。包括循环展开、减少循环中计算的重复部分、使用循环展开等技术来加速循环执行。

④ 内存访问优化。减少内存访问延迟,比如通过缓存友好的数据布局、数据预取等手段。

⑤ 算法优化。选择更高效的算法或数据结构,这是提升程序性能的最根本途径。

⑥ 并行化。利用多核处理器,通过并行处理任务来加速执行。

程序调试和优化是一个涉及多个层面的复杂过程,要求开发者既要有扎实的编程基础,也要熟悉各种调试工具和优化策略,以确保软件的正确性、高效性和可维护性。

4.4 程序设计举例

4.4.1 查表程序

在很多情况下,通过查表程序可以简化计算和程序的多分支结构,提高程序的运行效率。查表所使用的数据表格是按一定顺序排列的常数,存放在程序存储器中。

【例 4-25】将存于 R0 中的一位十六进制数(R0 高 4 位为 0)转换为七段显示码,并将结果送到 P1 口显示。设七段显示器为共阴极接法。

① C51 语言编程如下。

```c
#include <reg52.h>
sbit P1 = P1^0; // 定义 P1 口为位变量
void HTLED(unsigned char num)
{
    unsigned char code table[] =
        {0x40, 0x79, 0x24, 0x30, 0x19, 0x12, 0x02, 0x78, 0x00, 0x18, 0x08,
0x03, 0x46, 0x21, 0x06, 0x0E};
    P1 = table[num]; // 将七段显示码送到 P1 口显示
}
void main()
{
    unsigned char R0 = 0x00; // 假设 R0 中的数为 0x00
    HTLED(R0); // 调用函数进行转换并显示
    while (1); // 无限循环,保持显示状态
}
```

② 汇编语言编程如下。

```
HTLED:PUSH ACC          ;保护现场
      MOV A,R0          ;取 R0 中的数
      ADD A,#5          ;TABLE 离 MOVC 指令差 5 字节
      MOVC A,@A+PC      ;查表,取出七段显示码
```

```
      MOV P1,A              ;(2 字节)
      POP ACC               ;恢复现场(2 字节)
      RET                   ;(1 字节)
TABLE:DB 40H,79H,24H,30H
      DB 19H,12H,02H,78H
      DB 00H,18H,08H,03H
      DB 46H,21H,06H,0EH
```

有时把大型多维矩阵式表格、非线性校正参数等以线性（一维）向量形式存放在程序存储器中。欲查该表中的某项数据，必须把矩阵的下标变量转换成所查项的存储地址。对于一个起始地址为 BASE 的 $m \times n$ 矩阵来说，下标行变量为 I、列变量为 J 的元素的存储地址可由下式求得：

$$元素地址=BASE+（n \times I）+J$$

下面介绍的一段程序可对不多于 255 项的任何数组进行查表操作。

【例 4-26】程序存储器中有一个 5 行×8 列的表格，要求把下标行变量为 I、列变量为 J 的元素读入到累加器中。

① C51 语言编程如下。

```
#include <reg52.h>
unsigned char table[5][8] = {
    {0x00, 0x02, 0x03, 0x04, 0x05, 0x06, 0x07},
    {0x10, 0x11, 0x12, 0x13, 0x14, 0x15, 0x16, 0x17},
    {0x20, 0x21, 0x22, 0x23, 0x24, 0x25, 0x26, 0x27},
    {0x30, 0x31, 0x32, 0x33, 0x34, 0x35, 0x36, 0x37},
    {0x40, 0x41, 0x42, 0x43, 0x44, 0x45, 0x46, 0x47}
};
void main() {
    unsigned char i = 3;
    unsigned char j = 4;
    unsigned char result = table[i][j];
    while (1); // Infinite loop
}
```

② 汇编语言编程如下。

```
      I EQU 3               ;行坐标(0~4)
      J EQU 4               ;列坐标(0~7)
      ACALL TABIJ           ;查表结果为(A) = 34H
      JMP $
TABIJ:MOV A,#I              ;取下标行变量
      MOV B,#8              ;每行 8 个元素
      MUL AB                ;8×I
      ADD A,#J              ;8×I+J
      MOV DPTR,#BASE
      MOVC A,@A+DPTR        ;查表,其结果为(A) = 34H
      RET
      ...
BASE: DB 00H,02H,03H,04H,05H,06H,07H ;元素(0,0)~(0,7)
```

```
DB 10H,11H,12H,13H,14H,15H,16H,17H   ;元素(1,0)~(1,7)
DB 20H,21H,22H,23H,24H,25H,26H,27H   ;元素(2,0)~(2,7)
DB 30H,31H,32H,33H,34H,35H,36H,37H   ;元素(3,0)~(3,7)
DB 40H,41H,42H,43H,44H,45H,46H,47H   ;元素(4,0)~(4,7)
```

4.4.2 数制转换程序

人们日常习惯使用十进制数,而计算机的键盘输入和输出数据显示常采用二进制编码的十进制数(即 BCD 码)或 ASCII 码。因此,各种代码之间的转换经常用到,除了用硬件逻辑电路转换之外,程序设计中常采用算法处理和查表方式。

【例 4-27】ASCII 码转换为 4 位二进制数。

① C51 语言编程如下。

```
#include <reg52.h>
unsigned char ASCBIN(unsigned char ascii) {
    unsigned char binary;
    binary = ascii - 0x30; // ASCII 码减去 30H
    if (binary >= 10) {
        binary -= 7; // 如果大于或等于 10 则再减 7
    }
    return binary;     // 返回转换后的二进制数
}
void main() {
    unsigned char ascii = ASCBIN('A'); // 示例输入 ASCII 码为'A'
    while (1); // 无限循环,保持输出结果
}
```

② 汇编语言编程如下。

由 ASCII 编码表可知,转换方法为:先将 ASCII 码减 30H,若大于或等于 10,则再减 7。

参考程序如下:

```
;功能:ASCII 码转换为 4 位二进制数。
;入口:(R0)=ASCII 码。
;出口:(R0)=转换后的二进制数。
ASCBIN:MOV A,R0        ;将 ASCII 码送到 A 中
       CLR C           ;CY 清零
       SUBB A,#30H     ;ASCII 码减去 30H
       MOV R0,A        ;得二进制数
       SUBB A,#10      ;与 10 比较
       JC AEND         ;小于则结束
       MOV A,R0        ;二进制数送到 A 中
       SUBB A,#07H     ;大于或等于 10 再减 7
       MOV R0,A        ;得二进制数
AEND:RET
```

4.4.3 算术运算程序

运算程序是一种应用程序，包括各种有符号数或无符号数的加、减、乘、除运算程序。这里只举例说明这类程序设计的方法。

【例 4-28】多字节无符号数加法。

① C51 语言编程如下。

```c
#include <regx52.h>
void addmb(unsigned char *r0, unsigned char *r1, unsigned char r2) {
    unsigned char carry = 0;
    while (r2--) {
        unsigned int sum = *r0 + *r1 + carry;
        *r0++ = (unsigned char)(sum & 0xFF);
        carry = (sum >> 8) & 0xFF;
        *r1++ = 0;
    }
    if (carry) {
        *r0 = 1;
    }
}
void main() {
    unsigned char a[] = {0x12, 0x34, 0x56};
    unsigned char b[] = {0x78, 0x9A, 0xBC};
    unsigned char result[sizeof(a)] = {0};
    addmb(result, a, sizeof(a));
    addmb(result, b, sizeof(b));
    for (int i = 0; i < sizeof(result); i++) {
        printf("%02X ", result[i]);
    }
}
```

这个程序实现了多字节无符号数加法，入口参数为被加数低位地址指针（r0）、加数低位地址指针（r1）和字节数（r2）。出口结果存储在和数高位地址指针（r0）。

② 汇编语言编程如下。

多字节运算一般按从低字节到高字节的顺序依次进行。参考程序如下：

```
功能:多字节无符号数加法。
入口:(R0)=被加数低位地址指针;
     (R1)=加数低位地址指针;
     (R2)=字节数。
出口:(R0)=和数高位地址指针。
ADDMB:CLR C          ;进位位 CY 清零
LOOP:MOV A,@R0       ;取被加数
     ADDC A,@R1      ;则两数相加,带进位
     MOV @R0,A       ;结果送回原单元
     INC R0          ;调整被加数指针
     INC R1          ;调整加数指针
```

```
        DJNZ  R2,LOOP      ;未加完转 LOOP
        JNC  NOCY          ;无进位转 NOCY
        MOV  @R0,#01H      ;有进位则增加1字节的内容为1
        SJMP ENDA          ;转结束
NOCY:DEC R0                ;高位指针回位
ENDA:RET
```

说明：① 要考虑低字节向高字节的进位情况，最低两字节相加，无低位来的进位，因此在进入循环之前应对进位标志清零。最高位两字节相加若有进位，则和数将比加数和被加数多出一个字节。

② 此程序执行后，被加数被冲掉。

4.4.4 数字滤波程序

在单片机应用系统的信号中，常含有各种噪声和干扰，影响了信号的真实性。因此，应采取适当的方法消除噪声和干扰，数字滤波就是一种有效的方法。常用的数字滤波方法有算术平均值法、滑动平均值法等。下面以算术平均值法为例讲述数字滤波的问题。

【例 4-29】片外 RAM 中从 ADIN 处开始存放 16 个字节数据信号，编程实现用算术平均值法进行滤波，结果存放在累加器 A 中。

算术平均值法就是通过求 16 个字节数据信号的算术平均值进行滤波。

① C51 语言编程如下。

```c
#include <regx52.h>
unsigned char code *adin = 0x00; // 片外 RAM 地址,根据实际情况修改
unsigned int filter() {
    unsigned int sum = 0;
    for (int i = 0; i < 16; i++) {
        sum += *adin++;
    }
    return sum / 16;
}
void main() {
    unsigned int average = filter();
    // 结果存放在累加器 A 中
    ACC = average;
}
```

② 汇编语言编程如下。

```
功能:求 16 字节算术平均值
入口:ADIN 指针,指向 16 字节外部数据;
出口:(R5)= 16 字节外部数据的算术平均值。
    AV16D: MOV R7,#16            ;设置计数器
           MOV DPTR,#ADIN        ;指向数据区
           MOV R5,#0             ;(R6、R5)用于存放累加结果
           MOV R6,#0
    LOOP:  MOVX A,@DPTR          ;取外部数据
           ADD A,R5              ;加部分和低位
```

```
        MOV R5,A                  ;送回
        MOV A,R6                  ;取高位
        ADDC A,#0                 ;加低位的进位
        MOV R6,A                  ;送回
        INC DPTR                  ;调整外部数据指针
        DJNZ R7,LOOP              ;共加 16 个数
        MOV R7,#4                 ;右移 4 次,相当于除 16
LOOP1: CLR C                      ;清进位
        MOV A,R6                  ;先移高 4 位
        RRC A                     ;带进位右移 1 位
        MOV R6,A                  ;送回
        MOV A,R5                  ;后移低 4 位
        RRC A                     ;带进位右移 1 位
        MOV R5,A                  ;送回
        DJNZ R7,LOOP1             ;共移 4 次
        RET
```

在算术平均值滤波程序中,数据个数 m 的取值一般为 2^m,这样便于计算,顺序将累加和右移 m 次即可。为确保精度,本程序采用双字节数加法,采取右移 4 次的方法达到求平均数的目的。

4.4.5 排序与检索程序

【例 4-30】 在指定的数据区中找出最大值。

① C51 语言编程如下。

```c
#include <reg52.h>
unsigned char findMaxValue(unsigned char *data, unsigned char length) {
unsigned char max = 0;
unsigned char i;
for (i = 0; i < length; i++) {
    if (data[i] > max)    max = data[i];
    }
return max;
}
```

② 汇编语言编程如下。

设数据区的首地址在 R0 中,数据区字节长度在 R7 中,将找到的最大值存入 A 中。

参考程序如下:

```
功能:在数据区中找出最大值。
入口:R0 指向数据区的首地址,R7 为数据区字节长度;
出口:最大值存入 A 中。
        MOV A,#0                  ;置最大值为 0
 LOOP:MOV B,@R0
        CJNE A,B,PDDX             ;数值比较
PDDX:JNC AISB                     ;A 的值大,准备比较下一个
        MOV A,@R0                 ;A 的值小,大值送到 A 中
AISB:INC R0                       ;调整数据指针
```

```
        DJNZ R7,LOOP
        RET
```

4.4.6 布尔处理程序

MCS-51 系列单片机的一个最大特点就是它有很强的布尔处理能力，即对布尔变量（位变量）的处理能力，所以它最擅长开关量控制。

大部分硬件设计都是用组合逻辑实现复杂功能的。虽然所用硬件各式各样，但目的只有一个，那就是解若干布尔变量的逻辑函数所代表的问题。例如，最常见的汽车头尾信号灯、电梯运行等都主要是用开关量控制的。

【例 4-31】求解下式给出的 $U \sim Z$ 6 个布尔变量的逻辑函数：

$$Q = U \cdot (V + W) + (X \cdot \overline{Y}) + \overline{Z}$$

这种等式可用卡诺图法或代数法化简。但随着逻辑关系复杂程度的增长，化简过程的难度也越来越大，甚至在设计过程中对函数的微小调整也会要求重新进行化简过程。然而若用 MCS-51 系列单片机的布尔指令解这样的随机逻辑函数，那就最简明不过了。

设 U 和 V 为不同输入口的输入引脚信号，W 和 X 是两个状态位，Y 和 Z 是程序中先前设置的软件标志。上述逻辑函数的逻辑电路图如 4-9 所示。

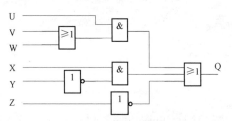

图 4-9 逻辑函数的逻辑电路图

① C51 语言编程如下。

```
#include <reg52.h>
sbit U = P1^1;
sbit V = P2^2;
sbit W = TF0;
sbit X = IE1;
sbit Y = 0x00;// 20H.0 位地址为 00H
sbit Z = 0x09;// 21H.1 位地址为 09H
sbit Q = P3^3;
void main() {
    unsigned char C;
    C = V | W;
    C &= U;
    C |= X & ~Y;
    C |= ~Z;
    Q = C;
    while(1); // 保持程序运行
}
```

② 汇编语言编程如下。

```
U   BIT P1.1
V   BIT P2.2
W   BIT TF0
X   BIT IE1
Y   BIT 20H.0
Z   BIT 21H.1
Q   BIT P3.3
    MOV C,v    ;读输入变量
    ORL C,W    ;左或门输出
    ANL C,U    ;上与门输出
    MOV F0,C   ;暂存中间变量
    MOV C,X    ;读变量
    ANL C,/Y   ;下与门输出
    ORL C,F0   ;启用中间变量
    ORL C,/Z   ;考虑最后一个变量
    MOV Q,C    ;输出计算结果
```

4.5 C51 程序中嵌入汇编程序

4.5.1 C51 编程和汇编程序对比

C51 语言和汇编语言在嵌入式系统开发中，各自扮演着重要的角色，它们具有不同的特性和适用场景。

以下是对 C51 语言和汇编语言的比较。

1. 可读性与可维护性

C51 语言是一种结构化的编程语言，其语法接近自然语言，代码结构清晰，易于阅读和维护。C51 语言的这些特点使得开发者能够快速理解现有代码，便于团队协作开发。

汇编语言指令紧密对应底层硬件，对于不熟悉特定硬件平台的开发者来说，代码可能难以理解和维护。

2. 编程效率与开发周期

C51 语言提供了丰富的库函数和模块化的开发方式，可以有效减少编程工作量，缩短产品开发周期。这种高级抽象使得开发者能够更专注于算法和逻辑的实现，而不是底层的细节。

虽然汇编语言可以提供极致的性能优化，但编程效率相对较低，开发周期长。每一条指令都需要开发者手动编写和优化，这在复杂项目中尤其耗时。

3. 移植性与兼容性

C51 程序具有良好的移植性，可以在支持 C51 编译器的多种硬件平台上运行，无需或只需少量修改即可适应新平台。

汇编语言高度依赖特定的硬件架构，不同平台间的移植性差。一旦硬件更换或升级，汇编代码可能需要完全重写。

4. 功能实现与模块化

C51 语言适合实现复杂的数值计算和控制逻辑，容易实现程序的模块化开发。模块化设计不仅提高了代码的重用性，还简化了功能扩展和维护。

汇编语言虽然能够直接操作硬件，实现精细的控制，但在实现复杂算法和逻辑时效率较低，且不易模块化。

5. 性能优化与控制能力

C51 编译器可以进行高效的代码优化，提供足够的机器级控制能力，适合大多数嵌入式系统的开发需求。

汇编语言提供最直接的硬件控制能力，适用于需要极致性能优化和资源控制的场合。

6. 学习曲线与上手速度

C51 语言相对容易掌握，上手快，尤其是对于已经熟悉 C 语言的开发者来说。

汇编语言学习曲线陡峭，需要开发者对底层硬件有深入的了解，上手速度慢。

7. 调试与测试

C51 语言的调试工具和技术支持较为成熟，有助于快速定位问题并进行修复。

汇编代码的调试可能较困难，因为需要对硬件操作有深入的理解。

8. 社区与资源支持

C51 语言拥有庞大的开发者社区和丰富的学习资源，这对于解决开发中的问题和学习新技术非常有帮助。

汇编语言的社区较小，资源有限，特别是在特定硬件平台上。

综上所述，C51 语言和汇编语言各有优势，C51 语言更适合快速开发、模块化设计和跨平台移植，而汇编语言则在硬件控制和性能优化方面有独特优势。在实际开发中，两者有时也可以结合使用，以发挥各自的优势。

4.5.2　C51 程序中嵌入汇编程序的基本格式

C51 程序中嵌入汇编程序即内联汇编代码。内联汇编代码是指在高级编程语言（如 C、C++）中嵌入汇编语言指令。它允许开发者直接在源代码中使用汇编语言，以实现对底层硬件或特定操作的精确控制。内联汇编代码通常使用特殊的关键字或语法结构来标识和定义。这些关键字和结构可以与高级语言的语句一起使用，形成混合编程的形式。通过这种方式，开发者可以在保持源代码为高级语言的同时，利用汇编语言的优势来实现特定的优化或功能需求。

内联汇编代码的使用可以带来一些优势。

① 性能优化。汇编语言可以直接操作硬件寄存器和内存，因此在某些情况下可以实现更高的执行速度和更低的延迟。通过将关键部分的代码用汇编语言编写，可以提高程序的性能。

② 硬件控制。汇编语言提供了更直接的硬件访问方式，可以用于控制特定的外设或执行低级操作。这对于需要与硬件进行紧密交互的应用程序或驱动程序非常有用。

③ 精确控制。汇编语言提供了更多的控制选项和指令集，可以精确地控制程序的行为和流程。这在一些需要精确控制的算法或数据操作中非常有用。

然而，内联汇编代码也存在一些挑战和限制。

①　可移植性问题。不同的处理器架构和编译器可能对内联汇编代码有不同的支持和语法要求。因此，在使用内联汇编代码时要确保代码的可移植性和兼容性。

②　调试和维护困难。由于内联汇编代码与高级语言混合在一起，调试和维护可能会变得更加复杂，需要仔细跟踪和测试汇编代码的正确性和稳定性。

③　风险和错误。不正确的汇编代码可能导致程序崩溃、未定义行为或其他错误。因此，在使用内联汇编代码时需要谨慎处理寄存器的使用和保护，以避免潜在的冲突和错误。

本书默认使用 Keil 开发平台，Keil 默认使用自己的内联汇编语法，而不是 GCC（GNU compiler collection）或 Clang（C language）的语法。

Keil C51 中嵌入汇编程序的方法有以下两种。

一种是使用__asm 和__endasm 关键字直接在 C 文件中嵌入汇编代码。当使用__asm 和__endasm 时，可以直接在 C 代码中插入汇编代码片段。这种方法适用于较小的汇编代码块，并且可以确保汇编代码与 C 代码紧密集成。但__endasm 不需要显式使用，因为汇编代码的结束由 C 或 C++代码的自然结束来标识。

另一种是使用#pragma asm 和#pragma endasm 预处理器指令来标记汇编代码的开始和结束。这种方法通常用于较大的汇编代码块，或者当需要更明确地标记汇编代码的开始和结束时。

内联汇编代码技术允许开发者直接访问和操作硬件资源，优化代码的执行效率，以及实现某些无法用 C 语言直接完成的底层操作，格式如下：

```
_asm ; Assembler Code Here
__asm ; Assembler Code Here
#pragma ASM
    ; Assembler Code Here
#pragma ENDASM
```

嵌入的汇编程序可以放在子函数中，也可以直接在主函数 main 中嵌入汇编程序，其格式是一样的。以下是一个在 C51 程序的 main 函数里直接嵌入汇编代码的例子。

```
#include "reg52.h"
void main(void){
    while(1)    {
    P1=0x00;            //C51 代码
    __asm PUSH ACC        ;每一条汇编指令前面加__asm
    __asm MOV B,#40        ;每一条汇编指令前面加__asm
    __asm MOV A,#0x55      ;每一条汇编指令前面加__asm
    #pragma asm            ;使用多条汇编指令组成的程序块
    MOV R7,#100
    DEL:MOV R6,#200
    NOP
    DJNZ R6,$
    DJNZ R7,DEL
    #pragma endasm   ;将多条汇编指令组成的程序块夹在"#pragma asm"与"#pragma endasm"
之间
    P1=0xff;      //C51 代码
    }
}
```

4.5.3　C51 程序中嵌入汇编程序的编译器环境配置

1. 创建项目文件
① 建立新工程。首先在开发环境中建立一个新的工程，并选择目标处理器型号。
② 创建源文件。在新工程中添加新的 C 文件，准备编写代码。

注意：在建立新工程时，Keil 会弹出提示，选择"是"，系统会将 STARTUP.A51 文件自动加入到工程的 Source Group 中，如图 4-10 所示。

图 4-10　STARTUP.A51 文件自动加入选择

2. 编译器选项设置
① 启用 SRC 文件生成。在项目设置中，启用"Generate Assembler SRC File"选项，以便编译器自动生成汇编源代码文件。
② 包含库文件。根据编译模式，可能需要包含特定的库文件，如 Small 模式下的 C51S.Lib 加入到工程中（C51S.Lib 文件在 Keil\C51\Lib\文件夹中），该文件作为工程 Project Window 窗体中 Source Group 的最后文件。不同版本库文件的介绍如图 4-11 所示。

```
在 Keil 安装目录 \C51\LIB\下的LIB 文件如下：
C51S.LIB - 没有浮点运算的 Small model
C51C.LIB - 没有浮点运算的 Compact model
C51L.LIB - 没有浮点运算的 Large model
C51FPS.LIB - 带浮点运算的 Small model
C51FPC.LIB - 带浮点运算的 Compact model
C51FPL.LIB - 带浮点运算的 Large model
```

图 4-11　不同版本库文件介绍

在 Project 窗口包含汇编代码的 C 文件上单击右键，选择"Options for..."，单击右边的"Generate Assembler SRC File"和"Assemble SRC File"，使检查框由灰色变成黑色状态，表示设置有效，如图 4-12 所示。

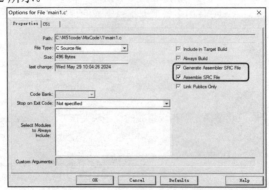

图 4-12　启用 SRC 文件生成选项

当以上配置成功后，在 Project 窗口中，Target 和对应的.c 文件列表左侧多了 3 个红色小方块，如图 4-13 所示，表示可以在 C51 程序中嵌入汇编程序了。

图 4-13 编译器选项设置成功提示

4.5.4 C51 程序调用汇编函数

如果汇编代码位于单独的.asm 文件中（文件名不能和.c 文件同名），则需要在 C51 程序代码中声明外部函数，并在调用时使用正确的函数名。

对于无参数传递的函数调用，直接调用函数；对于有参数传递的函数调用，根据参数类型使用相应的寄存器传递参数。

1. 无参数传递的汇编函数调用

无参数传递的函数调用不需要任何参数，只有一个函数名，图 4-14 所示为一个具体例子。MixDemoMain.c 是 C51 程序的代码，MixAsmCode.asm 是子函数 Delay( )的汇编代码文件。

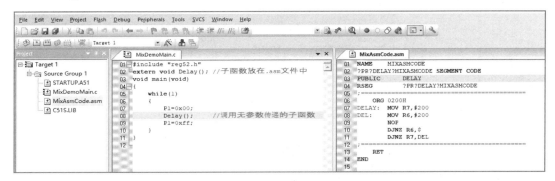

图 4-14 无参数传递的汇编函数调用

"?PR?DELAY?MIXASMCODE SEGMENT CODE"代码的作用是在程序存储区中定义段，其中"DELAY"为段名，"?PR?"表示段位于程序存储区内，用于定义一个代码段的开始，"?PR?"后面通常是代码段的名称。

"PUBLIC DELAY"的作用是声明函数为公共函数，通过"PUBLIC"声明，使得这个标号可以在其他模块或文件中被识别和使用，从而实现模块间的互操作性。

"RSEG ?PR?DELAY?MIXASMCODE"语句中，RSEG 指令用于指示接下来的代码段具有特定的链接属性，即这部分代码可以被放置在程序存储区的任何位置。这种灵活性是由连接器提供的，连接器负责将这些代码最终定位到合适的存储区域。

2. 有参数传递的汇编函数调用

带参数传递的汇编函数调用，通过寄存器传递参数，C51 程序中不同类型的实参会存入相应的寄存器中，在汇编程序中只需对相应寄存器进行操作，即可达到传递参数的目的。

不同类型的数据及其传递参数的寄存器见表4-4。

表4-4　参数传递寄存器表

参数序号	参数类型			
	Char/unsigned char	int/unsigned int	long/unsigned long/float	通用指针
第1个	R7	R6～R7	R4～R7	R1～R3
第2个	R5	R4～R5	R4～R7	R1～R3
第3个	R3	R2～R3	—	R1～R3

图4-15所示为一个具体例子。

图4-15　有参数传递的汇编函数调用

3. 函数调用的返回值

C51程序调用的汇编子函数，返回值通过指定的寄存器实现与C51程序的传递。根据子函数定义的返回值参数类型，指定对应的寄存器，对应关系见表4-5。

表4-5　函数返回值对应寄存器

返回数据类型	指定寄存器	说　明
bit	C	由具体标志位返回
char/unsigned char	R7	—
int/unsigned int	R6～R7	高位在R6
long/unsigned long	R4～R7	高位在R4
float	R4～R7	32位IEEE格式，指数和符号位在R7
通用指针	R1～R3	存储类型在R3，高位在R2

若子函数返回值的类型是 int/unsigned int 这种 2 B 的数据类型，返回值在寄存器 R6、R7 中，R6 放高 8 位字节的值，R7 放低 8 位字节的值。

图 4-16 所示为一个具体的例子。

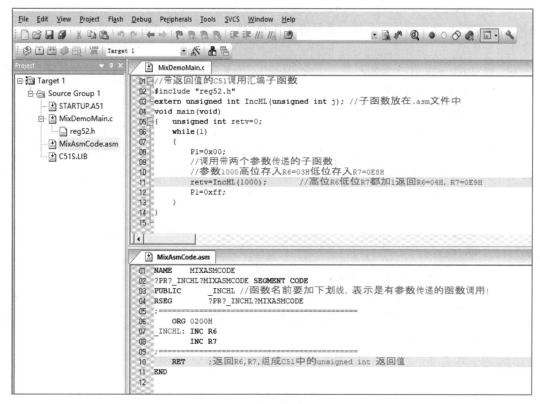

图 4-16　汇编函数调用返回值

习　题

1. C51 语言有哪些特点？与汇编语言比较有哪些优势？

2. C51 语言有哪些数据类型？它们的取值范围各是多少？

3. C51 语言中的数据和变量可以指定哪些存储器类型？

4. 试举例说明 C51 语言的 bit 变量、可位寻址对象和变量指针。

5. 举例说明 bit 和 sbit 的用法及其区别。

6. C51 语言是如何对 51 系列单片机中断支持的？

7. 程序设计语言有哪几种？各有什么异同？汇编语言有哪两类语句？各有什么特点？

8. 在汇编语言程序设计中，为什么要采用标号来表示地址？标号的构成原则是什么？使用标号有什么限制？注释段起什么作用？

9. 汇编语言有哪几条常用伪指令？各起什么作用？

10. 汇编语言程序设计分哪几步？各步的任务是什么？

11. 汇编语言源程序的机器汇编过程是什么？第二次汇编的任务是什么？

12. 外部 RAM 中从 1000H 到 10FFH 有一个数据区，现在将它传送到外部 RAM 中以 2500H 单元开始的区域中，编写有关程序。

13. 外部 RAM 中有首地址 SOU 开始的长度为 LEN 的数据块，要求将数据传送到内部 RAM 中以 DEST 地址开始的区域，直到遇到字符 "$"（"$" 也要传送）或整个字符串（传送完毕）。

14. 设 20H 单元有一个数，其范围是 0～20，编程实现根据该单元的内容转入不同的程序入口 IN0，IN1，…，IN20。

15.（二进制数转换为 BCD 数）16 位二进制数 80FFH 存放在 DPTR 中，将其转换为 BCD 数，存放在内部 RAM 的 22H（万位）、21H（千、百位）、20H（十、个位）单元中。

16. 把 R0 中 8 位二进制数的各二进制位用 ASCII 码表示，即 "0" 用 30H 表示，"1" 用 31H 表示。转换得到的 8 个 ASCII 码存放在内部 RAM 中以 30H 开始的单元中。

17. 设系统晶体荡频率为 12 MHz，编写延时 50 ms 的延时子程序。

18. 分析下列程序中各条指令的作用，并说明运行后相应寄存器和内存单元的结果。

```
MOV A,#34H    ;_____
MOV B,#0ABH   ;_____
MOV 34H,#78H  ;_____
XCH A,R0      ;_____
XCH A,@R0     ;_____
XCH A,B       ;_____
SJMP $
```

19. 使用查表法求 A 中数的平方，如果 A 中存放的是 0～9 之间的数，结果存放在 A 中，否则 A 中存放 0FFH。

```
        CJNE A,#10H,PD        ;判定是否是 0~9 之间的数
PD:_____  BIG              ;不是 0~9 之间的数转 BIG
_____                      ;是 0~9 之间的数,调整差值
_____                      ;查表
        AJMP WAIT             ;
BIG:MOV A,#0FFH
WAIT:SJMP WAIT
TAB:DB 0,1,4,9,16,25,36,49,64,81
```

20. 编写一个 C51 函数，实现将两个无符号数相乘，并将结果存入指定的内存地址。

21. 设计一个子函数，接收两个输入参数（通过地址传递），计算它们的和，并返回结果。

22. 用 C51 语言实现 50 ms 延时。

23. 用 C51 语言实现跑马灯功能。

第 5 章

定时器/计数器

提 要

本章介绍了定时器/计数器的结构、功能，定时与对外计数的工作模式，详细讨论了定时器/计数器 T0、T1 的 4 种工作方式、原理及使用，定时器 T2 的结构、工作方式及工作原理，定时器/计数器对输入信号的要求，定时器/计数器初值的求法，运行中读定时器/计数器，门控制位 GATE 的功能和使用方法，定时器/计数器的应用。

在工业检测、控制等许多场合都要用到计数或定时功能，如对外部脉冲进行计数、产生精确的定时时间、作为串行通信口的波特率发生器。MCS-51 系列单片机内有两个可编程的定时器/计数器，可以满足这方面的需要。定时器/计数器 T0、T1 具有两种工作模式（计数器模式和定时器模式）和 4 种工作方式（方式 0、方式 1、方式 2 和方式 3），其控制字、状态字均在相应的特殊功能寄存器中，通过对相应的特殊功能寄存器的编程，用户可方便地选择适当的工作模式和工作方式。在 8x52 子系列单片机中增加了一个性能更好的定时器/计数器 T2，除了定时、计数功能外，还有捕捉、自重装和串行口波特率发生器 3 种工作方式。

5.1　定时器/计数器的结构

5.1.1　定时方法概述

定时方法

在单片机的应用中，可供选择的定时方法有以下几种。

1. 软件定时

软件定时靠执行一个循环程序进行时间延迟。软件定时的特点是时间精确，且不需外加硬件电路，但软件定时要占用 CPU，增加 CPU 开销，因此软件定时的时间不宜太长。此外，软件定时方法在某些情况下无法使用。

2. 硬件定时

对于时间较长的定时，常使用硬件电路完成。硬件定时方法的特点是定时功能全部由硬件电路完成，不占 CPU 时间，但需通过改变电路中的元件参数来调节定时时间，在使用上不够灵活方便。

3. 可编程定时器定时

这种定时方法是通过系统对时钟脉冲的计数来实现的。计数值通过程序设定，改变计数值，也就改变了定时时间，使用起来既灵活又方便。此外，由于采用计数方法实现定时，因此可编程定时器都兼有计数功能，可以对外来脉冲进行计数。

在单片机应用中，定时与计数的需求较多，单片机大多数都有定时器/计数器的功能部件。例如，MCS-51 系列单片机内部就有两个 16 位定时器/计数器，对于其 8x52 子系列又增加了一个增强型 16 位定时器/计数器。

5.1.2　定时器/计数器的结构

MCS-51 系列单片机内部设置有两个 16 位可编程的定时器/计数器 T0、T1。定时器/计数器 T0、T1 具有定时器方式和计数器方式两种模式以及 4 种工作方式，其状态字均在相应的特殊功能寄存器中，通过对控制寄存器的编程，用户可以方便地选择适当的工作模式。对每个定时器/计数器（T0 和 T1），在特殊功能寄存器 TMOD 中都有一个控制位，它选择 T0 和 T1 为定时器或者计数器。

MCS-51 系列单片机的微处理器与 T0、T1 的关系如图 5-1 所示，定时/计数器 T0 由 TL0、TH0 构成。其中，TMOD 用于控制和确定各定时器/计数器的工作模式和工作方式；TCON 用于控制定时器/计数器 T0 和 T1 的启动和停止计数，同时包含定时器/计数器的状态。它们属于特殊功能寄存器，其内容通过软件设置。系统复位时，寄存器的所有位都被清零。

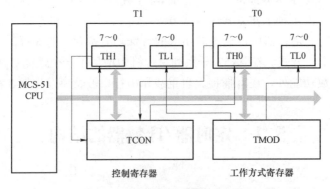

图 5-1　定时器/计数器结构框图

定时器/计数器两大基本功能如下。

1. 计数功能

所谓计数功能，是指对外部事件进行计数。外部事件的发生以输入脉冲表示，因此计数功能的实质就是对外来脉冲进行计数。MCS-51 系列单片机有 T0（P3.4）和 T1（P3.5）两个信号引脚，分别是这两个计数器的计数输入端。外部输入的脉冲在负跳变时有效，计数器加 1（加法计数）。

2. 定时功能

定时功能也是通过计数器的计数来实现的，不过这时的计数脉冲来自单片机的内部，即每个机器周期产生一个计数脉冲，也就是每个机器周期计数器加 1。由于一个机器周期等于 12 个振荡器脉冲周期，因此计数频率为振荡频率的 1/12。如果 MCS-51 系列单片机采用 12 MHz 晶体，则计数频率为 1 MHz，即每 1 微秒计数器加 1。这样不但可根据计数值计算出定时时间，也可以反过来按定时时间的要求计算出计数器的预置值。

3. 工作方式寄存器 TMOD

TMOD 用于控制 T0 和 T1 的工作方式，其各位定义如图 5-2 所示。

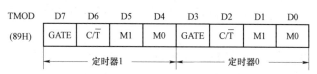

图 5-2　TMOD 各位的定义

各位功能如下。

1）M1、M0：工作方式控制位

这两位可构成见表 5-1 所示的 4 种工作方式。

表 5-1　定时器/计数器 4 种工作方式的定义

M1　M0	工作方式	说　明
0　0	0	13 位定时/计数器
0　1	1	16 位定时/计数器
1　0	2	可重装 8 位定时/计数器
1　1	3	T0 分成两个 8 位定时/计数器；T1 停止计数

2）C/$\overline{\text{T}}$：计数工作方式/定时工作方式选择位

C/$\overline{\text{T}}$=0，设置为定时工作方式；C/$\overline{\text{T}}$=1，设置为计数工作方式。

3）GATE：选通控制位

GATE=0，只要用软件对 TR0（或 TR1）置 1 就可启动定时器；GATE=1，只有 $\overline{\text{INT0}}$（或 $\overline{\text{INT1}}$）引脚为 1，且用软件对 TR0（或 TR1）置 1 才可启动定时器工作。

TMOD 的所有位在系统复位后清零，TMOD 的地址为 89H，不能位寻址，只能用字节方式设置工作方式。值得注意的是，当只改变某一个定时器/计数器时，应采取适当的办法防止对另一个定时器/计数器时工作方式的改变。

4. 控制寄存器 TCON

TCON 用于控制定时器的启动、停止及标明定时器的溢出和中断情况。TCON 的字节地址为 88H，位地址为 88H～8FH，TCON 的低 4 位与外部中断有关，将在第 8 章中介绍。TCON 各位的定义如图 5-3 所示。

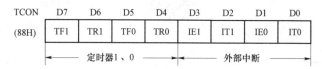

图 5-3　TCON 各位的定义

1）TR0 为定时器 T0 的运行控制位

该位由软件置位和复位。当 GATE（TMOD 的 D3 位）为 0 时，TR0 为 1 时允许 T0 计数，TR0 为 0 时禁止 T0 计数。当 GATE（TMOD 的 D3 位）为 1 时，仅当 TR0 等于 1 且 $\overline{INT0}$（P3.2）输入为高电平时才允许 T0 计数。TR0 为 0 或 $\overline{INT0}$ 输入为低电平时都禁止 T0 计数。

2）TF0 为定时器 T0 的溢出标志位

当 T0 被允许计数以后，T0 从初值开始加 1 计数，最高位产生溢出时置"1" TF0，并向 CPU 请求中断，当 CPU 响应时，由硬件清"0" TF0。TF0 也可以由程序查询或清"0"。

3）TR1 为定时器 T1 的运行控制位

该位由软件置位和复位。当 GATE（TMOD 的 D7 位）为 0 时，TR1 为 1 时允许 T1 计数，TR1 为 0 时禁止 T1 计数。当 GATE（TMOD 的 D7 位）为 1 时，仅当 TR1 为 1 且 $\overline{INT1}$（P3.3）输入为高电平时才允许 T1 计数。TR1 为 0 且 $\overline{INT1}$ 输入为低电平时禁止 T1 计数。

4）TF1 为 T1 的溢出标志位

当 T1 被允许计数以后，T1 从初值开始加 1 计数，最高位产生溢出时置"1" TF1，并向 CPU 请求中断，当 CPU 响应时，由硬件清"0" TF1。TF1 也可以由程序查询或清"0"。

5）IE1：外部中断 1 请求标志

当 IT1=0 时，为电平触发方式，每个机器周期的 S5P2 采样 INT1 引脚，若 INT1 引脚为低电平，则置 1，否则 IE1 清"0"。

当 IT1=1 时，INT1 为跳变沿触发方式，当第一个机器周期采样到 INT1 为低电平时，则 IE1 置 1。IE1=1，表示外部中断 1 正在向 CPU 申请中断，当 CPU 响应中断，转向中断服务程序时，应该由硬件清"0"。

6）IT1：外部中断 1 触发方式选择位

IT1=0，为电平触发方式，引脚 INT1 上低电平有效；IT1=1，为跳变沿触发方式，引脚 INT1 上电平从高到低负跳变有效。

7）IE0：外部中断 0 请求标志

8）IT0：外部中断 0 触发方式选择位

5.2 定时器/计数器的工作方式

由上文可知，TMOD 中的 M1、M0 具有 4 种组合，从而构成了定时器/计数器的 4 种工作方式，这 4 种工作方式除了工作方式 3 以外，其他 3 种工作方式的基本原理都是一样的。下面分别介绍这 4 种工作方式的特点及工作情况。由于 T0 和 T1 结构完全一样，以下的应用同样适合于 T1（工作方式 3 除外）。

| 方式0、方式1（1） | 方式0、方式1（2） | 方式0、方式1（3） |

5.2.1 工作方式 0

T0 在工作方式 0 的逻辑结构如图 5-4 所示。在这种工作方式下，16 位的计数器（TH0 和 TL0）只用了 13 位，构成 13 位定时器/计数器。TL0 的高 3 位未用，当 TL0 的低 5 位计满时，向 TH0 进位，而 TH0 溢出后对中断标志位 TF0 置 1，并申请中断。T0 是否溢出可用软件查询 TF0 是否为 1。

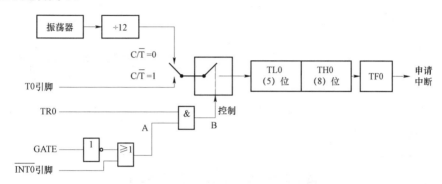

图 5-4　T0 在工作方式 0 的逻辑结构

当 GATE=0 时，$\overline{\text{INT0}}$ 引脚被封锁，且仅由 TR0 便可控制（图中的 B 点）T0 的开启和关闭。

当 GATE=1 时，T0 的开启与关闭取决于 $\overline{\text{INT0}}$ 和 TR0 相与结果，即只有当 $\overline{\text{INT0}}$=1 和 TR0=1 时，T0 才被开启。

在一般应用中，通常使 GATE=0，从而由 TR0 的状态控制 T0 的开闭，TR0=1，打开 T0；TR0=0，关闭 T0。在特殊的应用场合，例如利用定时器测量 $\overline{\text{INT0}}$ 引脚输入的正脉冲的宽度，即 $\overline{\text{INT0}}$ 引脚由 0 变 1 电平时，启动 T0 定时且测量开始；一旦外部脉冲出现下降沿，亦即 $\overline{\text{INT0}}$ 引脚由 1 变 0 时就关闭 T0，此时定时器 T0 的值就为 $\overline{\text{INT0}}$ 引脚输入的正脉冲的宽度。

在图 5-4 中，当 C/$\overline{\text{T}}$=0 时控制开关接通内部振荡器，即处于定时工作方式。T0 对机器周期加 1 计数，其定时时间为：

$$t=（2^{13}-T0 \text{初值}）×机器周期$$

当 C/$\overline{\text{T}}$=1 时控制开关接通外部输入信号，当外部输入信号电平发生从 "1" 到 "0" 的跳变时，计数器加 1，即处于计数工作方式。

定时器启动后，定时或计数脉冲加到 TL0 的低 5 位，从预先设置的初值（时间常数）开始不断增 1，TL0 计满后，向 TH0 进位。当 TL0 和 TH0 都计满后，置位 T0 的定时器计数满标志 TF0，以此表明定时时间或计数次数已到，以供查询或在开中断的条件下，可向 CPU 请求中断。如需再次定时或计数，需要用指令重置时间常数。

5.2.2 工作方式 1

T0 在工作方式 1 的逻辑结构如图 5-5 所示。由图可见，它与工作方式 0 的差别仅在于工作方式 1 是以 16 位计数器参加计数，工作方式 0 之所以用 13 位计数方式是

方式 0、方式 1
（4）

为了和 MCS-51 系列单片机的前一个 MCS-48 系列单片机相兼容，所以定时器的工作方式 0 已很少使用。定时时间与初值的关系为：

$$t=（2^{16}-T0\ 初值）×机器周期$$

工作方式 1 下计数寄存器为 16 位，若晶振频率为 12 MHz，则工作方式 1 下的最大定时时间为 65.536 ms。即计数器初值设置为 0000H，经过 $2^{16}=65\ 536$ 个机器周期后定时器将产生溢出，故定时时间为 1 μs×65 536=65.536 ms。

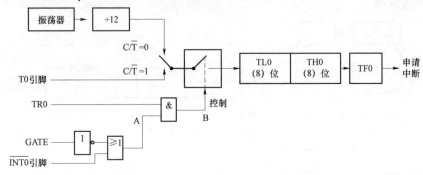

图 5-5　T0 在工作方式 1 的逻辑结构

5.2.3　工作方式 2

方式 2

T0 在工作方式 2 的逻辑结构图如图 5-6 所示。

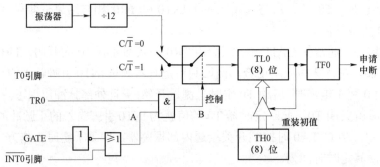

图 5-6　T0 在工作方式 2 的逻辑结构

定时器/计数器构成一个能重复装初值的 8 位计数器。在工作方式 0、工作方式 1 下，若用于重复定时或计数，则每次计满溢出后，计数器变为全"0"，故需要用软件重新装入初值。而工作方式 2 可在计数器计满时自动装入初值。工作方式 2 把 16 位的计数器拆成两个 8 位计数器。TL0 用作 8 位计数器。TH0 用来保存初值，当 TL0 计满溢出时，可自动将 TH0 的初值再装入 TL0 中，继续计数，循环重复。工作方式 2 的定时时间为 TF0 溢出周期，即

$$t=（2^{8}-T0\ 初值）×机器周期$$

用于计数器工作方式时，最大计数长度（TH0 初值=0）为 $2^{8}=256$ 个外部脉冲。

这种工作方式可省去用户软件中重装初值的程序，并可产生精度较高的定时时间，特别适合产生周期性脉冲及作为串行口波特率发生器（见下一章），缺点是计数长度太小。

方式 3

5.2.4 工作方式 3

工作方式 3 的逻辑结构图如图 5-7 所示。该工作方式只适用于定时器/计数器 T0。T0 在工作方式 3 时被拆成两个相互独立的计数器。

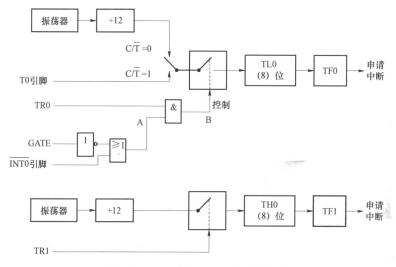

图 5-7 T0 在工作方式 3 的逻辑结构

一般在系统需增加一个额外的 8 位计数器时，可设置 T0 为工作方式 3，此时 T1 虽可定义为工作方式 0、工作方式 1 和工作方式 2，但只能用在不需中断控制的场合。

从逻辑结构可以看到，一个 8 位定时器/计数器 TL0 占用了引脚 T0、$\overline{\text{INT0}}$ 及控制位 TR0、GATE、C/$\overline{\text{T}}$ 和溢出标志位 TF0，该 8 位定时器的功能同工作方式 0、工作方式 1。另一个 8 位定时器 TH0 只能完成定时器功能，并使用了定时器/计数器 1 的控制启动位 TR1 和溢出标志位 TF1。此时，定时器/计数器 1 不能设置为工作方式 3，如将其设置为工作方式 3，则将停止计数。

工作方式 3 是为了在使用串行口时，需要两个独立的计数器而特别提供的。因为此时把定时器 1 规定用作串行通信的波特率发生器，并设定为工作方式 2，使用时只要将计数初值送到计数寄存器即开始工作，启动后不需要由软件干预，也不使用溢出标志。

5.3 定时器/计数器 T2 的特殊功能

定时器/计数器 T2 是 MCS-51 系列单片机中 8x52/54/58 新增的第三个 16 位定时器/计数器，它是一个 16 位的具有自动重装载和捕获能力的定时器/计数器。在 T2 定时器/计数器的内部，除了两个 8 位计数器 TL2、TH2 和控制寄存器 T2CON 及 T2MOD 之外，还设有捕获寄存器 RCAP2L（低字节）和 RCAP2H（高字节）。T2 具有的定时功能是对内部机器周期计数；T2 的计数功能是对外部引脚 T2（P1.0）的输入脉冲计数，外部脉冲频率不超过振荡器频率的 1/24，T2 的工作情况和时序关系与 T0、T1 一样，其定时器/计数器功能由专用寄存器 T2CON 中的 C/$\overline{T2}$ 位选择。

5.3.1　T2 的特殊功能寄存器

1. 控制寄存器 T2CON

图 5-8 所示为定时器/计数器 T2 的控制寄存器 T2CON（地址 0C8H，可位寻址）的组成情况，其各位定义如下。

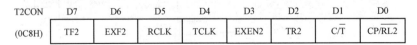

T2CON	D7	D6	D5	D4	D3	D2	D1	D0
(0C8H)	TF2	EXF2	RCLK	TCLK	EXEN2	TR2	C/$\overline{T}$	CP/$\overline{RL2}$

图 5-8　T2CON 寄存器的定义

● TF2（T2CON.7）：定时器 2 溢出标志，溢出时由硬件置 1 时，但必须由软件清零。RCLK 或 TCLK 为 1 将禁止 TF2 置位。

● EXF2（T2CON.6）：定时器 2 外部标志，当 EXEN2 位为 1 时，T2EX 引脚上的负跳变引起捕捉操作或重装操作时被硬件置 1。EXF2 标志也可以请求中断，该标志也必须用软件清零。

● RCLK（T2CON.5）：接收时钟标志，若为 1，串行口将用定时器 2 的溢出脉冲作为其工作方式 1 和工作方式 3 的接收时钟；若为 0，串行口即用定时器 1 为其接收时的波特率发生器。

● TCLK（T2CON.4）：发送时钟标志，若为 1，串行口将用定时器 2 的溢出脉冲作为其工作方式 1 和工作方式 3 的发送时钟；若为 0，定时器 1 的溢出将作为这两种方式下的发送时钟。

● EXEN2（T2CON.3）：定时器 2 的外部允许标志，当其置 1 时，若定时器 2 未用作串行口的时钟，则 T2EX 引脚上的负跳变信号将引起捕捉操作或重装操作；当 EXEN2=0 时，T2EX 引脚上的信号不起作用。

● TR2（T2CON.2）：定时器 2 的启停控制位，逻辑 1 为启动，0 为停止。

● C/$\overline{T2}$（T2CON.1）：定时器 2 的定时/计数功能选择位；此位为 1，即把定时器 2 设定成下降沿触发的外部事件计数器；此位为 0，则选中内部定时功能。

● CP/$\overline{RL2}$（T2CON.0）：捕捉/重装标志，在 EXEN2 为 1 的情况下，若 CP/$\overline{RL2}$ 位为 1，则 T2EX 引脚上的负跳变引起捕捉操作；若该位为 0，则 T2EX 上的负跳变或定时器 2 的溢出将触发自重装操作。但若 RCLK 或 TCLK 位为 1，则 CP/$\overline{RL2}$ 位不起作用。这时一旦定时器 2 溢出，该定时器即被强制进行重装操作。

2. 方式控制寄存器 T2MOD

图 5-9 所示为定时器/计数器 T2 的方式控制寄存器 T2MOD（地址 0C9H，不可位寻址）的组成情况，该寄存器只定义了两位，系统复位后为 0。其两位的定义如下。

T2MOD	D7	D6	D5	D4	D3	D2	D1	D0
(0C9H)	-	-	-	-	-	-	T2OE	DCEN

图 5-9　T2MOD 寄存器的定义

● T2OE：定时器/计数器 T2 的输出允许位，当 T2OE=1 时，允许时钟输出至 T2（P1.0）。该位只对 8xC84/58 有定义。

● DCEN：向下计数允许位，当 DCEN=1 时，允许定时器/计数器 T2 向下计数，否则向上计数。

3. 数据寄存器 TH2、TL2

定时器/计数器 T2 中的数据寄存器是一个 16 位的数据寄存器，是由高 8 位寄存器 TH2 和低 8 位寄存器 TL2 所组成。它们只能按字节寻址，相应的字节地址为 0CDH 和 0CCH。

4. 捕获寄存器 RCAP2H、RCAP2L

定时器/计数器 T2 中的捕获寄存器是一个 16 位的数据寄存器，是由高 8 位寄存器 RCAP2H 和低 8 位寄存器 RCAP2L 所组成。它们只能按字节寻址，相应的字节地址为 0CBH 和 0CAH。捕获寄存器 RCAP2H 和 RCAP2L 用来捕获计数器 TH2 和 TL2 的计数状态，或用来预置计数初值。

5.3.2　T2 的工作方式

如前所述，定时器/计数器 T2 有捕捉、自重装和串行口波特率发生器 3 种运行方式。表 5-2 所列为这些方式通过 T2CON 的控制位进行选择的结果。

表 5–2　定时器/计数器 T2 运作方式

RCLK 或 TCLK	CP/$\overline{\text{RL2}}$	TR2	选中方式
0	0	1	16 位自重装
0	1	1	16 位捕捉
1	X	1	波特率发生器
X	X	0	不运行

1. 捕捉方式（capture mode）

图 5-10 所示为 T2 捕捉方式的逻辑结构图。视 EXEN2 标志的不同状态，捕捉方式可分为两种情况。

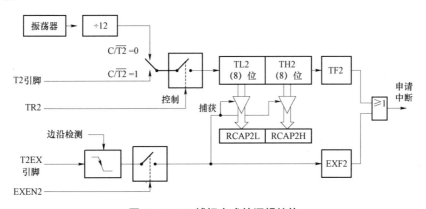

图 5–10　T2 捕捉方式的逻辑结构

● EXEN2=0，由图 5-10 可见，T2EX 引脚上的信号不被传递，这时 T2 为 16 位定时器或计数器。计数溢出时 TF2 标志置 1，可用来请求中断。

● EXEN2=1，T2 除进行上述工作外，其计数寄存器 TH2 和 TL2 的现行值，尚可在 T2EX 上的负跳变信号作用下，分别被捕获在 RCAP2H 和 RCAP2L 寄存器中。该负跳变信号将使外部标志 EXF2 置 1，后者和 TF2 同样可申请中断。

2. 自重装方式（auto-reload mode）

图 5-11 所示为 T2 自重装方式的逻辑结构图。这里也可根据 EXEN2 的状态进行两种情况的分析。

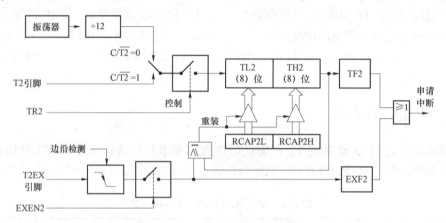

图 5-11　T2 自重装方式的逻辑结构

● EXEN2=0，当 16 位计数寄存器发生溢出时，不但 TF2 标志被硬件置 1，而且 RCAP2H 和 RCAP2L 寄存器内由软件预置的值也被重新装入 TH2 和 TL2 中。

● EXEN2=1，在保留上述功能的情况下，T2EX 引脚上的外来负跳变输入信号也可触发 16 位自重装操作，并使 EXF2 标志置 1。

3. 波特率发生器方式（band rate generator mode）

当 RCLK 或 TCLK 为 1，或两者均为 1 时，定时器/计数器 T2 将工作在波特率发生器方式，即 T2 的溢出脉冲用作串行口的时钟。T2 作为波特率发生器方式的逻辑结构如图 5-12 所示。

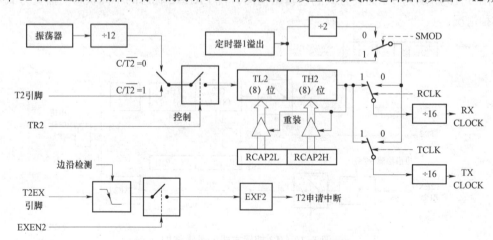

图 5-12　T2 作为波特率发生器方式的逻辑结构

RCLK 选择串行通信接收波特率发生器，TCLK 选择串行通信发送波特率发生器，而且发送和接收的波特率可以不同，此时 T2 的输入时钟可以来自内部，也可以来自外部。RCLK 和 TCLK 为 0 时选择 T1 作为波特率发生器，为 1 时选择 T2 作为波特率发生器。

当 T2 用作波特率发生器时，TH2 的溢出不使 TF2 置 1，不产生中断；此时，若 EXEN2 为 1，则 T2EX 引脚的负跳变将 EXF2 置 1，可申请中断，但不会发生重装或捕获操作。这时引脚 T2EX 可以作为一个附加的外部中断源。

在 T2 用作波特率发生器时，一般不再读写 TH2、TL2、RCAP2H、RCAP2L 等寄存器。

5.4　定时器/计数器的编程和应用

5.4.1　定时器/计数器对输入信号的要求

定时器/计数器有两个作用：一是精确地确定某一段时间间隔（作定时器用）或累计外部输入的脉冲个数（作计数器用）；二是用作定时器时，在其输入端输入周期固定的脉冲，根据定时器/计数器中累计（或事先设定）的周期固定的脉冲个数，即可计算出所定时间的长度。

当 MCS-51 系列单片机内部的定时器/计数器被选定为定时器工作模式时，计数输入信号是内部时钟脉冲，每个机器周期产生一个脉冲使计数器加 1。因此，定时器/计数器的输入脉冲的周期与机器周期一样，为时钟振荡频率的 1/12。当采用 12 MHz 频率的晶体时，计数速率为 1 MHz，输入脉冲的周期间隔为 1 μs。由于定时的精度决定于输入脉冲的周期，因此当需要高分辨率的定时时，应尽量选用频率较高的振荡器。

当定时器/计数器用作计数器时，计数脉冲来自响应的外部输入引脚 T0 或 T1。当输入信号产生由 1 至 0 的跳变（即下跳变）时，计数器的值加 1。每个机器周期的 S5P2 期间，对外部输入进行采样。如在第一个周期中采样的值为 1，而在下一个周期中采样的值为 0，则在紧跟着的再下一个周期 S3P1 的期间，计数器加 1。由于确认一次下跳变要花两个机器周期，即 24 个振荡周期，因此外部输入的计数脉冲的最高频率为振荡器频率的 1/24。例如选用 6 MHz 频率的晶体，允许输入的脉冲频率为 250 kHz，如果选用 12 MHz 频率的晶体，则可输入 500 kHz 的外部脉冲。

对于外部输入信号的占空比并没有什么限制，但为了确保某一给定的电平在变化之前能被采样一次，这一电平至少要保持一个机器周期。对输入信号的基本要求如图 5–13 所示。

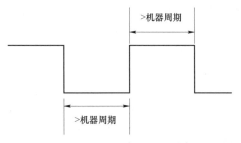

图 5–13　定时器/计数器对输入信号的基本要求

5.4.2　定时器/计数器初值的求法

怎样确定定时或计数初值（又称为时间常数），以达到要求的定时时间或计数值呢？下面介绍确定初值的两种具体方法。

方法一：

定时器一旦启动，它便在原来数值上开始加 1 计数。若在程序开始时，没有设置 TH0 和 TL0，则它们的默认值都是 0。假设时钟频率为 12 MHz，12 个时钟周期为一个机器周期，那么此时机器周期是 1 μs，计满 TH0 和 TL0 需要 $2^{16}-1$ 个数，再来一个时钟脉冲溢出，随即向 CPU 请求中断。因此溢出一次共需要 65 536 μs，约等于 65.5 ms，如果要定时 50 ms，那么就需要先给 TH0 和 TL0 装一个初值，在这个初值的基础上计数 5 000 后，定时器溢出，此时刚好是 50 ms 中断一次。当需要定时 1s 时，我们写程序当产生 20 次 50 ms 时定时器中断认为是 1s。当要计数 5 000 时，TH0 和 TL0 中应该装入的总数是 65 535-50 000=15 536，把 15 536 对 256 求模：15 536/256 装入 TH0 中，把 15 536 对 256 求余：15 536%256 装入 TL0 中，即

$$\text{THX}=(65\ 536-N)/256,\ \text{TLX}=(65\ 536-N)\%256,\ X=0\ \text{或者}\ 1$$

如果时钟频率是 11.059 2 MHz，那么 N 约为 45 872。

方法二：

对于定时器/计数器的 4 种不同工作方式，T0 或 T1 的计数位数不同，因而最大计数值也不同。如果设最大的计数值为 X，则 4 种工作方式下的 X 分别为：

方式 0：$X=2^{13}=8\ 192$

方式 1：$X=2^{16}=65\ 536$

方式 2：$X=2^8=256$

方式 3：由于 T0 分成两个 8 位计数器，所以两个 X 均为 256。

因为定时器/计数器是作"加 1"计数，并在计满溢出时 TF0 或 TF1 置 1 产生中断，或被查询，因此对外计数时初值 Y 的计数公式为：

$$Y=X-计数值$$

当定时器/计数器作为定时器时，计数值=所需定时的时间/机器周期，而机器周期=12/振荡器频率，所以作为定时器初值 Y 的计数公式为：

$$Y=X-所需定时的时间\times振荡器频率/12$$

【例 5-1】 T0 运行于对外计数方式、工作方式 1（即 16 位计数方式），要求外部引脚出现 5 个脉冲后 TF0 置 1。求计数初值 Y 并编写初始化程序。

解： 初值 $Y=X-计数值$，即 $Y=65\ 536-5=65\ 531=0\text{FFFBH}$

初始化程序如下：

① C51 语言编程如下。

```
TMOD = 0x05;TMOD 寄存器配置定时器/计数器 0 为工作方式 1 计数
TH0 = 0xFF;给定时器 0 的高位计数器 TH0 赋初始值 0xFF
TL0 = 0xFB;给定时器 0 的低位计数器 TL0 赋初始值 0xFB
TR0 = 1;设置 TR0 位为 1,启动 T0 开始计数,当需要停止定时器时,可将此位清零(TR0 = 0)
```

② 汇编语言编程如下。

```
MOV TMOD,#05H;设置 T0 工作在方式 1 计数,没有用到的位都设为"0"(约定)。
MOV TH0,#0FFH;初值送 TH0
MOV TL0,#0FBH;初值送 TL0
SETB TR0      ;启动 T0 运行
```

【例 5-2】T1 运行于定时工作方式,振荡器频率为 12 MHz,要求定时 100 μs。求不同工作方式时的定时初值。

解:机器周期=12/振荡器频率=12/12 MHz=1 μs,所以要计数的机器周期个数为 100。各方式下的初值分别为:

方式 0(13 位方式):$Y=8\,192-100=8\,092=1F9CH$

方式 1(16 位方式):$Y=65\,536-100=65\,436=0FF9CH$

方式 2、3(8 位方式):$Y=256-100=156=9CH$

应注意定时器在工作方式 0 的初值装入方法。由于工作方式 0 是 13 位定时/计数方式,对 T1 而言,高 8 位初值装入 TH1,低 5 位初值装入 TL1 的低 5 位(TL0 的高 3 位无效)。所以对于本题,要装入 1F9CH 初值时,排成二进制:00011111100, 11100B;在装入初值时,必须把 11111100B 装入 TH1,而把 00011100B 装入 TL1。

通过上面求定时器/计数器初值的分析可见,不同工作方式的最大计数值或定时机器周期数分别为 8 192、65 536、256。当振荡器频率为 12 MHz 时,工作方式 1 的最长定时时间为 65.536 ms。需要注意的是,最大计数的初值不是 0FFFFH,而是 0000H,需把 TH 和 TL 都预置成 00H 初值。

5.4.3 运行中读定时器/计数器

在读取运行中的定时器/计数器时,需要特别加以注意,否则读取的计数值有可能出错。原因是 CPU 不可能在同一时刻同时读取 TH0 和 TL0 内容。例如,先读 TL0 后读 TH0,由于定时器在不断运行,读 TH0 前,若恰好产生 TL0 溢出向 TH0 进位的情形,则读得的计数值误差为 255。

一种能解决读错问题的方法是:先读 TH0 后读 TL0,再读 TH0,若两次读得 TH0 相同,则可确定读得的内容是正确的。若前后两次读得的 TH0 有变化,则再重复上述过程,这次重复读得的内容就应该是正确的。下面是能正确读取运行中 T0 的计数值的子程序,子程序出口是将读取的计数值的 TH0 和 TL0 存放在 R0 和 R1 内。

(1)C51 语言程序

```
unsigned short ReadTimer0()
// 函数定义:ReadTimer0(),返回类型为 unsigned short,用于读取定时器 T0 的当前计数值
{
    unsigned char th0, tl0;
// 定义两个无符号字符型变量 th0 和 tl0,分别用于临时存储定时器 T0 的高位和低位计数值
    do {
        th0 = TH0; // 将定时器 T0 的高位计数器 TH0 的当前值读取并存储到变量 th0 中
        tl0 = TL0; // 读取定时器 T0 的低位计数器 TL0 的当前值,并存储到变量 tl0 中
                   // 注意:在读取 TL0 的过程中,TH0 的值可能被更新,因此需要进行一致性检查
```

```
        } while(th0 != TH0);
// 使用 do-while 循环进行一致性检查,确保在读取 TL0 的过程中 TH0 的值没有改变
// 如果在读取过程中 TH0 的值确实发生了变化,则循环将继续执行,重新读取 TH0 和 TL0 的值
// 直到两次读取的 TH0 值一致,循环才结束
        return (unsigned short)(th0<<8 | tl0);
// 当循环结束时,th0 和 tl0 中分别保存了定时器 T0 的高位和低位计数值
// 使用位运算将这两个值合并成一个 16 位的无符号整数:首先将 th0 左移 8 位,然后与 tl0 进行按位或操作
// 最终返回合并后的 16 位计数值,完成定时器 T0 计数值的正确读取
    }
```

（2）汇编语言程序

```
RDT0:MOV A,TH0          ;读 TH0
     MOV R0,TL0         ;读 TL0
     CJNE A,TH0,RDT0    ;比较 2 次读得的 TH0,不同时重读
     MOV R1,A           ;相同后,TH0 送 R1
     RET                ;子程序结束,返回到调用该子程序的代码段
```

5.4.4 门控制位 GATE 的功能和使用方法

门控制位 GATE0 使定时器/计数器 T0 的启动计数受 $\overline{INT0}$ 的控制（见图 5-5），当 GATE0 为 1、TR0 为 1 时，只有当 $\overline{INT0}$ 引脚输入高电平时，T0 才被允许计数。利用 GATE0 的这个功能（对于 GATE1 也是一样），可测试引脚 $\overline{INT0}$（P3.2）上正脉冲的宽度（机器周期数），其方法如图 5-14 所示。

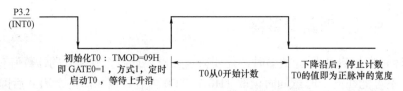

图 5-14 门控制位 GATE 的功能和使用方法

【例 5-3】利用定时器/计数器 T0 的门控制位 GATE 测量 $\overline{INT0}$ 引脚上出现的脉冲宽度。

解： 采用 T0 定时方式工作，由外部脉冲通过 $\overline{INT0}$ 引脚控制计数器闸门的开关，每次开关通过计数器的脉冲信号（机器周期）是一定的。计数值乘以机器周期就是脉冲宽度。编程时设 T0 工作在方式 1、定时，且置 GATE=1、TR0=1，计数初值取 00H。当 $\overline{INT0}$ 出现高电平时开始计数，$\overline{INT0}$ 为低电平时停止计数，读出值 T0。

参考程序如下：

① C51 语言编程如下。

```
    sbit PulseIn = P3^2; // 定义 P3^2 引脚为 PulseIn,用于检测脉冲信号
    sbit GATE = TMOD^7; // 定义 TMOD 的第 7 位为 GATE 位,控制定时器的启动/停止

    unsigned short PulseCount = 0; // 定义一个无符号短整型变量,用于存储脉冲宽度(以
定时器计数值表示)

    void main()
    {
```

```
            TMOD = 0x09; // 设置定时器 0 为模式 1(16 位定时器),并启用 GATE 位控制
            TL0 = 0; // 定时器 0 的低 8 位清零
            TH0 = 0; // 定时器 0 的高 8 位清零
            TR0 = 1; // 启动定时器 0(此时由于 GATE 位为高,所以定时器不会真正开始计数)

            GATE = 0; // 设置 GATE 位为低,使定时器开始计数不依赖于外部引脚

            while(PulseIn); // 等待 PulseIn 变为低电平(等待脉冲开始)

            GATE = 1; // 设置 GATE 位为高,使定时器在 PulseIn 为高电平时开始计数

            while(!PulseIn); // 等待 PulseIn 变为高电平(脉冲开始),定时器开始计数

            while(PulseIn); // 等待 PulseIn 变回低电平(脉冲结束),定时器停止计数

            TR0 = 0; // 停止定时器 0(可选,因为当 PulseIn 变低时,由于启用了 GATE 位,定时器
已经停止)

            PulseCount = TH0; // 读取定时器 0 的高 8 位计数值
            PulseCount <<= 8; // 将高 8 位左移 8 位
            PulseCount |= TL0; // 加上低 8 位

            while(1); // 停在此处以便调试查看 PulseCount 的值
        }
```

② 汇编语言编程如下。

```
        ORG 8000H
START:MOV TMOD,#09H      ;GATE=1,方式 1、定时
        MOV TL0,#00H        ;T0 清零
        MOV TH0,#00H        ;
WAIT1:JB P3.2,WAIT1       ;等待 INT0 变低
        SETB TR0             ;启动定时
WAIT2:JNB P3.2,WAIT2      ;等待 INT0 变高,启动定时
WAIT3:JB P3.2,WAIT3       ;一旦 INT0 再变低
        CLR TR0              ;停止计数
        MOV R0,TL0          ;读取计数结果 TL0
        MOV R1,TH0          ;读取计数结果 TH0
        SJMP $
```

5.4.5　定时器/计数器的应用

定时器/计数器是单片机应用系统中经常使用的部件之一。定时器/计数器的使用方法是对程序编制、硬件电路及 CPU 的工作都有直接影响。下面将通过一些实例来说明定时器/计算器的具体应用方法。

1. 工作方式 1 的应用

【例 5-4】利用定时器/计算器 T0 的工作方式 1,使定时器产生 1 ms 的定时,在 P1.0 端

输一个周期为 2 ms 的方波。设振荡器频率为 12 MHz。

解：因振荡器频率为 12 MHz，则机器周期为 1 μs。

时间常数：$Y=65\,536-1\,000=64\,536=0FC18H$

参考程序如下：

① C51 语言编程如下。

```
sbit PulseOut = P1^0; // 定义 P1.0 引脚为 PulseOut,用于输出方波信号

void main()
{
    while(1)  // 无限循环,用于持续产生方波信号
    {
        TMOD = 0x01; // 设置定时器 T0 为工作方式 1(16 位定时器模式)

        TL0 = 0x18; // 设置定时器 T0 的低 8 位初值,与 TH0 的高 8 位初值一起确定 1 ms 的定时时间
        TH0 = 0xFC; // 设置定时器 T0 的高 8 位初值

        TR0 = 1; // 启动定时器 T0

        while(!TF0); // 等待定时器 T0 溢出,即等待 1 ms 时间到。TF0 是定时器 T0 的溢出标志位

        TF0 = 0; // 清除定时器 T0 的溢出标志位,为下一次定时做准备

        PulseOut = ~PulseOut; // 取反 P1.0 引脚的电平,产生方波信号
    }
}
```

② 汇编语言编程如下。

```
        ORG 1000H
MAIN:MOV TMOD,#01H        ;设 T0 工作在方式 1、定时
        MOV TL0,#18H         ;T0 设初值
        MOV TH0,#0FCH
        SETB TR0             ;启动 T0
WAIT:JNB TF0,WAIT          ;等待定时 1 ms 到
        CLR TF0              ;清标志
        CPL P1.0             ;P1.0 取反(每 1 ms 都翻转,则形成周期为 2 ms 的方波)
        SJMP MAIN
```

说明：本题的参考程序有几处可改进，如定时精度的改进等，请读者思考并改进。

2. 工作方式 2 的应用

【例 5-5】设重复周期大于 1 ms 的低频脉冲信号从引脚 T0（P3.4）输入。要求当 P3.4 每发生一次负跳时，P1.0 输出一个 500 μs 的同步负脉冲，同时由 P1.1 输出一个 1 ms 的同步正脉冲。设晶振频率为 6 MHz，其波形如图 5-15 所示。

解：先将定时器 T0 设为工作方式 2 计数器功能，初值为 0FFH。当 T0 有外部负跳变后，计数脉冲计满溢出，TF0 置 1，经程序查询 TF0 后改变定时器 T0 为工作方式 2 的 500 μs 定时（定时初值为 06H），并且 P1.0 输出 0，P1.1 输出 1。T0 第一次计数溢出后，P1.0 恢复为 1，T0 第二次计数溢出后，P1.1 恢复为 0，T0 重复外部计数。

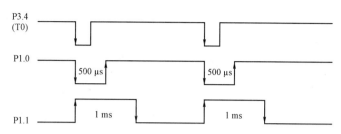

图 5-15 利用定时器/计数器产生同步脉冲

参考程序如下：

① C51 语言编程如下。

```
sbit P34 = P3^4; // 定义外部输入脉冲信号的引脚
sbit P10 =P1^0; // 定义用于输出同步脉冲的引脚
sbit P11 =P1^1;

void main()
{
// 初始化输入和输出引脚的状态
    P34 = 1; // 确保 P3.4 引脚为输入模式
    P10 = 1; // 初始化 P1.0 引脚为高电平
    P11 = 0; // 初始化 P1.1 引脚为低电平
// 主循环开始
    while(1)
    {
// 配置定时器 T0 为工作方式 2,用于捕捉外部脉冲信号的下降沿
        TMOD = 6;    // 设置 T0 为工作方式 2,且 GATE=1,用于捕捉 P3.4 的下降沿
        TH0 = 0xFF;  // 设置定时器 T0 的初始计数值,此处设定为最大值 FFH,用于触发一次中断
        TL0 = 0xFF;   // 设置初值
        TR0 = 1;      // 启动定时器 T0
        while(!TF0);  // 检测外部脉冲到来,计数器溢出
        TF0 = 0; // 清除 TF0 标志位,防止多次中断
        TR0 = 0; // 停止定时器 T0,防止多次触发
        TMOD = 2;   // 重新配置定时器 T0 为工作方式 2,用于生成 500 us 的定时
        TH0 = 6; // 设置定时器 T0 的初始计数值,计算得出的值用于产生 500 us 的定时
        TL0 = 6;
        P11 = 1;    // 将 P1.1 设置为高电平,同时 P1.0 设置为低电平,开始输出同步脉冲
        P10 = 0;
        TR0 = 1; // 重新启动定时器 T0
        while(!TF0);  //检测首次 500 us
        TF0 = 0; // 清除 TF0 标志位
        P10 = 1;  // // 将 P1.0 恢复为高电平,结束 500us 的同步负脉冲输出
        while(!TF0); //第二次检测 500 us
        P11 = 0;  // P1.1 清零
        TR0 = 0;  // 停止定时
    }
}
```

② 汇编语言编程如下。

```
        ORG 2000H
START:SETB P3.4            ;P3.4 初值为1
      SETB P1.0             ;P1.0 初值为1
      CLR P1.1              ;P1.1 初值为0
 LOOP:MOV TMOD,#06H         ;设 T0 为工作方式2、外部计数
      MOV TH0,#0FFH         ;计数值为01就溢出
      MOV TL0,#0FFH
      SETB TR0              ;启动计数器
 WT01:JBC TF0,PUL1          ;检测外部下跳变信号
      AJMP WT01
 PUL1:CLR TR0
      MOV TMOD,#02H         ;重置 T0 为工作方式2、500 μs 定时
      MOV TH0,#06H
      MOV TL0,#06H
      SETB P1.1             ;P1.1 置1
      CLR P1.0              ;P1.0 清零
      SETB TR0              ;启动定时器
 D5B1:JBC TF0,Y5B1          ;检测首次 500 μs
      AJMP D5B1
 Y5B1:SETB P1.0             ;P1.0 置1
 D5B2:JBC TF0,Y5B2          ;第二次检测 500 μs
      AJMP D5B2
 Y5B2:CLR P1.1              ;P1.1 恢复为0
      CLR TR0
      AJMP LOOP
```

5.5 工程伦理与社会责任

5.5.1 定时器/计数器应用的伦理考量

1. 可靠性与准确性

在设计使用定时器/计数器的系统时，尤其是应用于医疗设备等对人类生命健康有直接影响的领域时，工程师需要深入考虑伦理问题，确保系统的可靠性和安全性，系统的定时和计数功能必须高度准确，以避免因时间错误导致安全事故或医疗失误。

2. 数据隐私与保护

在安全监控系统中，定时器可能记录和分析个人活动的时间序列，这涉及用户隐私。工程师需要采用加密技术存储和传输数据，防止未授权访问，设计系统时遵循"最小必要"原则，只收集执行任务所需的数据，减少隐私风险，提供透明度，让用户了解数据如何被使用，并给予他们选择退出的权利。

5.5.2 环保节能意识

在全球能源危机和气候变化的背景下,节能减排已成为全球共识。据统计,建筑物能耗占全球总能耗的 40%左右,而照明又是建筑能耗的主要组成部分之一。通过智能照明系统,可以将照明能耗降低约 70%,这对于减少温室气体排放、节约自然资源具有重大意义。定时器/计数器在节能控制中应用广泛,特别是在智能照明系统中,它们扮演着至关重要的角色。

智能照明系统通过集成传感器和定时器/计数器技术,实现了自动化和智能化的灯光控制。例如,光敏传感器可以检测环境光线强度,而定时器则负责控制灯具的开关时间和亮度调节,确保在不需要照明时自动关闭,在需要时以合适的亮度开启。这种精准控制不仅能提升用户体验,还能显著降低能源消耗。设计此类系统时,工程师需考虑如何平衡节能目标与公共安全和舒适度。例如,确保在人迹罕至的时段或地区,照明水平仍能保障行人的可见度和安全感,同时避免过度照明造成的光污染和能源浪费。

习 题

1. MCS-51 系列单片机内部有几个定时器/计数器?它们由哪些专用寄存器组成?

2. MCS-51 系列单片机的定时器/计数器有哪几种工作方式?各有什么特点?

3. 定时器/计数器作为定时器使用时,其定时时间与哪些因素有关?作为计数器使用时,对输入信号频率有何限制?

4. 定时器 T2 与 T0、T1 相比有哪些结构上的改变?增加了哪些特殊功能寄存器?叙述 T2 的 3 种工作方式的主要工作原理。

5. 用定时器 T1 作为计数器,要求记 1 500 个外部脉冲后溢出,请设置 TMOD 的内容并计算出初值(TH1、TL1 的初值)。

6. 编程实现利用定时器 T1 产生一个 50 Hz 的方波,由 P1.3 输出,设晶体振荡器频率为 12 MHz。

7. 编程使 P1.0 和 P1.1 分别输出周期为 2 ms 和 200 ms 的方波,设晶体振荡器频率为 6 MHz。

8. 设晶体振荡器频率为 6 MHz,试编程实现:当 T0 作为外部计数器每计到 500 个脉冲后,使 T1 开始 6 ms 定时,假设 500 个脉冲的时间间隔远大于 6 ms。

9. 设晶体振荡器频率为 6 MHz,编程实现:使用定时器 T0 工作在工作方式 2、定时,在 P1.4 输出周期为 100 μs、占空比为 5∶1 的矩形脉冲。

10. 试利用定时器/计数器的捕捉模式,实现例 5-5 要求的功能。

第6章

串行通信接口

提 要

本章在介绍串行通信基本知识及几种主要串行通信标准的基础上，着重讨论单片机串行口的结构、4种工作方式及串行通信波特率计算方法、单片机的串行异步通信的程序设计、总线型主从方式下多机通信原理及C51语言和汇编语言程序实现。

随着单片机技术的发展，其应用已从单机逐渐趋向多机或联网，而多机应用的关键又在于单片机之间的数据通信。MCS-51系列单片机内有一个功能较强的全双工串行通信口，该串行口有4种工作方式，波特率可用软件灵活设置，由片内的定时器/计数器产生。串行口接收、发送数据均可触发中断系统，使用十分方便。

6.1 串行通信基础

串行通信
基本原理

6.1.1 基本通信方式

在实际应用中，CPU与外部设备之间常常要进行信息交换，一台计算机与其他计算机之间也往往要交换信息，所有这些信息交换均可称为通信。

1. 并行通信和串行通信

在计算机系统中，CPU与外部通信的基本通信方式有并行通信和串行通信两种：并行通信——数据的多位同时传送；串行通信——数据按位顺序传送。通常根据信息传送的距离决定采用哪种通信方式。例如，PC机与打印机通信，可采用并行通信方式；当距离较远时，可采用串行通信方式。MCS-51系列单片机具有并行和串行两种基本通信方式。

并行通信是指数据的各位同时进行传送（发送或接收）的通信方式。其优点是控制简单、传递速度快，缺点是同时传送的数据有多少位，就至少需要多少根传送线。例如单片机与一些并行外部设备之间的数据传送就属于并行通信。图6-1（a）所示为单片机或其他CPU与外部设备的8位或多位数据并行通信的连接方法，控制信号和状态信号线可以有（1根或多根）或没有。并行通信通常用在电路板内或机箱内部短距离的高速通信。

串行通信是指数据按比特顺序传送的通信方式。它的突出优点是最少只需一对传送线，这样就大大降低了传送成本，特别适用于远距离通信。其缺点是控制较为复杂、传送速度较慢。图 6-1（b）所示为串行通信方式的连接方法，控制信号和状态信号线可以有（1 根或多根）也可以没有。

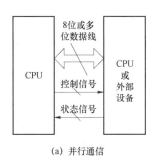

（a）并行通信　　　　　　　　　（b）串行通信

图 6-1　基本通信方式示意图

异步串行通信
简介（1）

2. 串行数据通路形式

串行数据通信共有以下几种数据通路形式。

1）单工通信（simplex）

单工形式的数据或信号传送是单向的。通信双方中一方固定为发送端，另一方则固定为接收端。单工形式的串行通信，只需要一条数据或信号通道，如图 6-2（a）所示，如广播电台到收音机、寻呼台到寻呼机的通信。

2）半双工通信（half-duplex）

半双工形式的数据或信号传送是双向的，但任何时刻只能由其中的一方发送数据或信号，另一方接收数据或信号。因此半双工形式既可以使用一条数据通道，也可以使用两条数据通道。图 6-2（b）所示是采用一条数据通道，两个开关同时向上时，A 发 B 收；两个开关同时向下时，B 发 A 收。

3）全双工通信（full-duplex）

全双工形式的数据或信号传送也是双向的，且可以同时发送和接收数据或信号，因此全双工形式的串行通信至少需要两条数据或信号通道，如图 6-2（c）所示，如打电话时双方的通信。

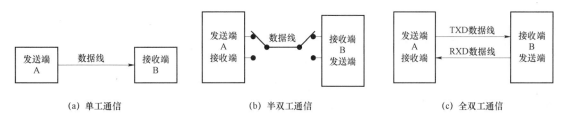

（a）单工通信　　　　　　　（b）半双工通信　　　　　　　（c）全双工通信

图 6-2　串行数据通信的通路形式

6.1.2　异步通信和同步通信

异步串行通信
简介（2）

串行通信是指将多位的二进制数据位，依据一定的顺序逐位进行传送的通信方法。在串行通信中，有两种基本的通信方式。

1. 异步通信

异步通信规定了二进制数据的传送格式，即每个数据以相同的帧格式传送，如图 6-3 所示。每一帧信息由起始位、数据位、奇偶校验位和停止位组成。

1）起始位

在通信线上没有数据传送时，处于逻辑"1"状态。当发送设备发送一个二进制数据时，首先发出一个逻辑"0"信号，这个逻辑低电平就是起始位。起始位通过通信线传向接收设备，当接收设备检测到这个逻辑低电平后，就开始准备接收有效数据信号。因此，起始位所起的作用是表示二进制数据传送开始。

2）数据位

当接收设备收到起始位后，紧接着就会收到数据位。数据位的个数可以是 5、6、7 或 8 位的数据。在字符数据传送过程中，数据位从最小有效位（最低位）开始传送。

3）奇偶校验位

数据位发送完之后，可以发送奇偶校验位。奇偶校验用于有限差错检测，通信双方在通信时须约定相同的奇偶校验方式。就数据传送而言，奇偶校验位是冗余位，主要用于检错，其检错的能力虽有限但很容易实现。

4）停止位

在奇偶校验位或数据位（当无奇偶校验时）之后发送的是停止位，可以是1位、1.5 位或2 位。停止位是一个二进制数据的结束标志。

在异步通信中，二进制数据以如图 6-3 所示的单位传输的，称为帧格式。在发送间隙，即空闲时，通信线路总是处于逻辑"1"状态（高电平），每个二进制数据的传送均以逻辑"0"（低电平）开始。

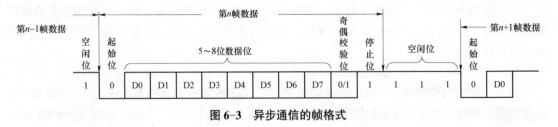

图 6-3 异步通信的帧格式

2. 同步通信

在异步通信中，每一个字符（5～8 位）要用起始位和停止位作为字符开始和结束的标志，占用了约 20%的时间。在数据块传送时，为了提高通信速度而去掉这些标志，故采用同步方式。与异步通信不同，同步通信不是靠起始位在每个字符数据开始时使发送和接收同步，而是通过同步字符在每个数据块传送开始时使收/发双方同步。其通信格式如图 6-4 所示。

在同步通信中，同步字符可以采用统一标准格式，也可由用户约定。在单同步字符帧结构中，同步字符常采用 ASCII 码中规定的 SYN（即 16H）代码；在双同步字符帧结构中，同步字符一般采用国际通用标准代码 EB90H。

同步通信的数据传输速率较高，其缺点是要求发送时钟和接收时钟保持严格同步，故发送时钟除了应与发送波特率保持一致外，还要求把它同时传送到接收端。

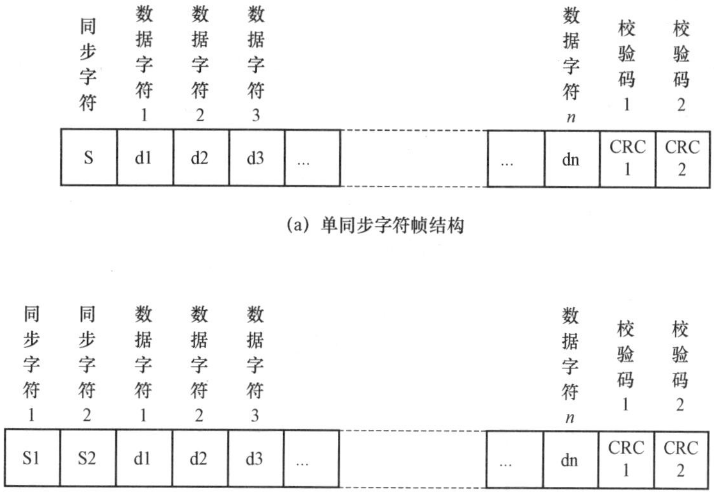

同步字符	数据字符1	数据字符2	数据字符3		数据字符 n	校验码1	校验码2
S	d1	d2	d3	... ...	dn	CRC 1	CRC 2

(a) 单同步字符帧结构

同步字符1	同步字符2	数据字符1	数据字符2	数据字符3		数据字符 n	校验码1	校验码2
S1	S2	d1	d2	d3	... ...	dn	CRC 1	CRC 2

(b) 双同步字符帧结构

图 6-4 同步通信的字符帧格式

3. 波特率

波特率（Baud rate）是指单位时间内传送的码元符号的个数，单位是 Baud/s，另一个常用的数据传送速率单位是比特率，表示每秒钟传送二进制代码的位数，它的单位是位/秒（b/s，bps，bit/s），二者的关系可用下式表示：

$$1 \text{ Baud}=\log_2 M \text{ （bit/s）}$$

可见，当码元符号数 M=2，即仅有 0、1 两种情况时，波特率与比特率相等。

异步通信的传送速率在 50～56 000 波特之间，如 9 600、19 200、38 400 bit/s 等，常用于计算机到外部设备，以及双机与多机之间的通信等。

4. 传送编码

在通信线路上传送的数据仅有"0""1"两种状态，而需传送的信息中有字母、数字和字符等，这就需用二进制数对所传送的字符进行编码。常用的编码种类有美国标准信息交换代码（ASCII 码）和扩展的 BCD 码、EBCDIC 码等。

5. 信号的调制与解调

当异步通信距离较近时，通信终端之间可以直接通信；当传输距离较远时，通常用电话线或光纤进行传送。由于信道的带宽限制和衰减，会使方波数字信号发生畸变。所以，发送时要用调制器（modulator）把数字信号转换为不同的频率信号，并加以处理后再传送，这个过程称为调制。在接收时，再用解调器（demodulator）检测此频率信号，并把它转换为数字信号再送入接收设备，这个过程称为解调。

6.1.3 串行接口芯片

串行数据通信主要有两个技术问题：一个是数据传送，另一个则是数据转换。数据传送主要解决传送中的标准、格式及工作方式等问题；数据转换是指数据的串并行转换。计算机内部使用的数据通常都是并行数据，所以在发送端，要把并行数据转换为串行数据；而在接收端，则要把接收到的串行数据转换为并行数据。

为了实现数据的转换，应使用串行接口芯片。这种接口芯片也称之为通用异步接收发送器（universal asynchronous receiver/transmitter，UART）。典型 UART 的基本组成如图 6-5 所示。

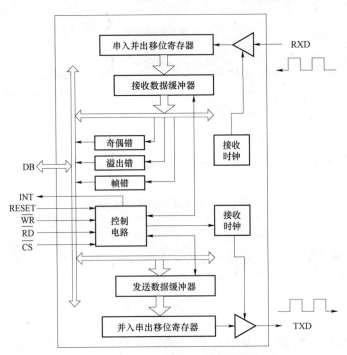

图 6-5 典型 UART 的基本组成

UART 的基本组成部分是接收器、发送器、控制器和接收发送时钟等。尽管 UART 芯片的型号不同，但它们的基本组成和主要功能却大致相同。UART 的主要功能如下。

1. 数据的串行化/反串行化

所谓串行化处理，就是把并行数据变换为串行数据，而反串行化则是把串行数据变换为并行数据。在 UART 中，完成数据串行化的电路属于发送器，而实现数据反串行化处理的电路则属于接收器。

2. 格式信息的插入和滤除

格式信息是指异步通信格式中的起始位、奇偶校验位和停止位等。在串行化过程中，按格式要求把格式信息插入，和数据位一起构成串行数据位串，然后进行串行数据传送。在反串行化过程中，则把格式信息滤除而保留数据位。

3. 错误检测

错误检测的目的在于检测数据通信过程是否正确。在串行通信中，由于线路干扰等原因可能导致各种错误，常见的包括奇偶错、溢出错和帧错等。

为了使计算机能实现串行数据通信，需要使用 UART 串行接口芯片。这类芯片多数功能很强，部分型号在内部集成了通信协议，但是要完成串行数据通信，通常都需要软件配合，串行通信的软、硬件一般要比并行通信复杂。

6.2　串行通信总线标准及其接口

在单片机应用系统中，数据通信主要采用异步通信方式。在设计通信接口时，必须根据应用需求选择标准接口，并考虑电平转换、传输介质等问题。

异步通信常用接口主要有以下几种：TTL 电平直接连接，RS-232C，RS-422，RS-485，20 mA 电流环。

采用标准接口后，能够方便地把单片机和单片机、外部设备连接起来，构成一个完整的测控系统。在工业自动化控制领域，PLC（可编程逻辑控制器）具有高可靠性和对恶劣环境的适应性，单片机与 PLC 串行通信的应用，提升了控制系统的灵活性，促进了自动化、智能制造、物联网行业的发展。为了满足通信可靠性的要求，在选择接口标准时，应注意以下两点。

1. 通信速度和通信距离

标准串行接口的电气特性，均可满足可靠传输时的最大通信速度和传送距离指标。这两个指标之间具有相关性，适当降低传输速度，可以提高通信距离，反之亦然。例如，采用 RS-232C 标准进行单向数据传输时，若数据传输速度为 20 kbit/s，最大的传输距离仅为 4.57 m；而采用 RS-422 标准时，最大传输速度可达 10 Mbit/s，最大传输距离为 300 m，适当降低数据传输速度，传送距离可达 1 200 m。

2. 抗干扰能力

标准串行接口在其使用环境和指标范围内都具有一定的抗干扰能力，以保证信号可靠传输。一些工业测控系统的通信环境往往十分恶劣，在选择通信介质、接口标准时，要充分关注其抗干扰能力，并采取必要的措施。例如在长距离传输时，使用 RS-422 标准能有效地抑制共模信号干扰；使用 20 mA 电流环技术，能大大降低对噪声的敏感程度。

另外，在恶劣电磁环境中，使用光纤介质传输可显著抑制电磁噪声和骚扰，采用光电隔离也是一种行之有效的方法。

MCS-51 串行口

6.3　单片机串行口

MCS-51 系列单片机内部含有一个可编程全双工串行通信口，具有 UART 的全部功能。该接口电路不仅能同时进行数据的发送和接收，而且也能作为一个同步移位寄存器使用。下面对它的内部结构、工作方式和波特率进行说明。

6.3.1　串行口的结构和工作原理

1. 串行口的结构

单片机串行口通过两条独立的收发信号引脚 RXD（P3.0，串行数据接收端）和引脚 TXD（P3.1，串行数据发送端）实现全双工通信。串行发送与接收的速率与移位时钟同步。定时器

T1 溢出率经 2 分频（或不分频）再经 16 分频后作为串行发送或接收的移位脉冲（也可用定时器 T2 溢出率经 16 分频后作为移位脉冲），移位脉冲的速率即是通信波特率。串行口的结构如图 6-6 所示。

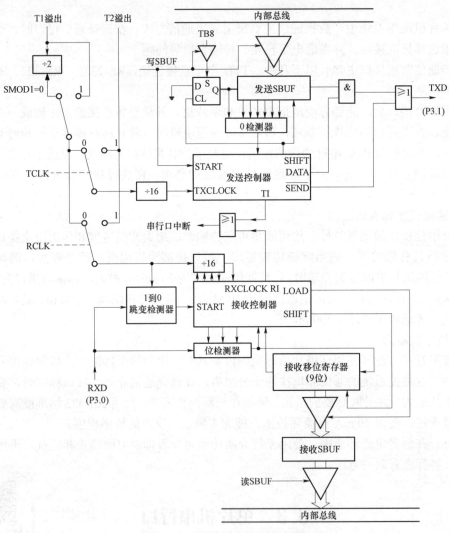

图 6-6　单片机串行口结构框图

从图 6-6 中可看出，接收器是双缓冲结构，在前一个字节被从接收缓冲器 SBUF 读出之前，第二个字节即开始被接收（串行输入至接收移位寄存器）；但是，在第二个字节接收完毕而前一个字节在 SBUF 中未被 CPU 读取时，前一个字节会被后一个字节覆盖而丢失。

对于发送缓冲器，因为发送时 CPU 是主动的，不会产生数据重叠错误，不需要用双缓冲器结构来保持最大传送速率。

串行口的发送和接收都是以特殊功能寄存器 SBUF 的名义进行读或写的，当向 SBUF 发"写"命令后（执行"MOV SBUF，A"指令），发送控制器在发送时钟 TXCLOCK 作用下自动在发送字符前后添加起始位、停止位和其他控制位，然后在 SHIFT（移位）脉冲控制下一位一位地从 TXD 引脚上串行发送一帧数据，发送完便将发送中断标志位 TI 置"1"。

在满足串行口接收中断标志位 RI（SCON.0）=0 的条件下，置允许接收位 REN（SCON.4）=1 就会启动接收过程，串行接口的接收过程基于采样脉冲（接收时钟的 16 倍）对 RXD 线的监视。当"1 到 0 跳变检测器"连续 8 次采样到 RXD 线上的低电平时，该检测器便可确认 RXD 线上出现了起始位。此后，接收控制器就从下一个数据位开始改为对第 7、8、9 三个脉冲采样 RXD 线，根据"三取二"的原则来决定所检测的值是"0"还是"1"。采用这一检测的好处在于抑制干扰并提高信号的接收可靠性，因为采样信号总是在每个接收位的中间位置，不仅可以避开信号两端的边沿失真，也可防止接收时钟频率和发送时钟不完全同步所引起的接收错误。接收电路连续接收到一帧字符后，自动去掉起始位和停止位，并使 RI=1，向 CPU 提出中断请求或 CPU 自动查询 RI 位，执行"MOV A，SBUF"指令，把接收到的字符通过单片机内部总线送至 CPU 的累加器 A，一帧数据接收过程即告完成。

在异步通信中，发送和接收都是在发送时钟和接收时钟控制下进行的，发送时钟和接收时钟都必须同字符位数的波特率保持一致。单片机串行接口的发送和接收时钟既可由主振荡器频率（fosc）经过分频后提供（图 6-6 中未画出），也可由内部定时器 T1 或 T2 的溢出率经过 16 分频后提供。定时器 T1 的溢出率还受 SMOD1 触发器状态的控制（某些型号单片机受电源控制寄存器 PCON 中的 SMOD 位控制），SMOD1 位于 PCON 的最高位。

2. 串行口数据缓冲器 SBUF

SBUF 是两个在物理上独立的接收、发送缓冲器，可同时发送、接收数据。两个缓冲器共用一个字节地址 99H，共用一个寄存器名 SBUF，但可通过指令对 SBUF 的读写来区别是对接收缓冲器或发送缓冲器的操作。发送缓冲器只能写入不能读出，接收缓冲器只能读出不能写入。CPU 写 SBUF 就是写发送缓冲器；读 SBUF 就是读接收缓冲器。

在发送时，CPU 由一条写发送缓冲器的指令把数据写入串行口的发送缓冲器 SBUF 中，然后从 TXD 端一位一位地向外发送。与此同时，接收端 RXD 也可一位一位地接收数据，直到收到一个完整的字符数据后通知 CPU，再用一条指令把接收缓冲器 SBUF 的内容读入累加器。可见，在整个串行收发过程中，CPU 的操作时间很短，从而大大提高了效率。

3. 串行口控制寄存器 SCON

SCON 用来控制串行口的工作方式并保存它的工作状态，单片机复位时所有位被清零，字节地址为 98H，可以位寻址。其格式如图 6-7 所示。

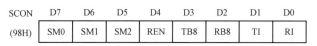

SCON	D7	D6	D5	D4	D3	D2	D1	D0
(98H)	SM0	SM1	SM2	REN	TB8	RB8	TI	RI

图 6-7　SCON 的定义

各位定义如下：

● SM0、SM1：串行口工作方式选择位组合（具体定义见表 6-1）。

● SM2：工作方式 2 和工作方式 3 的多机通信自动地址识别使能位，设置 SM2=1，当接收到第 9 位数据（RB8）为 1 时，RI=1，表示接收到的是"给定"地址或"广播"地址。在工作方式 1 下，当 SM2=2 时，RI 只有在接收到有效的停止位时才置 1。在工作方式 0 下，SM2 必须为 0。

● REN：允许接收控制位，若 REN=0，则禁止串行口接收；若 REN=1，则允许串行口接收。

● TB8：发送数据第 9 位，用于在工作方式 2 和工作方式 3 时存放发送数据第 9 位。TB8 由软件置位或清零。

● RB8：接收数据第 9 位，用于在工作方式 2 和工作方式 3 时存放接收数据第 9 位。在工作方式 1 下，若 SM2=0，则 RB8 用于存放接收到的停止位方式；在工作方式 0 下，不使用 RB8。

● TI：发送中断标志位，用于指示一帧数据是否发送完。在工作方式 0 下，当发送电路发送完第 8 位数据时，TI 由硬件置位；在其他方式下，在发送电路开始发送停止位时置位，即 TI 在发送前必须由软件清零，发送完一帧数据后由硬件置位。因此，CPU 查询 TI 状态便可知一帧信息是否已发送完毕。

● RI：接收中断标志位，用于指示一帧信息是否接收完。在工作方式 0 下，RI 在接收到第 8 位数据时由硬件置位，在其他方式下，RI 是在接收到停止位的中间位置时置位的。RI 也可供 CPU 查询，以决定 CPU 是否需要从 SBUF（接收）中提取接收到的字符或数据。RI 也由软件清零。

在进行串行通信时，当一帧发送完时，有时须用软件来设置 SCON 的内容。当由指令改变 SCON 的内容时，改变的内容是在下一条指令的第一个周期的 S1P1 状态期间才锁存到 SCON 中，并开始有效。如果此时已开始进行串行发送，那么 TB8 送出去的仍是原有的值而不是新值。

在进行串行通信时，当一帧发送完毕时，发送中断标志置位，向 CPU 请求中断；当一帧接收完毕时，接收中断标志置位，也向 CPU 请求中断。若 CPU 允许中断，则要进入中断服务程序。CPU 事先并不能区分是 RI 请求中断还是 TI 请求中断，只有在进入中断服务程序后，通过查询 RI、TI 来区分，然后进入相应的中断处理程序，因此这两个中断标志位必须由软件清除。

4. 电源控制寄存器 PCON

PCON 主要是为 CHMOS 型单片机的电源控制设置的专用寄存器；对于 HMOS 型单片机，最高位 SMOD1 是串行口波特率的倍增位，其他位无意义。该寄存器单元地址为 87H，不能位寻址。其格式如图 6-8 所示。

| SMOD1 | SMOD0 | ... | ... | GF1 | GF0 | PD | IDL | PCON (87H) |

图 6-8 PCON 的定义

各位定义如下。

SMOD1：波特率倍增控制位。如果 SMOD1=1，定时器 1 被用于产生波特率，并且串行接口用于工作方式 1、2 和 3。

SMOD0：SCON 最高位（FE/SM0）选择位，1：帧错误（frame error，FE）；0：SM0

GF1：通用标志位；

GF0：通用标志位；

PD：掉电保护（Power-down）位，在退出 Power-down 模式后通过硬件清零。0：Power-down 不被激活；1：Power-down 激活。

IDL：待机模式位，在退出待机模式后通过硬件清零。

串行口工作
方式（1）

6.3.2 串行口的工作方式 0

MCS-51 系列单片机串行口有 4 种工作方式，它是由 SCON 中的 SM1 和 SM0 来决定的，见表 6-1。

表 6-1 串行口的工作方式

SM0	SM1	工作方式	方式简单描述	波特率
0	0	0	移位寄存器 I/O	主振频率/12
0	1	1	8 位 UART	可变
1	0	2	9 位 UART	主振频率/32 或主振频率/64
1	1	3	9 位 UART	可变

串行口的工作方式 0 为移位寄存器输入、输出方式，可外接移位寄存器，以扩展 I/O 端口，也可外接同步输入输出器件。

1. 工作方式 0 输出

数据从 RXD（P3.0）引脚串行输出，TXD（P3.1）引脚输出移位脉冲，波形如图 6-9（a）所示。

当一个数据写入串行口发送缓冲器时，串行口即将 8 位数据以 fosc/12 的固定波特率从 RXD 引脚输出，低位在先，TXD 为移位脉冲信号输出端。发送完 8 位数据后，中断标志位 TI 置"1"。

2. 工作方式 0 输入

REN 为串行口接收器允许接收控制位，REN=0 表示禁止接收，REN=1 表示允许接收。当串行口置为工作方式 0，并将 REN 位置"1"，则串行口处于工作方式 0 输入。引脚 RXD 为数据输入端，TXD 为移位脉冲信号输出端，接收器也以 fosc/12 的固定波特率采样 RXD 引脚的数据信息，当接收器接收到 8 位数据时，中断标志位 RI 置"1"，波形如图 6-9（b）所示。

SCON 中的 TB8、RB8 在工作方式 0 中未使用。工作方式 0 发送或接收完 8 位数据后，由硬件将中断标志位 TI 或 RI 置"1"，CPU 响应 TI 或 RI 中断，标志位必须由程序清零，如 CPU 执行"CLR TI""CLR RI"等指令可清零 TI 或 RI。工作方式 0 时，SM2 位（多机通信控制位）必须为 0。

3. 工作方式 0 用于扩展 I/O 端口

工作方式 0 为同步移位寄存器输入/输出方式，常用于扩展 I/O 端口，串行数据通过 RXD 端输入或输出，而同步移位时钟由 TXD 端送出，作为外接器件的同步时钟信号。例如，通过 74LS164 可扩展并行输出口，通过 74LS165 可扩展输入口。在这种方式下，收发的数据为 8 位，低位在前，无起始位、奇偶校验位和停止位。波特率为晶体振荡器频率的 1/12，若晶体振荡器频率为 12 MHz，则波特率为 1 Mb/s。

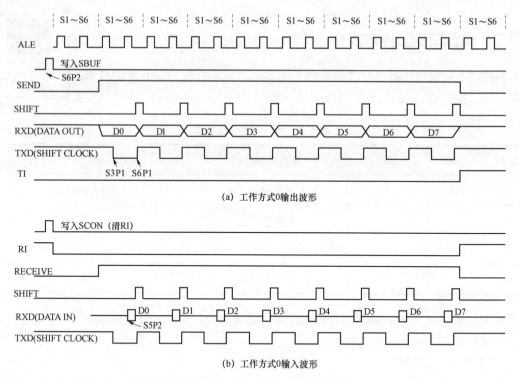

(a) 工作方式0输出波形

(b) 工作方式0输入波形

图6-9 串行口工作方式0输入输出波形

6.3.3 串行口的工作方式1

SM0、SM1 两位设置为"01"时,串行口以工作方式 1 工作。工作方式 1 时串行口被设定为波特率可变的 8 位异步通信接口。工作方式 1 的波特率由下式确定:

$$工作方式 1 的波特率 = (2^{SMOD1}/32) \times 定时器 T1 的溢出率$$

式中,SMOD1 为 PCON 的最高位的值(0 或 1)。

1. 工作方式 1 发送

串行口以工作方式 1 发送时,数据位由 TXD 端输出,发送一帧信息为 10 位:1 位起始位"0"、8 位数据位(低位在先)和 1 位停止位"1"。CPU 执行一条写发送缓冲器 SBUF 的指令,就启动发送。当发送完数据位后,将中断标志位 TI 置"1"。工作方式 1 发送数据时的波形如图 6-10(a)所示。

2. 工作方式工作 1 接收

串行口工作方式 1 接收时(REN=1,SM0=0,SM1=1),以所选波特率的 16 倍速率采样 RXD 引脚状态,当采样到 RXD 端从"1"到"0"的跳变时,复位接收时钟,将采样脉冲第 7、8、9 共 3 次采样的值按"三取二"的原则确定其值,以提高接收可靠性。当检测到起始位有效时,开始接收一帧信息中其余的信息。一帧信息为 10 位:1 位起始位、8 位数据位(低位在先)、1 位停止位。当满足以下两个条件时,将数据送至 SBUF:RI=0;收到的停止位为 1 或 SM2=0 时,停止位进入 RB8,且置中断标志 RI=1。若这两个条件不满足,数据将丢弃。因此,中断标志位必须由用户的中断服务程序(或查询程序)清零,通常情况下,串行口以工作方式 1 工作时，SM2=0。工作方式 1 接收数据时的波形如图 6-10（b）所示。

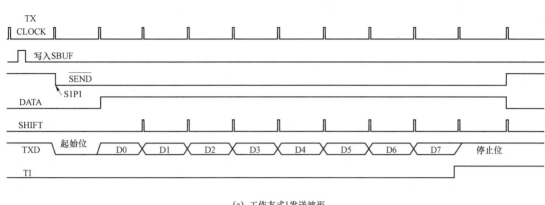

（a）工作方式 1 发送波形

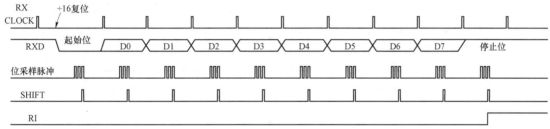

（b）工作方式 1 接收波形

图 6-10 串行口工作方式 1 发送接收波形

6.3.4 串行口的工作方式 2

串行口工作
方式（2）

当 SM0、SM1 两位设置为二进制数"10"时，串行口工作于工作方式 2，此时串行口被定义为 9 位异步通信接口。工作方式 2 的波特率由下式确定：

$$工作方式 2 的波特率 = (2^{SMOD1}/64) \times 振荡器频率$$

1. 工作方式 2 发送

发送数据由 TXD 端输出，发送一帧信息为 11 位：1 位起始位"0"、8 位数据位（低位在先）、1 位可编程为"1"或"0"的第 9 位数据、1 位停止位"1"。增加的第 9 位数据即 SCON 中的 TB8（SCON.3 位）的值，TB8 由软件置"1"或清"0"，可以作为多机通信中的地址或数据的标志位，也可以作为数据的奇偶校验位。串行接口工作方式 2 发送数据的时序波形如图 6-11（a）所示。

下面的发送程序代码中，以 TB8 作为偶校验位，处理方法是：在数据写入 SBUF 之前，先将数据的奇偶校验位 P 写入 TB8。

C51 语言代码：

```
#include <reg51.h>
void send_data(unsigned char Data)
{
    TI = 0;             // 清除发送中断标志位 TI
    ACC = Data;         // 将数据存入累加器 ACC
```

```
        TB8 = P;          // 将奇偶校验位 P 送入 TB8,进行偶校验
        SBUF = Data;      // 将数据写入发送缓冲器,启动发送
    }
void main()
{
    unsigned char Data = 0x55;  // 发送数据
    send_data(Data);            // 发送数据
    while (1);
}
```

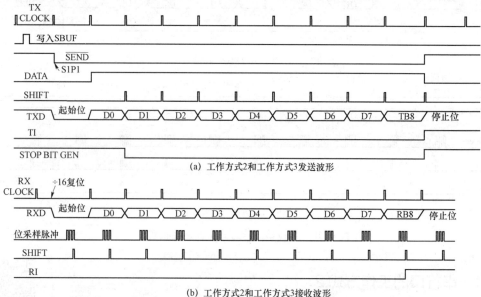

(a) 工作方式2和工作方式3发送波形

(b) 工作方式2和工作方式3接收波形

图 6-11 串行口工作方式 2 发送接收波形

汇编语言代码:

```
    CLR TI              ;发送中断标志 TI 清 0
    MOV A,R0            ;取数据
    MOV C,P             ;奇偶校验位 P 送至 TB8,偶校验
    MOV TB8,C
    MOV SBUF,A          ;数据写入发送缓冲器,启动发送
```

2. 工作方式 2 接收

当 SM0、SM1 两位为二进制数 "10",且 REN 为 1 时,允许串行口以工作方式 2 接收数据。数据由 RXD 端输入,接收一帧信息为 11 位:1 位起始位 "0"、8 位数据位、1 位附加的第 9 位数据(RB8)、1 位停止位 "1"。当接收器采样到 RXD 端从 "1" 到 "0" 的跳变,并判断起始位有效后,开始接收一帧信息。在接收器收到第 9 位数据后,当 RI=0 且 SM2=0 或接收到的第 9 位数据位为 1 时,接收到的数据送入 SBUF(接收缓冲器),第 9 位数据送入 RB8 并将 RI 置 "1"。若不满足这两个条件,接收的信息被丢弃。串行口工作方式 2 接收数据的时序波形如图 6-11(b)所示。

若附加的第 9 位数据为偶校验位,在接收程序中应作校验处理,可采用如下程序代码:

C51 语言代码：

```c
#include <reg51.h>
void main()
{
    unsigned char Data;
    while (1)
    {
        if (RI)                    // 如果接收到数据
        {
            RI = 0;                // 清除接收中断标志位 RI
            Data = SBUF;           // 将前 8 位数据送入变量 Data
            if ((P == 0 && RB8 == 0) || (P == 1 && RB8 == 1)) // 校验偶校验位
            {
                R0 = Data;    // 保存接收数据到 R0
                …
            }
            else
            {
                …           // 错误处理(可根据需要作丢弃或要求重发等处理)
            }
        }
    }
}
```

汇编语言代码：

```asm
        CLR RI              ;收到一帧数据后清 RI
        MOV A,SBUF          ;前 8 位数据送至 A
        MOV C,P             ;正确的偶校验应该是 P=0 且 RB8=0 或 P=1 且 RB8=1
        JNC GOON            ;P=0 则判断 RB8 是否为 0
        JNB RB8,ERROR       ;P=1 则判断 RB8 是否为 1,ERROR 为出错处理程序标号
        SJMP OK             ;
GOON:JB RB8,ERROR           ;P=0,RB8=1 则出错
OK:MOV @R0,A                ;将正确接收的 8 位数据保存
        …
ERROR:  …                   ;出错处理入口(可根据需要作丢弃或要求重发等处理)
```

6.3.5 串行口的工作方式 3

当 SM0、SM1 两位为二进制数 "11" 时，串行口工作在工作方式 3，为波特率可变的 9 位异步通信方式，除了波特率外，工作方式 3 与工作方式 2 完全相同，工作方式 3 的波特率由下式确定：

$$工作方式 3 的波特率 = 2^{SMOD1}/32 \times 定时器 T1 的溢出率$$

6.3.6 串行通信的波特率

串行口的通信波特率反映了串行传输数据的速率，用户应根据实际需要正确选用。

1. 工作方式 0 的波特率

在串行口工作方式 0 下，通信的波特率是固定的，其值为 $f_{osc}/12$（f_{osc} 为主机频率）。

2. 工作方式 2 的波特率

在串行口工作方式 2 下，若 SMOD1=1，通信波特率为 $f_{osc}/32$；若 SMOD1=0，通信波特率为 $f_{osc}/64$。可以设置 PCON 中 SMOD1 位状态来确定串行口的波特率。

3. 工作方式 1 或工作方式 3 的波特率

在这两种方式下，串行口波特率是由定时器的溢出率决定的，因而波特率也是可变的。相应计算公式为：

工作方式 1 或工作方式 3 的波特率=$(2^{SMOD1}/32)×$定时器 T1 的溢出率

定时器 T1 溢出率的计算公式为：

$$定位器\ T1\ 的溢出率 = \frac{f_{osc}}{12}×\left(\frac{1}{2^K-初值}\right)$$

定时器 T1 通常采用工作方式 2，即 8 位自动重装方式，式中的 K 为 8。工作方式 1 或工作方式 3 下所选波特率可通过下列计算来确定初值，即定时器 T1 初始化时置 TH1 的值。

$$工作方式 1 或工作方式 3 的波特率 = \frac{2^{SMOD1}}{32}×\frac{f_{osc}}{12×[256-TH1]}$$

如果把定时器 T1 设置成 16 位定时方式，则可得到很低的波特率。但在这种情况下，需开放定时器 T1 的中断，由其中断服务程序负责重置定时器 T1 计数的初始值。

波特率和定时器 T1 初值的对照关系在表 6-2 中给出。

表 6-2　常用波特率与其他参数选取关系

串行口工作方式	波特率	f_{osc}	SMOD1	定时器 T1		
				C/$\overline{T}$	模式	定时器初值
工作方式 0	1 M	12 MHz	×	×	×	×
工作方式 2	37 500	12 MHz	1	×	×	×
	187 500	12 MHz	0	×	×	×
工作方式 1、3	62 500	12 MHz	1	0	2	0FFH
	19 200	11.059 2 MHz	1	0	2	0FDH
	9 600	11.059 2 MHz	0	0	2	0FDH
	4 800	11.059 2 MHz	0	0	2	0FAH
	2 400	11.059 2 MHz	0	0	2	0F4H
	1 200	11.059 2 MHz	0	0	2	0E8H
	600	11.059 2 MHz	0	0	2	0D0H
	110	12 MHz	0	0	1	0FEE4H

6.4　异步单工通信应用举例

应用举例

1. 发送代码示例

编程要求：把片内 RAM 中 40H～4FH 单元的数据由串行口发送出去。串行口定义为工作方式 2，TB8 作为奇偶校验位，在数据写入发送缓冲器之前，先将数据的奇偶位写入 TB8，这时第 9 位数据作为奇偶校验用，程序如下：

C51 语言代码：

```c
#include <reg51.h>
void main()
{
    unsigned char xdata *ptr = 0x40;// 指向片内 RAM 40H 单元的指针
    unsigned char length = 0x10;       // 数据长度计数,16 字节
    /* 设定串行口工作方式 2 */
    SCON = 0x80;                       // 串行口控制寄存器:设置工作方式 2
    PCON = 0x80;                       // 电源控制寄存器:设置波特率为 fosc/32
    while (length--)
     {
        ACC = *ptr;                    // 取数据到累加器
        TB8 = P;                       // 奇偶校验位送 TB8
        SBUF = ACC;                    // 由串行口发送数据
        while (!TI);                   // 等待发送完一帧数据
        TI = 0;                        // 清发送中断标志
        ptr++;                         // 调整指针
     }
    while (1);
}
```

汇编语言代码：

```asm
          MOV SCON,#80H        ;设定串行口工作方式 2
          MOV PCON,#80H        ;波特率为 fosc/32
          MOV R0,#40H          ;设片内 RAM 指针
          MOV R2,#16           ;数据长度计数送至 R2
LOOP:MOV A,@R0                 ;取数据
          MOV C,P              ;奇偶校验位送至 TB8
          MOV TB8,C
          MOV SBUF,A           ;由串口发送数据
WAIT:JNB TI,WAIT              ;判断是否发送完一帧数据
          CLR TI               ;清发送中断标志
          INC R0               ;调整指针
          DJNZ R2,LOOP         ;没有发送完则继续发送
```

2. 接收代码示例

编写接收程序，要求串行口工作于工作方式 2，核对奇偶校验位，并进行接收正确和接收错误处理。程序如下：

C51 语言代码：

```c
#include <reg51.h>
void right()                     // 接收正确的处理函数
{
    //…
}
void error()                     // 接收错误的处理函数
```

```
    {
        //…
    }
    void main()
    {
        SCON = 0x90;                    // 工作方式 2,允许接收
        while (1)
        {
            while (!RI);                // 等待接收到数据
            RI = 0;                     // 清除接收中断标志位 RI
            ACC = SBUF;                 // 读取接收到的数据
            if (P)                      // A 的奇偶校验位为 1
            {
                if (!RB8)               // RB8 为 0,则接收出错
                {
                    error();            // 错误处理代码
                }
            }
            else                        // A 的奇偶校验位为 0
            {
                if (RB8)                // RB8 为 1,则接收出错
                {
                    error();            // 错误处理代码
                }
            }
            right();                    // 接收正确,继续
        }
    }
```

汇编语言代码:

```
        MOV SCON,#90H           ;工作方式 2,允许接收
LOOP:JNB RI,LOOP                ;等待接收数据
        CLR RI                  ;收到一帧数据后清 RI
        MOV A,SBUF              ;读入一帧数据
        JB  PSW.0,ONE           ;判断接收的 A 的奇偶校验位是否为 1
        JB  RB8,ERROR           ;A 的奇偶校验位为 0,RB8 为 1,则接收出错
        SJMP RIGHT
ONE:JNB RB8,ERROR               ;A 的奇偶校验位为 1,RB8 为 0,则接收出错
RIGHT:…                         ;接收正确,继续
        …
ERROR:…                         ;接收错误处理程序
```

当接收到一帧字符时,执行 SBUF 送到累加器 A 指令,会产生接收端的奇偶值(P 即 PSW.0),而保存在 RB8 中的值为发送端的奇偶值。若接收正确,这两个奇偶值应相等,否则收字符有错,需通知对方重发或进行其他处理。

3. 应用举例

假定甲、乙两个单片机以工作方式 1 进行串行数据通信,其波特率为 9 600 bps。甲机发送数据给乙,乙机接收后把数据块首、末地址及数据依次存入外部数据 RAM 中 3000H 开始

的区域中，采用奇校验。甲、乙两机的连接电路原理如图 6-12 所示。

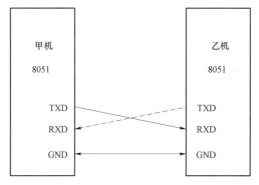

图 6-12　甲、乙两机的连接电路原理

给定晶振频率为 11.059 2 MHz，通信速率为 9 600 bps，SMOD1=0，即波特率不倍增。

分析：

① 计算定时器 1 的计数初值：

$$工作方式 1 的波特率 = (2^{SMOD1}/32) \times 定时器 T1 的溢出率$$

$$9\,600 = \frac{2^{SMOD1}}{32} \times \frac{f_{osc}}{12 \times [256 - TH1]}$$

求得定时器 1 的初值为

TH1=0FDH

② 串行发送的内容包括数据块的首、末地址和数据两部分内容。对数据块首、末地址以查询方式传送，而数据则以中断方式传送。因此在程序中要先禁止串行中断，后允许串行中断。

③ 数据的传送是在中断服务程序中完成的，数据为基本 ASCII 码形式，有效数据为低 7 位，其最高位作为奇偶校验位使用。单片机 PSW 中有奇偶校验位 P，当累加器 A 中 1 的个数为奇数时，P=1；如果直接把 P 值送入 ASCII 码的最高位，则变成了偶校验，与要求不符。为此，应把 P 值取反后，送入最高位才能达到奇校验的要求。

下面是发送和接收的参考程序。

C51 语言程序如下：

```
甲机发送：
#include <REG52.H>
#include <stdio.h>
#define uchar unsigned char
#define uint unsigned int
uchar code table[] = {0xC0,0xF9,0xA4,0xB0,0x99,0x92,0x82,0xF8,0x80,0x90};
sbit k1=P3^2;                // 定义键盘输入端口
sbit k2=P3^3;
sbit k3=P3^4;
sbit k4=P3^5;
sbit weixuan=P2^0;           // 位选端口
sbit en=P2^5;                // 锁存器使能端口
```

```
void delay(uint i);        //延时函数声明
uchar a;
uchar keychuli();          //键处理子程序
uchar key();               //键值
void main ()
{
  SCON = 0x40;             //串行口工作在方式 1
  TMOD = 0x20;             //定时器工作方式 2
  PCON = 0x00;             //波特率不倍增
  TH1 = 0xFd;
  TL1 = 0xFd;
  TR1 = 1;        //开启定时器 1
  EA = 1;         // 开总中断
  while(1)
  {
    switch(key())
    {
        case 0: a=0;break;            //判断按键 0 是否按下,是则赋值
        case 1: a=1;break;            //判断按键 1 是否按下,是则赋值
        case 2: a=2;break;            //判断按键 2 是否按下,是则赋值
        case 3: a=3;break;            //判断按键 3 是否按下,是则赋值
        case 4: a=4;break;            //判断按键 4 是否按下,是则赋值
    }
     en = 1;            //打开锁存器
    weixuan=0;          //打开第一个位选
    P0=table[a];        // 显示数据
     if(a!=0)           //发送数据
     {
       SBUF=a;
       while(!TI);      // 等待发送完成
       TI=0;            // 清除发送中断标志
     }
   }
}
//***********延时子程序,以 1 ms 为基准**********************
void delay(uint count)
{
  uint j;
  while(count--!=0)
    {
    for(j=0;j<82;j++);
    }
  }
//*************键值处理函数*************************
  uchar keychuli()
  {
```

```
    uchar k=0;
    if(!k1)k=1;
        else if(!k2)k=2;
        else if(!k3)k=3;
        else if(!k4)k=4;
        return(k);
   }
/*************************************************************************
*    函数原型:key();
*    功    能:键盘扫描函数,函数返回值即键值。
*************************************************************************/
uchar key()
{
    uchar keyzhi=0;                //键盘按键键值临时存放
    keyzhi=keychuli();             //调处理函数
    if(keyzhi!=0)                  //有键动作延时去抖动,否则函数返回
      {
        delay(50);
       keyzhi=keychuli();          //再次调键处理函数
                 switch(keyzhi)
                 {
                       case 0: return 0;break;
                       case 1: return 1;break;
                       case 2: return 2;break;
                       case 3: return 3;break;
                       case 4: return 4;break;
                 }
      }
    return 0;
}


乙机接收:
#include <REG52.H>
#include <stdio.h>
#define uchar unsigned char
#define uint unsigned int
uchar code table[] = {0xC0,0xF9,0xA4,0xB0,0x99,0x92,0x82,0xF8,0x80,0x90};
// 数码管显示码表
uchar a;                   // 存储接收到的数据
sbit weixuan=P2^0;         // 位选端口
sbit en=P2^5;              // 锁存器使能端口
void main ()
{
    SCON = 0x50;           //串行口工作在方式1,   REN=1 允许接收
    TMOD = 0x20;           //定时器工作方式2
    PCON = 0x00;           //波特率不倍增
```

```
    TH1 = 0xFd;
    TL1 = 0xFd;
    TR1 = 1;          //开启定时器1
    EA  = 1;          // 开总中断
    ES  = 1;          // 开启串口中断
    P0=0xC0;          // 显示初始化
    weixuan=0;
    en=1;
    while(!RI);       // 等待接收数据
    RI=0;             // 清除接收中断标志
    a=SBUF;           // 读取接收到的数据
    P0=table[a];      // 显示数据
}
```

汇编程序如下：

甲机发送主程序

```
        ORG  0000H
        LJMP START
        ORG  0030H
START:  CLR  P2.0              ;开始位选
        SETB P2.5              ;开启锁存器使能端口
        MOV  TMOD,#20H         ;定时器工作方式2
        MOV  TH0,#0FDH         ;设置定时器初值
        MOV  TL0,#0FDH
        MOV  PCON,#00H         ;波特率不倍增
        MOV  SCON,#50H         ;设置串行口工作方式1
        SETB EA               ;开总中断
        SETB ES               ;开启串行口中断
        SETB TR1              ;开定时器1
        CLR  TI               ;清发送中断标志位
        CLR  RI               ;清接收中断标志位
        MOV  DPTR,#TAB         ;将DPTR指向码表TAB
MAIN:   JNB  P3.2,KEY0        ;判断键1是否按下,是则给A值赋0
        JNB  P3.3,KEY1        ;判断键2是否按下,是则给A值赋1
        JNB  P3.4,KEY2        ;判断键3是否按下,是则给A值赋2
        JNB  P3.5,KEY3        ;判断键4是否按下,是则给A值赋3
        LJMP MAIN             ; 循环检测按键
KEY0:   LCALL DELAY10MS       ; 延时消抖
        JB   P3.2,MAIN        ; 如果键1释放,则返回主循环
WAIT0:  JNB  P3.2,WAIT0       ; 等待键1释放
        MOV  A,#00
        LJMP LOP0
KEY1:   LCALL DELAY10MS       ; 延时消抖
        JB   P3.3,MAIN        ; 如果键2释放,则返回主循环
WAIT1:  JNB  P3.3,WAIT1       ; 等待键2释放
        MOV  A,#01
```

```
                 LJMP LOP1
    KEY2:    LCALL DELAY10MS          ; 延时消抖
             JB P3.4,MAIN             ; 如果键 3 释放,则返回主循环
    WAIT2:   JNB P3.4,WAIT2           ; 等待键 3 释放
             MOV A,#02
             LJMP LOP2
    KEY3:    LCALL DELAY10MS          ; 延时消抖
             JB P3.5,MAIN             ; 如果键 4 释放,则返回主循环
    WAIT3:   JNB P3.5,WAIT3           ; 等待键 4 释放
             MOV A,#03
             LJMP LOP3
    LOP0:    MOV SBUF,A               ; 将 A 值发送到串行口
             MOV P0,#0C0H             ; 更新显示
             LJMP WAITS               ; 等待发送完成
    LOP1:    MOV SBUF,A               ; 将 A 值发送到串行口
             MOV P0,#0F9H             ; 更新显示
             LJMP WAITS               ; 等待发送完成
    LOP2:    MOV SBUF,A               ; 将 A 值发送到串行口
             MOV P0,#0A4H             ; 更新显示
             LJMP WAITS               ; 等待发送完成
    LOP3:    MOV SBUF,A               ; 将 A 值发送到串行口
             MOV P0,#0B0H             ; 更新显示
             LJMP WAITS               ; 等待发送完成
    WAITS:   JNB TI,WAITS             ; 等待发送完成
             CLR TI                   ; 清发送中断标志位
             LJMP MAIN                ; 返回主循环
    DELAY10MS: MOV 63H,#23            ; 设置延时计数器
    DE2:     MOV 64H,#198             ; 设置内层延时计数器
    DE1:     DJNZ 64H,DE1             ; 内层延时循环
             DJNZ 63H,DE2             ; 外层延时循环
             RET
    TAB: DB 0C0H,0F9H,0A4H,0B0H       ; 数码管显示码表
    END
```

乙机接收数据程序(汇编语言):

```
 ORG 0000H
  LJMP START
  ORG 0030H
START:       CLR P2.0
             SETB P2.5               ; 开启锁存器使能端口,设置 P2.5
MOV TMOD,#20H                        ; 定时器工作方式 2
         MOV TH0,#0FDH               ; 设置定时器初值
         MOV TL0,#0FDH
         MOV PCON,#00H               ; 波特率不倍增
         MOV SCON,#50H               ; 设置串行口工作方式 1,REN=1 允许接收
         SETB EA                     ; 开总中断
```

173

```
              SETB ES                ; 开启串行口中断
              SETB TR1               ; 开定时器 1
              CLR RI                 ; 清接收中断标志位
    MAIN:     JB RI,NEXT1
              LJMP MAIN
      NEXT1:  CLR RI                 ; 清接收中断标志位
      NEXT2:  MOV A,SBUF             ; 将接收到的数据存入累加器 A
              MOVC A,@A+DPTR         ; 从码表中获取对应的显示码
              MOV P0,A               ; 更新显示
              LCALL DELAY100MS       ; 延时 100 ms
              JNB RI,NEXT2           ; 检查是否有新数据接收,如果没有则继续等待
              SJMP NEXT1             ; 如果有新数据,则处理下一个数据
              LJMP MAIN              ; 返回主循环
DELAY100MS: MOV 61H,#202             ; 设置外层延时计数器
    DEL2:MOV  62H,#223               ; 设置内层延时计数器
      DEL1:DJNZ 62H,DEL1            ; 内层延时循环
              DJNZ 61H,DEL2          ; 外层延时循环
              RET
    END
```

习 题

1. MCS-51 系列单片机串行口设有几个控制寄存器？它们的作用什么？

2. MCS-51 系列单片机串行口共有哪几种工作方式？各有什么特点和功能？

3. MCS-51 系列单片机 4 种工作方式的波特率应如何确定？

4. 简述 MCS-51 系列单片机串行口发送和接收数据的过程。

5. MCS-51 系列单片机串行口控制寄存器 SCON 中 SM2 的含义是什么？主要在什么方式下使用？

6. 简述 MCS-51 系列单片机总线型主从式多机通信的原理，并指出 TB8、RB8、SM2 各起什么作用？

7. 用查询法编写程序实现串行口工作方式 1 下的发送程序。设单片机主频为 11.059 2 MHz，波特率为 1 200 bps，发送数据缓冲区在外部 RAM，起始址为 1000H，数据块长度为 30 B，采用偶校验（其他条件自设）。

8. 利用 PC 与单片机通信，设计一个天气预报和预警系统，PC 端通过高级语言编程，从互联网获取实时天气数据，并通过串行通信接口发送到单片机，显示天气数据，若超过设定阈值则报警。

第 7 章

中 断 系 统

提 要

本章在介绍中断定义和作用的基础上，着重讨论中断系统的功能、中断系统结构、中断管理、中断方式、中断响应时间、中断请求的撤除等；最后，通过具体应用举例，说明如何扩充外部中断源及如何使用中断方式编程。

中断是现代计算机必须具备的重要功能，也是计算机技术发展史上的一个重要里程碑。中断系统在计算机系统中起着十分重要的作用，一个功能强大的中断系统，能大大提高计算机处理外界事件的能力。MCS-51 系列单片机的中断系统，是 8 位单片机中功能较强的一种，可以提供 5 个中断请求源，具有两个中断优先级，可实现两级中断服务程序嵌套。用户可以用关中断指令（或复位）来屏蔽所有的中断请求，也可以用开中断指令使 CPU 接收中断申请；每一个中断源可以用软件独立地控制为开中断或关中断状态；每一个中断源的中断优先级别均可用软件设置。建立准确的中断概念及灵活掌握中断技术是本章的重点。

7.1　中断的定义和作用

中断是指计算机暂时停止原程序执行转而为外部设备服务（执行中断服务程序），并在服务完后自动返回原程序执行的过程。中断由中断源产生，中断源在需要时可以向 CPU 提出"中断请求"。"中断请求"通常是一种电信号，CPU 一旦对这个电信号进行检测和响应，便可自动转入该中断源的中断服务程序执行，并在执行完后自动返回原程序继续执行，而且中断源不同中断服务程序的功能也不同。因此，中断又可以定义为 CPU 自动执行中断服务程序并返回原程序执行的过程。中断原理示意图如图 7-1 所示。

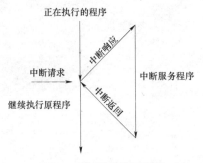

图 7-1　中断原理示意图

7.1.1　中断的作用

上文只是从资源共享的意义上引出了中断的概念。正是基于资源共享的特点，使中断技术在计算机中还能实现更多的功能，其中主要有：

1. 实现 CPU 与外设的速度配合

由于许多外部设备速度较慢，无法与 CPU 进行直接的同步数据交换，为此可通过中断方法来实现 CPU 与外部设备的协调工作。在 CPU 执行程序过程中，如需进行数据输入/输出，应先启动外部设备，然后 CPU 继续执行程序。与此同时，外部设备在为数据输入/输出传送做准备。当准备完成后，外部设备发出中断请求，请求 CPU 暂停正在执行的程序，转去完成数据的输入/输出传送。传送结束后，CPU 再返回继续执行原程序，而外部设备则为下次数据传送做准备。这种以中断方法完成的数据输入/输出操作，在宏观上看来似乎是 CPU 与外部设备在同时工作，因此就有了 CPU 与外部设备并行工作这种说法。

2. 提高单片机的工作效率

中断系统可以使单片机在执行主程序的过程中，当外部或内部事件发生时，暂停主程序的执行，转而去处理这些突发事件（即执行中断服务程序），处理完毕后再返回主程序继续执行。这样可以避免单片机在等待事件发生的过程中浪费时间，从而提高了工作效率。采用中断技术，不但能实现主机和一台外部设备并行工作，而且还可以实现主机和多台外部设备并行工作。这样不但提高了 CPU 的利用率，而且也提高了数据的输入/输出效率。

3. 实现实时响应

在实时控制系统中，被控系统的实时参量、越限数据和故障信息都必须被计算机及时采集、进行处理和分析判断，以便在规定的时间内对系统实施正确调节和控制。因此，计算机对实时数据的处理时效常常是被控系统的生命，是影响产品质量和系统安全的关键。CPU 有了中断功能，系统的失常和故障都可以通过中断立刻通知 CPU，使系统可以迅速采集实时数据和故障信息，并对系统作实时处理。中断系统可以使单片机在接收到外部或内部的中断请求信号时，立即响应并处理相应的事件，从而实现实时响应的功能。这对于一些需要实时处理的任务（如定时、计数等）非常重要。

4. 增强系统的可靠性

中断系统可以使单片机在发生故障或异常情况时，通过中断服务程序对故障进行处理，从而保证了系统的稳定运行和可靠性。

5. 方便模块化编程

中断系统可以将不同的功能模块分开编写，当某个模块需要执行时，只需通过中断请求信号触发相应的中断服务程序即可。这样可以使程序结构更加清晰，便于编写、调试和维护。

6. 支持多任务处理

中断系统可以使单片机在执行主程序的同时，处理多个外部或内部的中断请求，从而实现多任务处理的功能。这对于一些复杂的应用系统（如多路数据采集、多通道通信等）非常有帮助。

总之，8051 单片机中断系统的作用主要体现在提高工作效率、实现实时响应、增强系统可靠性、方便模块化编程和支持多任务处理等方面。在实际应用中，合理利用中断系统可以使单片机更好地发挥其性能优势，满足各种复杂任务的需求。

7.1.2 中断源

引起中断的原因或能发出中断申请的来源，称为中断源。通常中断源有以下几种。

1. 外部输入/输出设备

这包括了所有能够与单片机进行数据交换的设备，比如传感器、键盘、显示器等。这些设备在需要服务时，可以通过电平变化或通信协议与单片机沟通，请求中断服务。

2. 数据通信设备

涉及与其他计算机系统或外部设备的数据传输，如串行通信（RS232、I2C、SPI 等）。在接收到特定的数据或状态标识时，可能会触发一个中断，以便单片机可以处理接收到的数据或调整通信状态。

3. 定时时钟

内置或外部的定时器溢出会产生中断，用于实现定时任务，如产生定时的采样信号、PWM 波形或者作为时间片轮转的任务调度器。

4. 故障源

电源异常、温度过高、系统错误等都可以成为中断源，使单片机响应异常情况并采取预设的保护措施，如紧急停机或切换到备用系统。

5. 为调试程序而设置的中断源

用于开发和测试过程中的程序流程控制，允许开发人员设置断点，检查和修改程序执行中的状态。

除了以上常见的中断源外，还可以通过硬件扩展和软件编程方法来增加中断源的数量和种类。例如：

① 采用硬件请求结合软件查询的方法。通过逻辑门电路将多个中断源的信号汇总到一个或两个外部中断输入端（INT0 或 INT1），然后在中断服务程序中通过查询来确定具体哪个中断源发出的请求。

② 使用定时器/计数器作为外部中断。利用定时器的计数溢出特性，将外部事件转化为计数脉冲，从而扩充外部中断的响应方式。

③ 使用专用中断扩展芯片。如 8259A 可编程中断控制器，能够管理多达 64 个中断级别的中断请求，并通过级联方式大幅提高系统的中断处理能力。

综上所述，MCS-51 系列单片机的中断系统可以通过各种方式进行扩充和优化，以满足用户多样化的应用需求。

7.1.3 中断系统的功能

1. 实现中断并返回

当某一个中断源向 CPU 发出中断请求时，CPU 应决定是否响应这个中断请求。若响应这个中断请求，CPU 必须在现行的指令执行完后，保护现场和断点，然后转到需要处理的中断源的服务程序入口，执行中断服务程序。当中断处理完后，再恢复现场和断点，使 CPU 返回去继续执行主程序。

2. 实现中断嵌套

CPU 实现中断嵌套的先决条件是要有可屏蔽中断功能，其次要有能对中断进行控制的指令。CPU 的中断嵌套功能可以使它在响应某一中断源中断请求的同时，再去响应更高中断优先权的中断请求，而把原中断服务程序暂时束之高阁，等处理完这个更高中断优先权的中断请求后再来响应。

当 CPU 正在处理一个中断源请求时，出现了另一个优先级比它高的中断源请求。如果 CPU 能够暂停对原来的中断源的处理程序，转而去处理优先级更高的中断源请求，处理完以后，再回到原低级中断处理程序，这样的过程称为中断嵌套。具有这种功能的中断系统称为多级中断系统，没有中断嵌套功能的中断系统则称为单级中断系统。具有二级优先级中断服务程序嵌套的中断过程如图 7-2 所示。

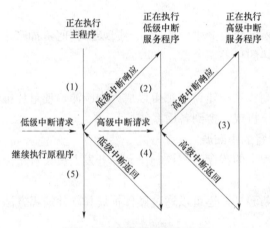

图 7-2　中断嵌套原理示意图

3. 进行中断优先权排队

一个 CPU 通常可以和多个中断源相连，故总会发生在同一时间有两个或两个以上的同优先级中断源同时请求中断的情况，这就要求 CPU 能按轻重缓急，给每个中断源的中断请求赋予一个中断自然优先级。这样，当多个同级中断源同时向 CPU 请求中断时，CPU 就可以通过中断自然优先权排队电路，率先响应中断优先权高的中断请求，而把中断自然优先权低的中断请求暂时搁置起来，等到处理完自然优先权高的中断请求后，再来响应自然优先权低的中断。MCS-51 系列单片机内部集成的中断自然优先权顺序查询逻辑电路，可以对中断源进行优先权排队。

7.2 单片机中断系统

7.2.1 单片机的中断系统结构

MCS-51 系列单片机的中断系统由与中断有关的特殊功能寄存器、中断入口、顺序查询逻辑电路等组成，其结构框图如图 7-3 所示。

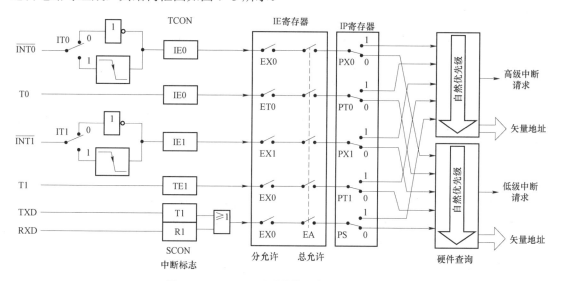

图 7-3 MCS-51 系列单片机中断系统结构图

1. 中断源

MCS-51 系列单片机提供 5 个中断源（8052 为 6 个中断源），每个中断源可编程为高级或低级两个优先级之一。

① Ext.Int0：外部中断 0 请求输入端，低电平或负跳变有效。此中断由 P3.2 引脚的第二功能实现输入，在每个机器周期的 S5P2 状态采样，并置位/复位 TCON 中的 IE0（TCON.1）中断请求标志位。

② Ext.Int1：外部中断 1 请求输入端，低电平或负跳变有效。由 P3.3 引脚的第二功能实现输入，在每个机器周期的 S5P2 状态采样，并置位/复位 TCON 中的 IE1（TCON.3）中断请求标志位。

③ T0：定时器/计数器 0 溢出中断。这属于内部中断，当定时器/计数器回零溢出时，由硬件自动置位/复位 TCON 中的 TF0（TCON.5）中断请求标志位。

④ T1：定时器/计数器 1 溢出中断。这属于内部中断，当定时器/计数器回零溢出时，由硬件自动置位/复位 TCON 中的 TF1（TCON.7）中断请求标志位。

⑤ TI/RI：串行发送/接收中断，当完成一串行帧的发送/接收时，由内部硬件置位 SCON

179

中的串行中断请求标志位 TI（发送）或 RI（接收），必须由用户软件复位 TI 或 RI。

⑥ T2：定时器/计数器 2 溢出中断。当定时器/计数器 2 回零溢出时，由内部硬件自动置位 T2CON 中的 TF2 中断请求标志位，当 EXEN2=1，且 T2EX（P1.1 的第二功能输入）引脚上出现负跳变而造成捕获或重装载时，由内部硬件自动置位 T2CON 中的 EXF2 请求中断。

MCS-51 系列单片机的 5 个中断源，通过对中断控制寄存器 IE 的编程来控制每一个中断源的请求是否被响应，通过中断优先寄存器 IP 的编程确定每一个中断源的优先级。

2. 中断控制寄存器 IE

IE 在特殊功能寄存器中的地址为 0A8H。该寄存器可位寻址，其位地址为 0A8H～0AFH，IE 的格式如图 7-4 所示。

7	6	5	4	3	2	1	0
EA		ET2	ES	ET1	EX1	ET0	EX0

图 7-4　中断控制寄存器 IE 的格式

各位的功能说明如下：

● EA：允许/禁止全部中断。当 EA=0 时，则禁止所有中断的响应；当 EA=1 时，则打开全局中断控制。

● ET2：定时器/计数器 2 中断允许/禁止位，当 ET2=1 时允许，当 ET2=0 时禁止。

● ES：串行接口中断允许/禁止位，当 ES=1 时允许，当 ES=0 时禁止。

● ET1：定时器/计数器 1 中断允许/禁止位，当 ET1=1 时允许，当 ET1=0 时禁止。

● EX1：外部中断 1 允许/禁止位，当 EX1=1 时允许，当 EX1=0 时禁止。

● ET0：定时器/计数器 0 中断允许/禁止位，当 ET0=1 时允许，当 ET0=0 时禁止。

● EX0：外部中断 0 中断允许/禁止位，当 EX0=1 时允许，当 EX0=0 时禁止。

由 EA 位的置位/复位实现对所有中断源请求的控制，当置 EA=1 时，通过各允许位的置位/复位控制各中断的允许位。

中断优先级

3. 中断优先级寄存器 IP

MCS-51 系列单片机的中断系统具有两级优先级管理，每一中断源均可通过对中断优先级寄存器 IP，选择高级和低级优先级的一种，低优先级能被高优先级中断，高优先级不能被低优先级中断，也不能被同级中断。为实现此要求，在中断系统中设有两个不可寻址的优先级状态触发器，一个用来指出正在服务的高优先级中断，以屏蔽所有其他新的中断请求，另一个则指示正在服务的低优先级中断，以屏蔽除高优先级中断请求以外的所有新中断请求。

中断优先级寄存器 IP 在特殊功能寄存器中的地址为 0B8H。该寄存器可位寻址，其位地址是 0B8H～0BFH。IP 的格式如图 7-5 所示。

7	6	5	4	3	2	1	0
—	—	PT2	PS	PT1	PX1	PT0	PX0

图 7-5　IP 的格式

各位的功能说明如下：

● PT2：定时器/计数器 2 中断优先级定义位，当 PT2=1 时为优先级 1，当 PT2=0 时为优先级 0。

● PS：串行接口中断优先级定义位，当 PS=1 时为优先级 1，当 PS=0 时为优先级 0。

● PT1：定时器/计数器 1 中断优先级定义位，当 PT1=1 时为优先级 1，当 PT1=0 时为优先级 0。

● PX1：$\overline{\text{INT1}}$ 中断优先级定义位，当 PX1=1 时为优先级 1，当 PX1=0 时为优先级 0。

● PT0：定时器/计数器 0 中断优先级定义位，当 PT0=1 时为优先级 1，当 PT0=0 时为优先级 0。

● PX0：$\overline{\text{INT0}}$ 中断优先级定义位，当 PX0=1 时为优先级 1，当 PX0=0 时为优先级 0。

同一优先级的中断源，是由内部查询的顺序来确定其优先次序的，内部查询的顺序见表 7-2。

7.2.2 中断管理

CPU 在每个机器周期的 S5P2 状态采样中断请求标志，而在下一个机器周期对采样到的中断请求进行查询。如果在前一个机器周期的 S5P2 采样到有中断请求，则在查询周期内便会按中断优先级及优先顺序响应最高优先级的中断请求，并控制程序转向对应的中断服务程序，在下列情况下中断将被封锁：

① 同级或高优先级中断在处理中；

② 当前机器周期不是指令的最后一个机器周期；

③ 当前正在执行的是中断返回指令 RETI 或是对 IE、IP 的读/写指令，因为这些指令执行完后，必须至少再执行完一条指令才会响应中断。

上述 3 个条件中，任一条都将封锁 CPU 对中断请求的响应，中断查询结果将被取消。

中断查询是在每一个机器周期中重复进行的，所查询的中断请求是前一机器周期中采样到的中断请求标志。如果采样到的中断请求标志位已被置"1"，但因上述条件之一而被封锁，或上述封锁条件被撤销后中断请求标志已复位，被拖延的中断请求就不再被响应，也就是说，对已经被置位的中断请求标志不作记忆，每个查询周期均对前一个机器周期所采样的中断请求标志进行查询。

当中断请求被响应时，由硬件生成长调用指令（LCALL），将当前的 PC 值自动压入堆栈保护，但 PSW 内容并不压入堆栈，然后将对应的中断入口地址装入 PC，程序转向中断服务程序，处理被响应的中断。

中断服务程序从对应的向量地址开始，一直执行到返回指令 RETI 为止。RETI 指令将复位响应中断时置位的优先级状态触发器，然后从堆栈中弹出顶上的两个字节到 PC，程序返回到原来被中断时的程序继续执行。

当 CPU 响应中断后，会执行一条硬件调用程序，将对应的中断源入口地址送到程序计数器 PC，该中断入口地址是固定的。表 7-1 概述了支持中断的轮询序列。注意：SPI 串行接口和 UART 共同使用相同的中断向量。

表 7-1　中断轮询序列

中断源	中断标记	入口地址	允许中断	中断优先权	服务优先级	唤醒掉电
Ext.Int0	IE0	0003H	EX0	PX0/H	1（最高的）	是
T0	TF0	000BH	ET0	PT0/H	3	不是
Ext.Int1	IE1	0013H	EX1	PX1/H	4	是
T1	TF1	001BH	ET1	PT1/H	5	不是
TI/RI	TI/RI/SPIF	0023H	ES	PS/H	7	不是
T2	TF2，EXF2	002BH	ET2	PT2/H	8	不是

由于复位后，程序计数器 PC 的初值为 0000H，程序从 0000H 开始取指，在使用中断的程序中，完整的程序结构如下：

```
        ORG 0000H
        LJMP MAIN          ;跳过中断地址表,转主程序
        ORG 0003H
        LJMP INT0F          ;转 INT0 中断服务
        ORG 000BH
        LJMP  T0F           ;转 T0 中断服务
        ORG 0013H
        LJMP INT1F          ;转 INT1 中断服务
        ORG 001BH
        LJMP T1F            ;转 T1 中断服务
        ORG 0023H
        LJMP SIOF           ;转串行口中断服务
        ORG 0030H
MAIN:MOV SP,#5FH           ;主程序
```

显然从 0003H 到 000BH，8 个字节是不够存放 INT0 中断服务程序的，其他的中断也一样，所以一般中断入口处均使用跳转指令，如 LJMP，转到各自对应的中断服务程序入口处。

由于各个中断入口地址相隔较近，不便于存放各个较长的中断服务程序，故通常在中断入口地址开始的 2~3 个单元中安排一条转移类指令，以转入到事先安排在那儿的中断服务程序。以 $\overline{INT0}$ 中断为例，其过程如图 7-6 所示。

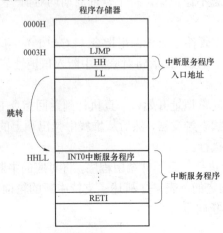

图 7-6　由中断入口进入中断服务程序示意图

7.2.3　外部中断触发方式

外部中断的触发有两种触发方式：电平触发方式和边沿触发方式。

1. 电平触发方式

若外部中断定义为电平触发方式，外部中断申请触发器的状态随着 CPU 在每个机器周期采样到的外部中断输入线的电平变化而变化，这样能提高 CPU 对外部中断请求的响应速度。当外部中断源被设为电平触发方式时，在中断服务程序返回之前，外部中断请求输入必须无效（即变回高电平），否则 CPU 返回主程序后会再次响应中断。所以电平触发方式适合于外部中断输入以低电平输入而且中断服务程序能清除外部中断请求源的情况。例如，8255 产生的输入输出中断请求，中断请求使 INTR 升高，对 8255 实行一次相应的读写操作，中断线自动下降，只要把 8255 的中断请求信号线经反相器加到 MCS-51 系列单片机的外部中断输入脚，就可以实现 8255 和 MCS-51 系列单片机间在应答方式下的数据传送。

2. 边沿触发方式

外部中断若定义为边沿触发方式，外部中断申请触发器能锁存外部中断输入线上的负跳变。即便是 CPU 暂不能响应，中断申请标志也不会丢失。在这种方式下，如果相继连续两次采样，一个周期采样到外部中断输入为高，下个周期采样到低，则置位中断申请触发器，直到 CPU 响应此中断时才清零。这样不会丢失中断，但输入的负脉冲宽度至少保持 12 个时钟周期（若晶振频率为 6 MHZ，则为 2 μs），才能被 CPU 采样到。外部中断的边沿触发方式适合于以负脉冲形式输入的外部中断请求。例如 ADC0809 的 A/D 转换结果标志信号 EOC 为正脉冲，经反相器连到 MCS-51 系列单片机的 $\overline{\text{INT0}}$，就可以用中断方式读取 A/D 的转换结果。

7.2.4　中断响应时间

所谓中断响应时间，是指从查询中断请求标志位到转向中断区入口地址所需的机器周期数。

MCS-51 系列单片机的最短响应时间为 3 个机器周期。其中，中断请求标志位查询占 1 个机器周期，而这个机器周期又恰好是指令的最后一个机器周期，在这个机器周期结束后，中断即被响应，产生 LCALL 指令。而执行这条长调用指令需 2 个机器周期，这样中断响应共经历了 1 个查询机器周期和 2 个 LCALL 指令执行机器周期，总计 3 个机器周期。

中断响应最长时间为 8 个机器周期，若中断标志查询时，刚好是开始执行 RET、RETI 或访问 IE、IP 的指令，则需把当前指令执行完再继续执行一条指令后才能进行中断响应。执行 RET、RETI 或访问 IE、IP 的指令最长需 2 个机器周期。而如果继续执行的那条指令恰好是 MUL（乘）或 DIV（除）指令，则又需 4 个机器周期。再加上执行长调用指令 LCALL 所需的 2 个机器周期，从而形成了 8 个机器周期的最长响应时间。

一般情况下，外部中断响应时间都是大于 3 个机器周期而小于 8 个机器周期，在这两种极情况之间。当然，如果出现有同级或高级中断正在响应或服务中需等待的情况，那么响应时间就无法计算了。

在一般应用情况下，中断响应时间的长短通常无需考虑。只有在精确定时的应用场合，才需要知道中断响应时间，以保证精确的定时控制。

7.2.5 中断请求的撤除

CPU 响应中断请求，转向中断服务程序执行，在其执行中断返回指令 RETI 之前，中断请求信号必须撤除，否则将可能再次引起中断而出错。

中断请求撤除的方式有以下 3 种。

① 单片机内部硬件自动复位。对于定时器/计数器 T0、T1 及采用边沿触发方式的外部中断请求，CPU 在响应中断后，由内部硬件自动撤除中断请求。

② 应用软件清除响应标志。对于串行口接收/发送中断请求及定时器 T2 的溢出和捕获中断请求，CPU 响应中断后，内部无硬件自动复位 RI、TI、TF2 及 EXF2，必须在中断服务程序中清除这些标志，才能撤除中断。

③ 既无软件清除也无硬件撤除。对于采用电平触发方式的外部中断请求，CPU 对引脚上的中断请求信号既无控制能力，也无应答信号。为保证在 CPU 响应中断后，执行返回指令前撤除中断请求，必须考虑另外的措施。

7.2.6 单片机中断系统的初始化

MCS-51 系列单片机中断系统功能，是可以通过上述特殊功能寄存器进行统一管理的。中断系统初始化是指用户对这些特殊功能寄存器中的各控制位进行赋值。

中断系统初始化的步骤如下：

① 开相应中断源的中断。

② 设定所用中断源的中断优先级。

③ 若为外部中断，则应规定是低电平触发方式还是负边沿触发方式。

【例 7-1】写出 INT1 为低电平触发的中断系统初始化程序。

解：采用位操作指令：

```
    SETB EA
    SETB EX1     ;开 INT1 中断
    SETB PX1     ;设置 IP 寄存器:PX1=1
    CLR  IT1     ;设 INT1 为低电平触发
```

采用字节型指令：

```
    MOV IE,#84H      ;开 INT1 中断
    ORL IP,#04H      ;设置 IP 寄存器:PX1=1
    ANL TCON,#0FBH   ;令 INT1 为低电平触发
```

显然，采用位操作指令进行中断系统初始化是比较简单的，因为不必记住各控制位在寄存器中的确切位置，而各控制位名称是比较容易记忆的。

7.3 扩展外中断源

MCS-51 系列单片机只有两个外部中断源（有些封装、系列单片机有 4 个外部中断源），

但在应用系统中，往往要求较多的外部中断源。下面介绍扩展外中断源的方法。

7.3.1　中断和查询相结合

当系统需要多个中断源时，可把它们按轻重缓急进行排队。把其中级别最高的中断源接到 $\overline{INT0}$（或 $\overline{INT1}$）端，其余的中断源用"线或"电路连接到 $\overline{INT1}$（或 $\overline{INT0}$）端，同时分别引向一个 I/O 端口（如 P1 口）。中断由硬件电路产生，这种方法理论上可以处理任意多个外部中断。图 7-7 就是用这种方法外扩 4 个中断源的示意图。

【例 7-2】根据图 7-7 的电路，编写外部中断请求线 EI1～EI4 上中断请求程序。

解：这是一个利用外部中断请求输入线 $\overline{INT1}$ 扩展外部中断源个数的应用实例。利用这个支持电路，MCS-51 系列单片机可以把外部中断源个数扩展到 5 个，即允许有 5 个外部设备与 CPU 联机工作。这 5 个外部中断请求输入线是 $\overline{INT0}$、EI1、EI2、EI3 和 EI4。其中，$\overline{INT0}$ 的中断入口地址是 0003H；EI1～EI4 的中断入口地址是 0013H，但必须在 0013H 处放一段查询程序，该查询程序应能查询 EI1～EI4 线上状态并根据查询结果转向各自中断服务程序。这些中断服务程序应作为子程序处理，末尾是一条 RET 指令。EI1～EI4 的中断优先级由查询次序决定，相应程序流程图如图 7-8 所示。

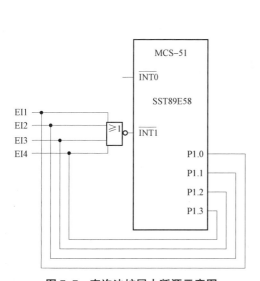

图 7-7　查询法扩展中断源示意图

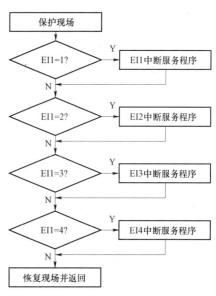

图 7-8　查询法扩展中断源程序流程图

参考程序如下：

```
        INT1:PUSH PSW
             PUSH ACC        ;保护现场
             JNB P1.0,LOOP0   ;若非EI1中断,转LOOP0
             ACALL ZD1
        LOOP0:JNB P1.1,LOOP1  ;若非EI2中断,转,LOOP1
             ACALL ZD1
        LOOP1:JNB P1.2,LOOP2  ;若非EI3中断, 转LOOP2
             ACALL ZD1
```

```
LOOP2:JNB P1.3,LOOP3    ;若非 EI3 中断,转 LOOP3
       ACALL ZD3
LOOP3:POP ACC
       POP PSW          ;恢复现场
       RETI
   ZD1:…                ;EI1 中断服务子程序
       RET
   ZD2:…                ;EI2 中断服务子程序
       RET
   ZD3:…                ;EI3 中断服务子程序
       RET
   ZD4:…                ;EI4 中断服务子程序
       RET
       END
```

查询法扩展外部中断源比较简单,但当外部中断源个数较多时查询时间太长,常常不能满足现场实时控制的要求。

7.3.2　利用定时器扩展中断源

利用 MCS-51 系列单片机其中的两个定时器/计数器 T0 和 T1,当它们选择计数工作方式时,T0 或 T1 引脚上的负跳变将使 T0 或 T1 计数器加 1 计数,故若把定时器/计数器设置成计数工作方式,计数初始设定为满量程,一旦外部从计数引脚输入一个负跳变信号,计数器 T0 或 T1 加 1 产生溢出中断,这样便可把外部计数输入端 T0(P3.4)或 T1(P3.5)扩展作为外部中断源输入。

【例 7-3】利用定时器作外部中断源。

将 T1 设置为工作方式 2 及外部计数方式,计数器 TH1、TL1 初值设置为 0FFH,当计数输入端 T1(P3.5)发生一次负跳变时,计数器加 1 并产生溢出标志,向 CPU 申请中断,中断处理程序使累加器 A 内容加 1,送至 P1 口输出,然后返回主程序。

C51 语言程序如下:

```
//======定时器中断测试 C 语言程序========//
//文件名:IntTimer.c
//例 7-3 利用定时器作外部中断源
//coded by hzw 2024.06.01
//===================================//
#include <reg52.h>
unsigned char moveled=0x00;
//C51 程序入口主函数 main
void main(){
    TMOD = 0x60;      //T1:工作方式 2 计数方式,自动重装
    TH1 = 0x0FF;      //当计数输入端 T1(P3.5)发生一次负跳变时,计数器加 1 并产生溢出标志
    TL1 = 0x0FF;
    TR1=1; ET1=1;     //开启 T0 中断
    EA = 1;           //开启中断总开关
    while(1){
```

```
        P1=moveled;
    }
}
//--------定时器 T1 中断服务程序------------------------//
void IntTimer1(void) interrupt 3 using 2 {
    moveled++;
    P1=moveled;
}
```

对应的汇编语言程序如下：

```
ORG 0000H                  ;用户程序首地址
    AJMP MAIN              ;转主程序
    ORG 001BH
    AJMP INTS             ;转中断服务程序
MAIN:MOV SP,#60H          ;堆栈指针赋初值
    MOV TMOD,#60H         ;T1 工作方式 2,计数
    MOV TL1,#0FFH         ;送常数
    MOV TH1,#0FFH
    SETB TR1              ;启动 T1 计数
    SETB ET1             ;允许 T1 中断
    SETB EA              ;CPU 开中断
LOOP:SJMP LOOP           ;等待
INTS:INC A               ;T1 中断处理程序
    MOV P1,A
RETI                     ;中断返回
```

7.4　中断系统应用举例

7.4.1　外部中断应用举例

【例 7-4】（外部中断应用）外部中断 INT0（P3.2）管脚接一个按键开关 S1，按键常态为高电平，按键按下为低电平，P1.0 接一个发光二极管 LED1，低电平点亮 LED1。设置外部中断 INT0 为边沿触发方式，即下降沿触发。当按键 S1 按下，则触发外部中断 INT0，中断服务程序将 LED1 点亮，闪烁一下后马上熄灭。编写程序，实现上述功能。

C51 语言实现代码如下：

```
//======C 语言中断测试程序========//
//文件名:IntExt.c
//例 7-4 外部中断 0
//code by hzw 2024.05.31
//========================//
#include <reg52.h>
sbit LED1=P1^0; //定义 LED1 的驱动点,测试外部中断 0
//定义延时函数,时间参数可以根据情况调整
```

```c
//unsigned int d      —  定时长度(大致值)
void delayms(unsigned int d) {
    unsigned int r1,r2;
    for(r1=0;r1<d;r1++)
        for(r2;r2<d;r2++);
}
//C51 程序入口主函数 main
void main(){
    IT0 = 1;      // 设置外部中断 0(P3.2)触发方式:下降沿触发
    EX0 = 1;      // 开启外部中断 0
    EA = 1;       // 开启中断总开关
    while(1){
        LED1=1;   //主函数中熄灭 LED1 指示灯,让外部中断 0 来点亮
    }
}
//--------外部中断 0 服务程序----------------------------//
//interrupt 0    —外部中断 0
//using 2         —使用寄存器组 2
//注意:若用 Simulator Debug 方式,可以打开 Peripherals 菜单,
//选择 Parallel Port 3 手动单击 Pins 中的 P3.2 模拟按键按下
//------------------------------------------------------//
void IntExt0 (void) interrupt 0 using 2 {
    LED1=0;        //点亮 LED1 指示灯,表示进入了中断服务程序
    delayms(5000); //延时一段时间,LED1 闪一下,回到 main 主程序,LED1 熄灭
}
```

汇编语言的实现代码如下:

```
        ORG 0000H
        AJMP START
        ORG 0003H
        AJMP INTEX0
        ORG 0100H
START:  MOV SP,#40H
MAIN:   SETB IT0      ;设置外部中断 0(P3.2)触发方式:下降沿触发
        SETB EX0      ;开启外部中断 0
        SETB EA       ;允许中断
WAIT:   SETB P1.0     ;熄灭 LED
        NOP
        AJMP WAIT     ;循环等待中断信号
;---以下为软件延时程序-------------------------------------
DELAY:  MOV R3,#20          ;纯软件模拟时,时间调为 200
D1:     MOV R4,#90
D2:     MOV R5,#200
        DJNZ R5,$
        DJNZ R4,D2
        DJNZ R3,D1
        RET                 ;延时子程序返回
```

```
;---以下为中断服务程序-----------------------------------------------
INTEX0: CLR P1.0          ;点亮 LED
        CALL DELAY        ;延时
    RETI                  ;中断返回
END
```

7.4.2 定时器中断应用举例

定时器举例

【例 7-5】使用定时器 T0 工作方式 1，产出方波，并由 P1.0 输出，P1.0 接 LED 发光二极管，通过 LED 查看方波的产生效果。编写程序，实现上述功能。

C51 语言的实现代码如下：

```
//======定时器中断测试 C 语言程序=======//
//文件名:IntTimer2.c
//例 7-5 使用定时器 T0 工作方式 1,产出方波,
//方波由 P1.0 输出,P1.0 接 LED 发光二极管,通过 LED 查看方波的产生效果。
//===================================//
#include <reg52.h>
unsigned char count=100;    //定义一个常数,控制中断次数,调节方波的频率
//C51 程序入口主函数 main
void main(){
    TMOD = 0x01;        //T0 工作在工作方式 1,16 位定时模式
    TH1 = 0x00;         //设置一个较小的定时初值数
    TL1 = 0x08;
    TR0=1; ET0=1;       //开启 T0 中断
    EA = 1;             //开启中断总开关
    while(1){
        ;
    }
}
//--------定时器 T0 中断服务程序------------------------//
void IntTimer0(void) interrupt 1 using 2 {
    count--;
    if(count==0){
        P1 ^= 1 << 0;   //P1.0 取反操作。^=异或运算符,1<<0 将数字 1 向左移 0 位
        count=100;      //重新赋初值,调节方波的频率
    }
}
```

汇编语言的实现代码如下：

```
//-----------------------------------------------------//
//例 7-5 定时器中断方法实现
//振荡器频率 12MHz,使用定时器 T0 工作方式 1,产出方波,
//并由 P1.0 输出,P1.0 接 LED 发光二极管,通过 LED 查看方波
//提问:
//1.如何减慢 LED 闪烁?
```

```
//2.如何用中断方法实现流水灯？
//-----------------------------------------------------//
    ORG 0000H
    AJMP START
    ORG 000BH
    AJMP IST0
    ORG 0100H
START:  MOV SP,#40H
        MOV R7,#100
MAIN:   MOV TMOD,#01H   ;T0 工作在工作方式 1
        MOV TL0,#08H    ;随意设置一个较小的数
        MOV TH0,#00H    ;
        SETB TR0        ;启动 T0 工作
        SETB ET0        ;允许 T0 中断
        SETB EA         ;允许中断
WAIT:   AJMP $          ;动态暂停,等待中断
;---以下为中断服务程序----------------------------------------
IST0:   MOV TL0,#08H    ;随意设置一个较小的数
        MOV TH0,#00H    ;
        DJNZ R7,FANHUI  ;控制中断多次后 LED 翻转
        MOV R7,#100;
        CPL P1.0        ;由 P1.0 输出,信号取反
FANHUI: RETI            ;中断返回
END
```

7.4.3 串口通信中断应用举例

串口举例

【例 7-6】（串口通信中断应用）串口工作方式 1：8 位 UART，波特率可变。串口通信利用定时器 T1 作为波特率发生器，系统晶振频率设为 11.059 2 MHz，通信波特率为 9 600 bps，P1.4 接一个发光二极管 LED5，低电平点亮 LED5。当有发送完成或者接收到数据中断时，则触发串口中断，中断服务程序将 LED5 点亮，闪烁一下后马上熄灭。编写程序，实现上述功能。

C51 语言的实现代码如下：

```
//====================C 语言中断测试程序====================//
//例 7-6 串口通信中断应用
//文件名:IntCom.c
//code by hzw 2024.07.09
//串口工作方式 1:8 位 UART,通信波特率为 9600bps,
//当有发送完成或者接收到数据中断时,LED5 闪烁一下后马上熄灭
//========================================================//
#include <reg52.h>
sbit LED5=P1^4; //定义 LED5 的驱动点,测试串口中断
//定义延时函数,时间参数可以根据情况调整
//unsigned int d    — 定时长度(大致值)
void delayms(unsigned int d) {
```

```
        unsigned int r1,r2;
        for(r1=0;r1<d;r1++)
            for(r2;r2<d;r2++);
    }
    void main(){
        TMOD = 0x21;//定时器 T0:工作方式 1,16 位定时器;T1:工作方式 2,作为串口通信的波特率
发生器
        SCON = 0x50;//串口工作方式 1:8 位 UART,波特率可变
        TH1 = 0xFD; //波特率 9600 (晶振频率:11.0592MHz)
        TL1 = TH1;  //定时器 T1 工作方式 2:自动重装
        PCON = 0x00;// SMOD1=0,波特率不倍增
        TR1=1;
        ES=1;        // 开启串口通信中断
        EA = 1;       // 开启中断总开关
        while(1){
            LED5=1;   //主函数中熄灭 LED1 指示灯,让串口中断来点亮
        }
    }
    //--------串口通信中断服务程序-----------------------//
    //interrupt 4    ——串口通信中断
    //using 2         ——使用寄存器组 2
    void IntUART(void) interrupt 4 using 2 {
        if(RI) {
            RI = 0;
        } else
            TI = 0;
        LED5=0;        //点亮 LED5 指示灯,表示进入了中断服务程序
        delayms(5000); //延时一段时间,LED5 闪一下,回到 main 主程序,LED5 熄灭
    }
```

汇编语言的实现代码如下:

```
//-----------------------------------------------------------//
//例 7-6 串口通信中断应用
//文件名:IntCom.asm
//串口工作方式 1:8 位 UART,通信波特率为 9600bps,
//当有发送完成或者接收到数据中断时,LED5 闪烁一下后马上熄灭
//-----------------------------------------------------------//
    ORG  0000H
    AJMP START
    ORG  0023H
    AJMP INTCOM
    ORG  0100H
START:  MOV SP,#40H
MAIN:   MOV TMOD,#21H              ;T1 工作方式 2,作为波特率发生器
        MOV TL1,#0FDH              ;时间常数低 8 位
        MOV TH1,#0FDH              ;0FDH:9600
        MOV SCON,#01000000B        ;串行口工作方式 1
```

```
            MOV PCON,#00H              ;波特率不倍增
            SETB TR1                   ;启动 T1 工作
            SETB ES        ;开启串口通信中断
            SETB EA        ;允许中断
WAIT:       SETB P1.4      ;熄灭 LED5
            NOP
            AJMP WAIT      ;循环等待中断信号
;---以下为软件延时程序---------------------------------------------
DELAY:      MOV R3,#20         ;纯软件模拟时,时间调为 200
D1:         MOV R4,#90
D2:         MOV R5,#200
            DJNZ R5,$
            DJNZ R4,D2
            DJNZ R3,D1
            RET            ;延时子程序返回
;---以下为中断服务程序---------------------------------------------
INTCOM: CLR P1.4           ;点亮 LED5
        CALL DELAY         ;延时
    RETI                   ;中断返回
    END
```

习　题

1. MCS-51 系列单片机有几个中断源？有几级中断优先级？各中断标志是怎样产生的？又是如何清除的？

2. 什么是中断优先级？中断优先处理的原则是什么？

3. MCS-51 系列单片机响应中断后，怎样保护断点和保护现场？中断入口地址各是多少？

4. 什么叫中断嵌套？什么叫中断系统？中断系统的功能是什么？

5. MCS-51 系列单片机中响应中断是有条件的，这些条件是什么？并描述中断响应的全过程。

6. MCS-51 系列单片机的每个中断标志位代号是什么？位地址是什么？它们在什么情况下被置位和复位？

7. 在 MCS-51 系列单片机中，哪些中断可以随着中断被响应而自动撤除？哪些中断需要用户来撤除？撤除的方法是什么？

8. 试编写一段对中断系统初始化的程序，使之允许 $\overline{INT0}$、$\overline{INT1}$、T0 和串行接口中断，且使串行接口中断为高优先级中断。

9. 试编写程序，使定时器 T0（工作方式 1）定时 100 ms 产生一次中断，使接在 P1.0 的发光二极管间隔 1 s 亮一次，亮 10 次后停止。

10. 使用成熟的生成式大模型应用，将一段外部中断汇编程序转换成 C51 程序代码，并将其与自己编写的 C51 程序代码比较，分析大模型在程序翻译中的优势和劣势。

11. 将一段串口中断响应程序改为查询方式，通过对中断和查询两种工作方式的比较，分析二者异同，归纳中断异步触发、及时响应的特点。

第8章

单片机系统扩展设计

提 要

MCS-51 系列单片机的系统扩展主要包括程序存储器（ROM）和数据存储器（RAM）扩展、输入输出（I/O）口扩展、中断系统扩展。本章主要介绍并行接口扩展的基本方法，根据单片机时序逻辑，给出并行扩展的典型电路，以及存储器、显示器、键盘、温度传感器和红外传感器等常用器件与单片机的接口设计方法、C51 语言代码和汇编语言代码。

采用 MCS-51 系列单片机构成的最小应用系统，充分显示了单片机体积小、成本低的优点。但是，在设计工业测控等实际系统时，经常要涉及各种功能需求，包括人机对话、模拟信号测量、控制、通信功能等，此时最小应用系统已不能满足要求，必须进行相应的系统扩展。

8.1 系统扩展方法概述

系统接口
扩展介绍

系统扩展包括系统资源的扩展和外部设备的扩展，系统资源扩展是指单片机内部功能部件不能满足要求时，在片外连接外围芯片，以达到系统的功能要求，主要是指对存储器、I/O 和中断等系统资源进行扩展。另外，针对不同的应用系统，可能需要配置相应的键盘、显示器、打印机、模数转换器（ADC）、数模转换器（DAC）、通信器件或电路等，称为外围设备扩展设计。

从总线的角度，单片机系统的接口扩展可分为并行和串行两种类型。前者是指利用单片机的地址、数据和控制三组总线来完成数据传送，后者数据总线为串行方式，按照某种串行总线规范进行扩展，包括 MCS-51 串口（工作方式 0）、SPI/MICROWIRE、I²C、1-wire 等。相对于并行接口器件，串行接口器件体积小，与单片机连接时需要的接口线少，占用较少的资源，从而简化了系统结构，提高了可靠性。其缺点是速度相对较慢，不适用于高速应用的场合。由于单片机集成度和速度的提高，串行方法越来越流行，得到广泛使用。本章从掌握设计思想和方法角度出发，主要介绍并行接口扩展设计。

1. MCS-51 系列单片机总线及存储器存储地址空间

MCS-51 系列单片机的总线包括地址总线（address bus）、数据总线（data bus）、控制总线（control bus），并行扩展就是通过相应的引脚，与片外接口芯片进行并行连接。

1）地址总线

MCS-51 系列单片机地址总线宽度为 16 位，决定了其可寻址空间为 64 KB。地址总线低 8 位即 A7～A0 由 P0 口提供，高 8 位即 A15～A8 由 P2 口提供。

由于 P0 口是数据总线和地址总线低 8 位分时复用，因而地址数据必须要锁存。P2 口具有锁存功能，不需外加锁存器，但 P2 口作为高位地址线后，便不能作为通用 I/O 口使用。

2）数据总线

MCS-51 系列单片机的 8 位数据总线 D7～D0 由 P0 口提供。P0 口是带有三态门的双向口，是单片机与外部交换数据的通道。单片机取指、大多数情况下存取数据，都是通过 P0 口进行的，少数情况下通过 P1 口传送。

在连接多个外围芯片时，由于数据总线上同一时刻只能有一个有效通道，此时这些芯片大都采用三态门与总线连接，一般由地址线控制相应的片选端。

3）控制总线

控制总线是单片机与外部芯片连接时的联络信号，控制线包括 ALE、$\overline{PSEN}$、$\overline{EA}$、$\overline{RD}$、$\overline{WR}$，其含义、输入输出特性和功能如下。

ALE：地址锁存允许，输出，用于锁存 P0 口输出的低 8 位地址信号。

$\overline{PSEN}$：程序存储器选通允许，输出，用于选通片外程序存储器。

$\overline{EA}$：外部访问，输入，用于选择片内或片外程序存储器。当 $\overline{EA}$=0 时，无论片内有无 ROM，只访问片外程序存储器。

$\overline{RD}$、$\overline{WR}$：读/写，输出，用于片外数据存储器（RAM）的读写控制。在执行 MOVX 类型指令时，自动生成这两个控制信号。

MCS-51 系列单片机的存储器组织采用的是哈佛（Harvard）结构，即将程序存储器和数据存储器分开，程序存储器和数据存储器具有各自独立的寻址方式、寻址空间和控制信号。MCS-51 系列单片机存储器结构如图 8-1 所示（内部数据 RAM 的高 128 位仅为 MCS-52 子系列单片机拥有）。

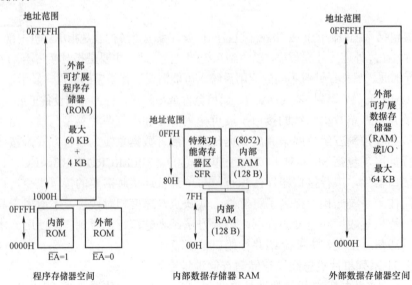

图 8-1　MCS-51 系列单片机存储器结构

MCS-51 系列单片机（8031 和 8032 除外）有 4 个物理上相互独立的存储器空间，即内、外程序存储器和内、外数据存储器。逻辑上分为 3 个存储地址空间，即片内外统一编址的 64 KB 的程序存储器存储地址空间、256 B 的片内数据存储器及 64 KB 的片外数据存储器存储地址空间。

64 KB 的片外数据存储器存储地址空间可扩展并行数据 RAM 或 I/O 接口。

2. MCS-51 系列单片机并行扩展接口设计

MCS-51 系列单片机并行数据 RAM 或 I/O 接口扩展使用的是 64 KB 的片外数据存储器存储地址空间，当扩展多个数据 RAM 或 I/O 芯片时，如何把 64 KB 存储地址空间合理分配给各芯片而不产生冲突，是必须首先解决的问题。分配存储地址空间的合理性不仅取决于数据 RAM 或 I/O 器件读（$\overline{RD}$）、写（$\overline{WR}$）控制信号的时序配合，还取决于片选控制的正确性。

对于 MCS-51 系列单片机系统扩展并行接口，实现片选控制的方法有线选法和译码选通法。需要注意的是，单片机并行扩展时，高位地址线（P2 口高位）即使有空闲，也不适宜作为 I/O 线使用。

1）线选法

如果数据 RAM 或 I/O 芯片数较少，只需要用单片机的部分高位地址线分别接到各个芯片的片选端作为选控制即可，而不需要另加其他数字逻辑电路，此方法比较简单，只适合不太复杂的 MCS-51 系列单片机系统设计。但应注意，由于剩余的其他高位地址线不参与译码而可为任意状态，可能会造成各数据 RAM 或 I/O 芯片的存储地址空间是不连续的，还有可能导致存储地址空间重叠。

例如，假设需要扩展 1 片 2 KB 数据 RAM（例如 6116）、2 个 I/O 芯片，一般而言，I/O 芯片所占存储地址空间不超过 32 B，此处假定第一个 I/O 芯片所占存储地址空间为 1 B（如 ADC），第二个 I/O 芯片所占存储地址空间为 32 B，通常数据 RAM 和 I/O 芯片的片选信号均为低电平有效。将最高位地址线 A15 直接接到 2 KB 数据 RAM 芯片的片选端，将地址线 A14 直接接到第一个 I/O 芯片的片选端，将地址线 A13 直接接到第二个 I/O 芯片的片选端，其数据读写指令实际访问存储地址空间见表 8-1。可以清楚地看出，各数据 RAM、I/O 芯片的地址空间存在不连续和重叠的情况。

表 8-1　线选法实际访问存储地址空间举例

扩展器件	地址线逻辑																数据读写指令实际访问存储地址空间
	A15	A14	A13	A12	A11	A10	A9	A8	A7	A6	A5	A4	A3	A2	A1	A0	
2 KB 数据 RAM	0	悬空不接任何芯片管脚				分别接 2 KB 数据 RAM 芯片的 A10～A0 端											0000～07FFH 0800～0FFFH 1000～17FFH 1800～1FFFH ⋮ 7000～77FFH 7800～7FFFH 之中的任一个地址段
第一个 I/O	1	0	悬空不接任何芯片管脚														8000～BFFFH 之中的任何一个地址
第二个 I/O	1	1	0	悬空不接任何芯片管脚								分别接 32 B 的第二个 I/O 芯片的 A4～A0 端					C000～C01FH C020～C03FH ⋮ FFE0～FFFFH 之中的任一个地址段

2）译码选通法

在扩展芯片数目较多或要求存储地址空间连续时，可采用译码器来产生片选信号，分别选通各数据 RAM 或 I/O 芯片。译码电路将存储地址空间划分为连续的若干区域，既能充分利用存储地址空间，又可以克服存储地址空间分散的缺点。最常用的译码器有 3-8 线译码器 74LS138、4-16 线译码器 74LS154 等。它们使用灵活，完全可以根据设计者的要求来组合译码，产生片选信号。若全部地址都参与译码，称为全译码；若部分地址参与译码，称为部分译码，这时可能存在部分存储地址空间重叠的情况（与线选法存储地址空间重叠类似）。

参考上面的例子，如采用全译码方式，对于 2 KB 数据 RAM 而言，除 A10～A0 共 11 根地址线外，剩余的 A15～A11 共 5 根高位地址线需参与译码；对于 1 B 的第一个 I/O 芯片，A15～A0 共 16 根地址线均需参与译码；对于 32 B 的第二个 I/O 芯片，除 A4～A0 共 5 根地址线外，A15～A5 共 11 根地址线也需参与译码。如果采用 3-8 线译码器 74LS138 或 4-16 线译码器 74LS154 等中小规模数字逻辑器件，则部分译码方式比较合适。如果采用 EPLD 等管脚较多的可编程逻辑器件，宜采用部分译码方式的译码选通法（以 3-8 线译码为例），其数据读写指令实际访问存储地址空间见表 8-2。采用全译码方式的译码选通法，其数据读写指令实际访问存储地址空间见表 8-3。

表 8-2　部分译码选通法访问存储地址空间举例（以 3-8 线译码为例）

扩展器件	地址线逻辑																数据读写指令实际访问存储地址空间
	A15	A14	A13	A12	A11	A10	A9	A8	A7	A6	A5	A4	A3	A2	A1	A0	
2 KB 数据 RAM	0	0	0	空置不接任何芯片管脚		接 2 KB 数据 RAM 芯片的 A10～A0 端											0000～07FFH 0800～0FFFH 1000～17FFH 之中的任一个地址段
第一个 I/O	0	0	1	空置不接任何芯片管脚													2000～3FFFH 之中的任何一个地址
第二个 I/O	0	1	0	空置不接任何芯片管脚								接 32 B 的第二个 I/O 芯片的 A4～A0 端					4000～401FH 4020～403FH ⋮ 5FE0～5FFFH 之中的任一个地址段

表 8-3　全译码选通法数据读写指令实际访问存储地址空间举例

扩展器件	地址线逻辑																数据读写指令实际访问存储地址空间
	A15	A14	A13	A12	A11	A10	A9	A8	A7	A6	A5	A4	A3	A2	A1	A0	
2 KB 数据 RAM	0	0	0	0	0	接 2 KB 数据 RAM 芯片的 A10～A0 端											0000～07FFH
第一个 I/O	0	0	0	0	1	0	0	0	0	0	0	0	0	0	0	0	0400H
第二个 I/O	0	0	0	0	1	0	0	0	0	0	1	接 32 B 的第二个 I/O 芯片的 A4～A0 端					0420～043FH

一旦数据读写指令实际访问存储地址空间确定，MCS-51 系列单片机与片外并行器件（数据 RAM 或 I/O）接口设计有两个任务：硬件电路连接和软件编程，二者相互关联，软件编程应根据硬件连线确定的地址单元和接口芯片的工作时序，完成相应的读写操作。

硬件接口就是解决 3 种总线的连接：

① 数据总线。片外器件的数据总线宽度不超过 8 位时，直接与单片机相连即可；大于 8 位时，需要分时存取。

② 地址总线。先对片外器件分配地址，然后进行相应的硬件连接。

③ 控制总线。根据片外器件工作的定时逻辑，利用单片机控制信号及与 I/O 端口线的组合，完成对器件的控制和读写操作。

8.2 存储器扩展技术

存储器扩展技术

8.2.1 存储器扩展概述

存储器是计算机中最重要的部件之一，存取时间和存储容量都直接影响着计算机的性能。随着集成电路和存储技术的发展，存储器在计算机中的体积和成本所占比例已越来越小。

1. 存储器分类

通常把半导体存储器分为易失性存储器和非易失性存储器。一般地，可随机读写信息的易失性存储器称为 RAM（random access memory），作为数据存储器使用，包括静态存储器（static RAM，SRAM）和动态存储器（dynamic RAM，DRAM）；非易失性存储器称为 ROM（read only memory），作为程序存储器使用，可分为掩膜只读存储器（Mask ROM，MROM）、一次性编程存储器（one time programmable ROM）和紫外线擦除可编程存储器（ultraviolet-erasable programmable ROM）。

随着半导体技术的发展，各种新型的可现场改写信息的非易失性存储器得到更广泛的应用，按材料和工艺分类，目前典型的存储器有以下几种。

① EEPROM（electrically erasable programmable ROM）或 E^2PROM：电可擦除可编程 ROM。

② flash memory：Intel 和 Toshiba 公司 20 世纪 80 年代首先推出的可快速擦写 ROM。

③ BBSRAM（battery backed SRAM）：Dallas Semiconductor 公司的电池后备供电的静态存储器，掉电后信息可保存 10 年。

④ FRAM（ferroelectric RAM）：Ramtron 公司研制的铁电存储器。

前两种存储器常用来存储程序，后两种存储器常用来存储数据。上述存储器都具有非易失性的特性，但其中的信息又可以随时改写，兼有 RAM 和 ROM 的特征。可见，易失性已经不能作为存储器分类的标准了。

2. 存储器发展趋势

微处理器在飞速发展的同时也推动了存储器技术的研究，其主要发展方向大略可概括如下。

① 集成度不断提高，容量不断增大。基于亚微米级工艺的 DRAM 芯片容量已达到 Gbit 数量级。

② 存取速度不断提高。一般把存取时间小于 35 ns 的存储器称为高速存储器。目前 SRAM 的存取时间可达到 1 ns。

③ 低电压和低功耗。低电压存储器采用的工作电压有 3～3.3 V、2.5 V、1.5～1.8 V，甚至低于 1 V。

④ 存储器带有串行总线接口，可大大减少芯片间接线。

除传统的半导体技术领域外，利用超导技术、全息存储技术、单电子存储技术、生物电路技术及光化学存储技术等新材料、新技术的存储器也处于研究和开发之中。

3. 存储器扩展的基本方法

按照总线连接方式，MCS-51 系列单片机扩展存储器可分为并行扩展和串行扩展。基本方法是：按照单片机和不同存储器芯片的时序来完成硬件连接和软件编程。

存储器的基本操作控制包括片选控制和读写操作控制。

1）存储器片选控制

片选控制的目的是保证在寻址时数据与地址单元唯一对应。在仅扩展一片存储器时，不存在地址重叠的问题，片选端直接接为有效即可。扩展多片存储器时，为避免有效存储地址空间的重叠，就需要对进行存储器片选控制。

串行接口扩展时，如果有专门的片选端，通常采用 I/O 端口来选择相应的存储器，多用 P1 口。I²C 总线存储器一般没有片选端，通过外部地址线引脚来设定各器件的有效物理地址，该地址信息包含在串行协议中，从而达到区分芯片的目的。

2）存储器读写操作控制

MCS-51 系列单片机采用 SPI 和 I²C 等串行接口扩展存储器时，一般只有时钟线和数据线，读写操作控制是通过串行协议中的读写控制位来实现的。

MCS-51 系列单片机在访问并行片外程序存储器和数据存储器时，分别使用不同的指令，并且产生不同的控制信号，因此允许两者的地址重复，地址范围均为 0000H～FFFFH。单片机控制信号与存储器的连接由单片机的操作时序来决定。

片外和片内数据存储器的操作指令不同，片外数据存储器读写指令是 MOVX 系列，控制线分别用单片机的 $\overline{RD}$ 和 $\overline{WR}$ 与存储器的输出允许（通常为 $\overline{OE}$）和写允许（通常为 $\overline{WE}$）对应连接。

程序存储器在程序运行状态只能读出，不能写入。扩展片外程序存储器时，需将单片机的 $\overline{PSEN}$ 与程序存储器的输出允许（$\overline{OE}$）相连。片内和片外程序存储器的选择由硬件连接（$\overline{EA}$）来决定，对于片内无程序存储器的 8031 等芯片，必须将 $\overline{EA}$ 接低电平。当 $\overline{EA}=1$ 时，0000H～0FFFH 共 4 KB 空间为片内程序存储器所有，片外程序存储器地址应从 1000H 开始设置。读片外和片内程序存储器内容的操作指令是 MOVC。

当程序存储器的容量超过 MCS-51 系列单片机的 64 KB 寻址空间时，需要增加 I/O 端口线，即采用所谓的存储体切换（简称"换体"）的方法来实现，通常可利用 P1 口线来选择不同的存储地址空间。

8.2.2 存储器的并行扩展

存储器的并行扩展可分为数据存储器和程序存储器两种类型。实际上，

存储器的
并行扩展

有的新型存储器已经把二者集成在一个芯片上，如 ISSI 公司（Integrated Silicon Solution，Inc.）的 IS71V16F64GS08，片内有 64 Mbit 的 Flash Memory 和 8 Mbit 的静态 RAM。

1. 数据存储器的并行扩展

扩展数据存储器时，应按照单片机的操作时序，选择存储器芯片，完成接口设计。

1）数据存储器读、写操作时序

MCS-51 系列单片机对片外数据存储器读、写操作的指令有两组，均为单字节双周期指令，其操作时序如下。

（1）"MOVX A，@DPTR" 和 "MOVX @DPTR，A" 的时序

DPTR 提供 16 位地址，因此可以扩展 64 KB 的片外数据存储器。这组指令的操作时序如图 8-2 所示。

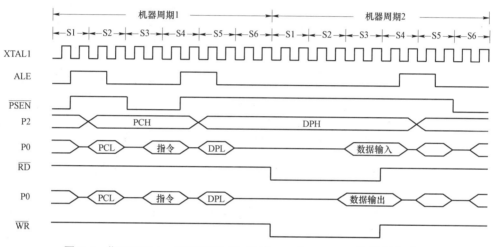

图 8-2　"MOVX A，@DPTR" 和 "MOVX @DPTR，A" 的操作时序

在图 8-2 中，机器周期 1 为取指周期，在 S2 状态，ALE 下降沿锁存 P0 口输出的 PC 低 8 位即 PCL，P2 口输出 PC 高 8 位即 PCH；而 $\overline{\text{PSEN}}$ 低电平有效时读入 PC 指向单元的指令代码。在 S5 状态，ALE 的下降沿对应 P0 总线上出现的是数据存储器的低 8 位地址，即 DPL（DPTR 低字节）；P2 口上出现的是数据存储器的高 8 位地址，即 DPH（DPTR 高字节）。

执行 "MOVX A，@DPTR" 时，从机器周期 2 开始到 S3 状态，$\overline{\text{RD}}$（即 P3.7）出现低电平，此时允许将片外数据存储器的数据送入 P0 口，在 $\overline{\text{RD}}$ 的上升沿将数据读入累加器 A。

执行 "MOVX @DPTR，A" 时，从机器周期 2 开始到 S3 状态，$\overline{\text{WR}}$（即 P3.6）出现低电平，此时 P0 口将送出累加器 A 的数据，在 $\overline{\text{WR}}$ 的上升沿将数据写入片外数据存储器中。

在取指操作之后，直至机器周期 2 的 S5 状态之前，$\overline{\text{PSEN}}$ 一直维持高电平。

由于读写操作单元的低位地址 DPL 已锁存，在机器周期 2 的 S1 与 S2 状态之间 P0 口为浮空状态，因而 ALE 不再出现。这也是 MOVX 系列指令的特别之处。

综上所述，P0 口作为地址、数据复用总线，P2 口在机器周期 1 的 S4 状态之后出现锁存的高 8 位地址（DPH）；用控制线及 $\overline{\text{RD}}$、$\overline{\text{WR}}$ 来控制数据总线上的数据传输方向：$\overline{\text{RD}}$ 有效时数据为输入，$\overline{\text{WR}}$ 有效时数据为输出。

（2）"MOVX A，@Ri" 和 "MOVX @Ri，A" 的操作时序

由于 Ri（i=0，1）只能提供 8 位地址，因此这两条指令仅适用于扩展 256 个字节的片外数据存储器时。指令的操作时序如图 8-3 所示。

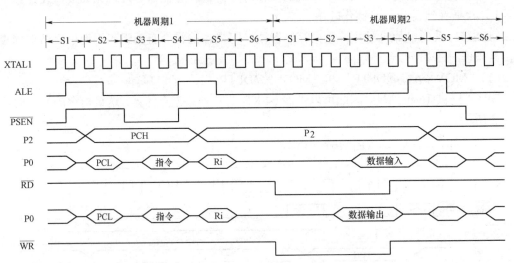

图 8-3 "MOVX A，@Ri" 和 "MOVX @Ri，A" 的操作时序

执行这组指令时，在取指周期的 S5 状态，ALE 的下降沿，P0 总线上出现的是数据存储器的低 8 位地址，即 Ri 中内容；在机器周期 1 的 S4 状态之后，直至机器周期 2 的 S5 状态之前，P2 口上出现的不是数据存储器的高 8 位地址 DPH，而是 P2 口特殊功能寄存器的内容。

2）扩展片外数据存储器的方法

（1）数据存储器选择

传统的易失性存储器主要有静态存储器（SRAM）、动态存储器（DRAM）和伪静态 RAM（PSRAM）。SRAM 基于触发器原理，读写速度快，但是集成度低、功耗大；DRAM 基于分布电容电荷存储原理，集成度高、功耗和成本低，但需要周期性刷新；PSRAM 则在 DRAM 片内集成了刷新控制电路。SRAM 一般用于容量小于 64 KB 的小系统。

在 MCS-51 系列单片机系统中，片外数据存储器一般选用 SRAM。选择芯片时主要应考虑容量、读写速度、功耗等因素。MCS-51 系列单片机要求的数据存储器容量不大于 64 KB，在 12 MHz 晶振时的机器周期为 1 μs。由于面向控制，扩展的容量不会太大，通常采用 SRAM，典型芯片有 6 116（2 K×8 位）和 6 264（8 K×8 位）两种。不同公司生产的相同容量 SRAM 引脚通常都可兼容。

（2）扩展电路

根据时序分析，可画出如图 8-4 所示的 MCS-51 系列单片机扩展片外数据存储器的电路。

在图 8-4 中，单片机的 P0 口提供低 8 位地址（A0～A7），通过 ALE 锁存；P2 口提供高 8 位地址（A8～A15）；$\overline{WR}$（P3.6）及 $\overline{RD}$（P3.7）分别与 RAM（如 6116）的写允许（$\overline{WE}$）及读允许（$\overline{OE}$）连接，实现写/读控制。如果仅有一片数据存储器，片选端 $\overline{CE}$ 有两种连接方法：可以用 $\overline{WR}$ 及 $\overline{RD}$ 的"与"逻辑控制；或者直接接低电平。

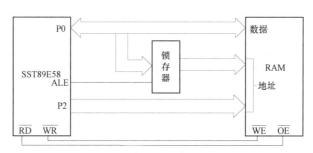

图 8-4　扩展片外数据存储器电路

　　锁存 P0 口的低 8 位地址应该在 ALE 的下降沿或者在低电平时，地址锁存器可采用 8D 锁存器 74HC273 或锁存缓冲器 74HC373。74HC273 的 CLK 端是上升沿锁存，为了与 ALE 信号下降沿出现地址信号相一致，须将 ALE 信号反相。74HC373 的锁存允许信号 LE 是电平锁存，与 ALE 信号直接连接。

　　下面举例说明 8031 单片机扩展 64 KB 数据存储器的设计方法。

　　扩展 64 KB 空间需要 8 片 8 KB 存储器 6264，每片用到地址线 A0～A12，还有 A13～A15 共 3 条地址线空闲，应采用译码选通法寻址。若简单采用线选法寻址，则只能扩展 3 片存储器。

　　扩展电路如图 8-5 所示。图中，用 P2.5、P2.6 及 P2.7 三根地址线经 3-8 译码器 74LS138 译码后依次接到 0～7 号数据存储器芯片 6264 的片选端，各片数据存储器的地址范围从 0000H 到 FFFFH 按 8 KB 间隔分布。

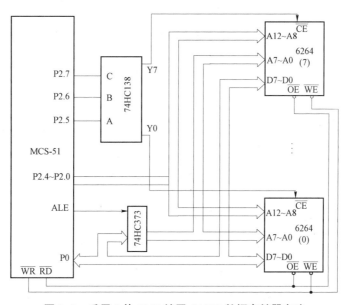

图 8-5　采用 8 片 6264 扩展 64 KB 数据存储器电路

　　采用这种电路需要注意 P0 口和 P2 口的驱动能力。

　　若需扩展 2 KB 存储器，可采用一片 6116，用到地址线 A0～A10，地址范围为 0000H～07FFH，$\overline{\text{CE}}$ 直接接低电平。若需扩展 16 KB 存储器，可用两片 6264，用到地址线 A0～A13，此时采用线选法寻址较简单，可用其中一条高位地址线 P2.5（A13）来寻址：当 P2.5=0 时，访问片 1；当 P2.5=1 时，访问片 2。此时，片 1 的地址范围为 0000H～1FFFH；片 2 的地址范围为 2000H～3FFFH。

2. 程序存储器的并行扩展

1）程序存储器的操作时序

$\overline{EA}$ 为片外、片内程序存储器选择信号，不能悬空。根据 $\overline{EA}$ 连接电平的不同，MCS-51 系列单片机有两种取指过程。

① 当 $\overline{EA}$ =1 时，单片机所有片内程序存储器有效。当程序计数器 PC 运行于片内程序存储器的寻址范围内（对 8051/8751 为 0000H～0FFFH）时，P0 口、P2 口及 $\overline{PSEN}$ 线没有信号输出；当程序计数器 PC 的值超出上述范围时，才有信号输出。

MCS-51 系列单片机访问片外程序存储器时，在 ALE 的下降沿之后，$\overline{PSEN}$ 由高变为低，此时片外程序存储器的内容（指令字）送到 P0 口（数据总线），然后在 $\overline{PSEN}$ 的上升沿将指令字送入指令寄存器。因此，以 $\overline{PSEN}$ 信号作为片外程序存储器的"读"选通信号。

② 当 $\overline{EA}$ =0 时，单片机所有片内程序存储器无效，只能访问片外程序存储器。随着单片机复位进入程序运行方式，PC 地址指针从 0000H 开始，P0 口、P2 口及 $\overline{PSEN}$ 线均有信号输出。

单片机片外程序存储器取指操作的时序（无片外数据存储器时）如图 8-6 所示。如果片外有数据存储器，机器周期 2 会缺少一个 ALE 信号。

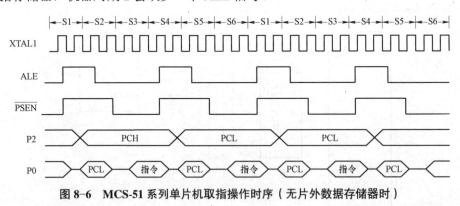

图 8-6 MCS-51 系列单片机取指操作时序（无片外数据存储器时）

2）扩展片外程序存储器的硬件电路

（1）程序存储器的选择

由于 EPROM、EEPROM 和 Flash 等技术的提高，单片机片内程序存储器容量也越来越大，如 89C58/87C58 的片内程序存储器的容量高达 32 K×8 位，有的达到 64 K×8 位，而且新型的带有 ISP（in-system programming）功能的单片机可以在片内进行编程和擦除，并且不需要外接编程所需的高电压，而由片内提供；同时，带片内程序存储器的单片机的价格也在不断下降。因此，程序存储器的扩展已不是必需的了，以下讨论的意义更在于对扩展方法的理解。

片外程序存储器可以有多种选择，在可现场改写的存储器中，EEPROM、Flash 已大量应用。较常用的 EPROM 有 2 764（8 K×8 位）、27 128（16 K×8 位）、27 256（32 K×8 位）和 27 512（64 K×8 位）。显然，通常情况下只需要扩展一片（或两片）EPROM 芯片就足够了，从而简化了扩展电路的结构。

（2）扩展电路

根据操作时序，单片机扩展片外程序存储器的电路如图 8-7 所示。

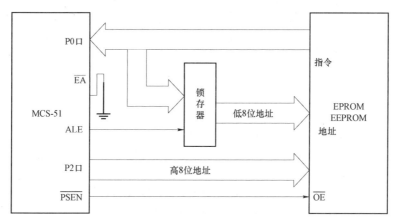

图 8-7 扩展片外程序存储器电路

在图 8-7 中，$\overline{PSEN}$ 与 EPROM 的输出允许（$\overline{OE}$）相连；要求 $\overline{EA}$ =0，CPU 复位后 PC 为 0000H，从片外程序存储器开始取指执行。地址线由扩展容量决定；如果仅有一片程序存储器，片选端 $\overline{CE}$ 可直接接低电平。

对于片内有程序存储器的单片机，如果 $\overline{EA}$ 上拉到+5 V，既使用片内 4 KB 程序存储器，又使用片外扩展的程序存储器。当 PC 内容小于 0FFFH 时，访问片内程序存储器；当 PC 内容大于 0FFFH 时，访问片外程序存储器。

例如，若需扩展 4 K×8 位程序存储器，可采用一片 2732，用到地址线 A0～A11，地址范围为 0000H～0FFFH，片选端 $\overline{CE}$ 直接接低电平。

同样，扩展两片程序存储器可采用线选方式，扩展多片程序存储器可采用译码选通方式。采用译码法时，由于 P0、P2 口扩展的芯片数量较多，所以必须注意 P0、P2 口的负载能力。

3. 扩展片外程序存储器和数据存储器

在单片机系统中，多数情况下既需要扩展片外程序存储器，也需要扩展片外数据存储器。这时，数据总线和地址总线都是共用的，其中地址总线应根据各自的地址范围来确定；而控制总线是完全不同的，必须相应连接。

同时扩展 8 KB 程序存储器和数据存储器的电路如图 8-8 所示。在此电路中，只需扩展一片程序存储器和数据存储器，片选 $\overline{CE}$ 可直接接地，地址线需要 13 条，用到 P2 口的 P2.0～P2.4。程序存储器和数据存储器地址范围均为 0000H～1FFFH。

需要特别强调的是，程序存储器和数据存储器都由 P2 口提供高 8 位地址、P0 口提供低 8 位地址和 8 位数据或指令，且共用一个地址锁存器，因而两者共处于同一存储地址空间，那么在存取时二者是否会有总线冲突呢？回答是否定的。根本原因在于单片机的操作时序，程序存储器的访问是由程序读选通信号 $\overline{PSEN}$ 控制的，而外部数据存储器的读写由 $\overline{RD}$ 和 $\overline{WR}$ 信号控制。这样，由于控制信号的不同，程序存储器和数据存储器的空间在逻辑上是严格分开的，所以在访问时不会发生总线冲突。

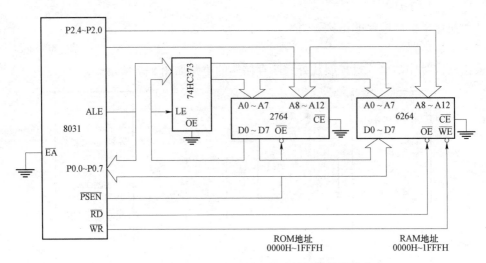

图 8-8　扩展片外程序存储器和片外数据存储器的电路

8.3　显示器接口技术

单片机常用的显示器有发光二极管（LED）和液晶显示器（LCD）两种。

8.3.1　LED 显示器接口设计

1. LED 显示器工作原理

LED（light emitting diode）显示器是由若干个发光二极管组成的，每个二极管称为一个字段。LED 显示器有 3 种通用格式：可显示数字和十六进制字母的 7 段（或 8 段，增加了小数点"dp"段）显示器（"8"字形）、显示数字和全部英文字母的 18 段显示器（"米"字形）和点阵显示器。7 段显示管是最经济和最常用的显示器。

LED 显示器分为共阴极和共阳极两种结构形式。共阴极 LED 显示器中发光二极管的阴极连接在一起，通常接地，当某个二极管的阳极为高电平时，相应的段就发光显示。同样，共阳极 LED 显示器的公共阳极接高电平，当某个二极管的阴极接低电平时，相应的段被点亮显示。图 8-9 为 7 段显示器的外形图。

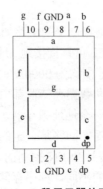

图 8-9　7 段显示器外形图

为显示不同的字形，显示器各字段所加的电平是不同的，编码也随之不同。7 段显示器的字符与共阴极及共阳极时编码的对应关系见表 8-4。

表 8-4　7 段显示器字符编码表

显示字符	共阴极段码	共阳极段码	显示字符	共阴极段码	共阳极段码
0	3FH	C0H	C	39H	C6H
1	06H	F9H	D	5EH	A1H
2	5BH	A4H	E	79H	86H
3	4FH	B0H	F	71H	8EH
4	66H	99H	H	76H	89H
5	6DH	92H	L	38H	C7H
6	7DH	82H	P	73H	8CH
7	07H	F8H	r	31H	CEH
8	7FH	80H	U	3EH	C1H
9	6FH	90H	y	6EH	91H
A	77H	88H	无显示	00H	FFH
b	7CH	83H	…	…	…

把共阴极编码按位求反后，即可得到相应的共阳极编码。

"米"字形显示器组成的字符比 7 段显示器更加丰富，而点阵显示器还可以显示汉字和图形。显然，上述编码与各字段在字节中的排列顺序有关，即与数据总线和字段的对应关系相关。

2. 显示方式分类

N 个 LED 可以组成 N 位 LED 显示器，通常控制线分为字位选择线和字形（字段）选择线，字位选择线为各个 LED 的公共端，用来控制该 LED 是否点亮，而字段选择线确定显示字符的字形。根据不同的显示方式，字位选择线和字段选择线的连接方法也有所区别。

LED 显示方式分为静态显示和动态显示两种类型。

1）静态显示方式

在静态显示方式下，LED 显示器中各位的公共端（共阴极或共阳极）连接在一起，而每位的字段选择线分别与 8 位锁存器输出相连接。每个显示字符经锁存器输出后，LED 即保持连续稳定显示，直到输出下一个显示字符。

采用静态显示方式时，编程比较简单，电流始终流过每个点亮的字段，亮度较高，但占用的输出口线较多，消耗功率较大。

2）动态显示方式

在多个 LED 显示时，为克服静态显示的缺点，可采用动态显示。方法是将所有位的字段选择线相应并联，由一个 8 位 I/O 端口控制，从而形成字段选择线的多路复用，同时各位的公共端分别由相应的 I/O 线控制，实现分时选通。

显然，为了在各位 LED 上分别显示不同的字符，需要采用循环扫描显示的方法，即在某一时刻，只选通一条字位选择线，并输出该位的字段码，其余位则处于关闭状态。可见，各位 LED 显示的字符并不是同时出现的，但由于人眼的视觉暂留及 LED 的余辉，可以达到同时显示的效果。

采用动态显示时，需要确定 LED 各位显示的保持时间。由于 LED 从导通到发光有延时，如果显示时间太短会造成发光微弱，显示不清晰；如果显示时间太长，则会占用较多的 CPU 时间。可以看出，动态显示本身就是以增加 CPU 开销作为代价的。

3. LED 显示器接口电路设计

应用于单片机的 LED 显示接口可分为并行和串行两种。

常用的并行接口芯片有 Intel8279 通用可编程键盘显示器接口芯片。集成芯片有 BCD/7 段译码器/驱动器 74HC46/47、74HC246/247/248/249、74HC347、4028、4511、14513 等，BCD 码输入，输出端对应连接至 LED 管脚。另外，还可采用通用的驱动器。

串行接口芯片的使用越来越多，如 PHILIPS 公司的带 I^2C 总线的 SAA1064（4 位）LED 驱动器、HITACHI 公司 HD7279 键盘显示器智能控制器等。

在接口电路设计时，应考察驱动输出是否满足 LED 工作电流的要求。对于静态显示，只需考虑段的驱动能力；而动态显示则需要同时考虑段和位的驱动能力，在最不利即电流最大情况下，位驱动电流是所有各段驱动电流之和。另外，如果采用同样的驱动器，动态显示时的亮度要低于静态显示。集成驱动芯片有 SN75431、MC1411 等。

在实际中，LED 接口经常与键盘接口同时考虑和设计，图 8-10 是以锁存器作为接口器件组成的键盘和 8 位显示器电路。

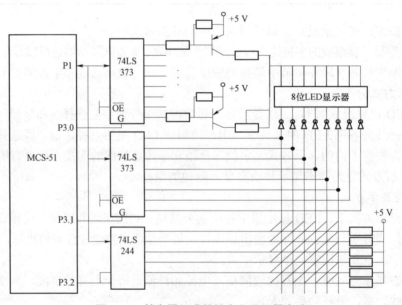

图 8-10　锁存器组成的键盘和显示器电路

硬件电路采用两片 74LS373 锁存器和一片 74LS244 三态缓冲器组成键盘显示器接口。其中，一片 74LS373 锁存段选码，另一片 74LS373 锁存位选码，同时还作为 6×6 矩阵键盘的列扫描信号输出，而 74LS244 作为键盘的输入缓冲器。

考虑到动态显示时 LED 所需的电流，字位和字段都需采用驱动器进行放大，图 8-10 中字段由三极管来实现电流放大。

编程设计时，为提高效率，CPU 可在等待按键释放的空闲过程中完成显示器的显示。

这里仅把段选码（假定保存在累加器 A 中）锁存入 74LS373 中的指令写出如下：

```
MOV  P1, A    ;段选码送至 P1 口
SETB P3.0     ;选第一片锁存器
CLR  P3.0     ;数据写入锁存器中
```

8.3.2　LCD 显示器接口设计

1. LCD 原理和分类

LCD（liquid crystal display）是液晶显示器的缩写，它是在两片玻璃之间夹上 $10 \sim 12\ \mu m$ 薄层液晶流体而制成的。LCD 是一种被动式的显示器，利用液晶能改变光线通过方向的特性，来达到显示的目的。LCD 具有功耗低、抗干扰能力强的优点，广泛应用于仪器仪表、控制系统及笔记本计算机和手持电子产品。

LCD 有各种分类方式，按显示排列形式，可分为笔段型、字符型和点阵图形型。

笔段型类似于 LED 显示器，是以长条状显示像素组成一位显示，主要用于数字显示，也可显示英文字母或特殊字符。通常有六段、七段、八段、九段、十四段和十六段等，其中七段显示最常用，广泛用于万用表等数字仪表、计算器、电子表等电子产品中。

字符型 LCD 模块由若干个 5×7 或 5×10 点阵组成，每个点阵用来显示一个字符，专门用来显示字母、数字、符号等，常用在各种单片机系统中。

点阵图形型是一块液晶板上排列了多行或多列矩阵形式的晶格点，点的大小可根据显示的清晰度来设计，广泛用于计算机、液晶电视、游戏机等设备。

与 LED 的驱动方式不同，由于直流驱动 LCD 会使液晶体产生电解和电极老化，大大降低使用寿命，因此 LCD 驱动信号多是交流电压，通常为 $30 \sim 150\ Hz$ 的方波，其工作时的静态直流电压不能大于 $50\ mV$，一般采用 CMOS 门电路来驱动 LCD。

2. LCD 接口技术概述

LCD 电路工作时，必须有相应的控制器、驱动器，还需要存储命令、字符的数字存储器和程序存储器。目前，这些电路已被设计组合在一块电路板上，称为液晶显示模块（liquid crystal module，LCM）。这样，LCM 与单片机接口大大简化，只需按照液晶模块的时序，写入命令和显示内容即可完成显示。LCM 包括字符型和图形型两种。

常用的液晶显示模块有 Intersil 公司的 ICM 系列、日本 HITACHI（日立）和韩国 SAMSUNG（三星）等公司的不同种类的产品，国产的 LCM 系列也很丰富。LCD 与单片机的接口有并行和串行方式。

并行接口芯片有四段 LCD 驱动器 4054，4 线–七段译码器（BCD 输入）4055/14543 等。

LCD/LCM 与单片机的硬件接口电路主要包括正确连接其片选控制、读、写和并行数据总线。此外，LCD 通常还有亮度调节等辅助功能。

一般地，软件编程应注意两点：第一，程序应先对 LCD 进行初始化；第二，每次向 LCD 写显示内容前，应检查 LCD 的状态，在空闲时才能写入数据。

3. 1602 液晶模块

JD51 实验板使用 1602 液晶模块（简称 1602），5 V 电压驱动，带背光，可显示两行，每行 16 个字符，不能显示汉字，内置含 128 个字符的 ASCII 字符集字库，只有并行接口，无

串行接口。1602 液晶接口信号说明见表 8-5。

表 8-5　1602 液晶接口信号说明

编号	符号	引脚说明	编号	符号	引脚说明
1	Vss	电源地	9	D2	数据口
2	VDD	电源正极	10	D3	数据口
3	VO	液晶显示对比度调节端	11	D4	数据口
4	RS	数据/命令选择端（H/L）	12	D5	数据口
5	R/W	读写选择端（H/L）	13	D6	数据口
6	E	使能信号	14	D7	数据口
7	D0	数据口	15	BLA	背光电源正极
8	D1	数据口	16	BLK	背光电源负极

1）基本操作时序

读状态输入：RS=L，R/W=H，E=H；输出：D0～D7=状态字。

读数据输入：RS=H，R/W=H，E=H；输出：无。

写指令输入：RS=L，R/W=L，D0～D7=指令码，E=高脉冲；输出：D0～D7=数据。

写数据输入：RS=H，R/W=L，D0～D7=数据，E=高脉冲；输出：无。

2）RAM 地址映射

1602 内部 RAM 地址映射见表 8-6。

表 8-6　1602 内部 RAM 地址映射

00	01	02	03	04	05	06	07	08	09	0A	0B	0C	0D	0E	0F	10	…	27
40	41	42	43	44	45	46	47	48	49	4A	4B	4C	4D	4E	4F	50	…	67

向 00～0F、40～4F 地址中的任一处写入显示数据时，液晶都可立即显示出来，当写入到 10～27 或 50～67 地址处时，必须通过移屏指令将它们移入可显示区域。

3）状态字说明

状态字说明见表 8-7。

表 8-7　状态字说明

STA7 D7	STA6 D6	STA5 D5	STA4 D4	STA3 D3	STA2 D2	STA1 D1	STA0 D0
STA0～STA6			当前地址指针的数值				
STA7			读/写操作使能			1—禁止；0—允许	

原则上每次对控制器进行读/写操作之前，都必须进行读/写检测，确保 STA7 为 0。实际上，由于单片机的操作速度慢于液晶控制器的反应速度，因此可以不进行读/写检测，或只进

行简短延时即可。

4）数据指针设置

控制器内部设有一个数据地址指针，用户可以通过它们访问内部全部 80 B 的 RAM。
数据指针说明见表 8-8。

表 8-8 数据指针说明

指令码	功 能
80H+地址码（0~27H，40~67H）	设置数据地址指针

5）显示模式设置

显示模式设置见表 8-9。

表 8-9 显示模式设置

指令码								功 能
0	0	1	1	1	0	0	0	设置 16×2 显示，5×7 点阵，8 位数据接口

6）显示开/关及光标设置

显示开/关及光标设置见表 8-10。

表 8-10 显示开/关及光标设置

指令码								功 能
0	0	0	0	1	D	C	B	D=1，开显示；D=0，关显示 C=1，显示光标；C=0，不显示光标 B=1，光标闪烁；B=0，光标不显示
0	0	0	0	0	1	N	S	N=1，当读或写一个字符后地址指针加 1，且光标加 1 N=0，当读或写一个字符后地址指针减 1，且光标减 1 S=1，当写一个字符时，整屏显示左移（N=1）或右移（N=0），以得到光标不移动而屏幕移动的效果 S=0，当写一个字符时，整屏显示不移动
0	0	0	1	0	0	0	0	光标左移
0	0	0	1	0	1	0	0	光标右移
0	0	0	1	1	0	0	0	整屏左移，同时光标跟随移动
0	0	0	1	1	1	0	0	整屏右移，同时光标跟随移动

7）写操作时序

① 通过 RS 确定是写数据还是写命令。

② 读/写控制端设置为写模式，即低电平。

③ 将数据或命令送达数据线上。

④ 给 E 一个高脉冲将数据送入液晶控制器，完成写操作。

8）实际应用举例

下面以"LCD 第一行显示字符 JD–51，第二行显示 RAM 中 40H 到 46H 中的数字"（如 1234567）为例，给出实际程序（见本书第 10 章），其显示效果如图 8–11 所示。

图 8–11　实际应用举例显示效果

8.4　键盘接口技术

人机对话的界面种类有很多，键盘属于典型的输入设备，主要有按键式键盘和旋钮式键盘两类。按键式键盘实际上是一组按键开关的集合，包括机械式、薄膜式、电容式和霍尔效应等按键。

机械式按键开关利用触点的闭合和断开来表征按键的状态，价格低廉，但会产生触点抖动。薄膜式按键由三层塑料或橡胶夹层组成，顶层每一行键和底层每一列键下面都有一条印制银导线，在压键时将顶层导线压过中层的小孔与底层的导线接触。这种按键可以做成很薄的密封单元，寿命可达 100 万次。电容式按键在压键时，可由特制的放大电路检测到电容的变化，没有机械触点被氧化的问题，寿命约为 2 000 万次。霍尔效应按键的原理是活动电荷在磁场中的偏转效应，没有机械触点，具有良好的密封性，但是价格昂贵，寿命可超过 1 亿次以上。新型的按键式键盘采用了无接点的静电容量检测方式，通过检测相应的静电容量值的变化来实现。操作键盘只需轻轻触摸按键，而不需要采用"击打"的方式，键盘的使用寿命得到显著延长。

8.4.1　键盘的特点和常用接口设计

1. 键盘接口概述

键盘是计算机的输入设备，CPU 通过检测键盘机械触点断开和闭合时电压信号的变化来确定按键的状态。按键的闭合与否，反映在电压上就是呈现出高电平或低电平，如果高电平表示断开，则低电平就表示闭合，因而通过对电平高低状态的检测，可以确定按键是否按下。

由于机械触点的弹性作用，在闭合及断开的瞬间，电压信号伴随有一定时间的抖动，抖动时间与按键的机械特性有关，一般为 5～10 ms。按键稳定闭合时间的长短则由操作者的按键动作决定，一般为零点几秒到几秒。

为了保证 CPU 确认一次按键动作既不重复也不遗漏，必须消除抖动的影响。消除按键抖动的措施有硬件消除和软件消除两种方法。根据抖动信号的特点，单片机通常采用软件消除的办法。实现方法是：在程序执行过程中检测到有键按下时，先调用一段延时（约 10 ms）子程序，然后一次或多次判断该按键的电平是否仍保持在闭合状态，如果是，则确认有键按下。

2. 键盘的硬件接口

MCS-51 系列单片机在扩展键盘接口时，可以利用 I/O 端口直接与键盘连接；如果还需扩展显示器电路，一般通过 Intel 8255、8155、8279 等接口芯片连接。采用哪种方式，需要根据实际需求来分配资源。在硬件接口设计时，应注意与接口芯片的时序配合，还需考虑地址分配。

按照结构形式，键盘按键可分为独立式按键和矩阵式键盘两种。

1）独立式按键

独立式按键就是各个按键相互独立，分别接一条输入线，各条输入线上的按键工作状态不会影响其他输入线的工作状态。因此，通过检测输入线的电平状态，判断哪个按键被按下。

独立式按键电路配置灵活，软件设计简单，缺点是每个按键需要一根输入口线，在按键数量较多时，占用大量的输入口资源，电路结构显得很繁杂，只适用于按键较少或操作速度较高的场合。

2）矩阵式键盘

矩阵式键盘通常由行线和列线组成，按键位于行、列的交叉点上。当无按键动作时，行线处于高电平状态；当有按键按下时，该电平由与其相连的列电平决定。与独立式按键相比，矩阵式键盘可节省很多 I/O 端口。

3. 键盘接口的软件设计

键盘接口软件需要完成 3 个任务：通过键盘扫描，监视键盘的输入；确定具体按键，完成按键编码；执行与按键相应的功能模块。

1）键盘的扫描方式

键盘扫描程序完成的功能是：判断是否有键按下；消除按键抖动；找到按键的位置。需要注意的是，键闭合一次应该仅进行一次按键处理，方法是等待按键释放之后，再进行按键功能的处理操作。

对键盘输入的处理只是单片机 CPU 工作的一部分。如何选择键盘工作方式应根据实际应用系统中 CPU 任务的忙闲情况而定。原则是既保证及时响应按键操作，又不过多占用 CPU 的工作时间。

键盘的扫描方式有 3 种：查询扫描、定时扫描和中断扫描。

（1）查询扫描方式

CPU 对键盘的扫描采取程序控制方式，一旦进入键扫描状态，就反复扫描键盘，等待键盘上输入命令或数据。在执行键入数据处理过程中，CPU 不再响应键盘输入，直到 CPU 返回重新扫描键盘。

键盘工作于编程扫描状态时，CPU 不间断地对键盘进行扫描，以监视键盘的输入。可见，此时 CPU 不能处理其他任务，在键盘处理上的开销很大。

（2）定时扫描方式

这种方式利用单片机内部定时器产生定时中断（如 20 ms），CPU 在中断服务程序中对键盘进行扫描，并在有键按下时识别出该键并执行相应键功能程序。

定时扫描方式的键盘硬件电路与查询方式相同。由于除定时监视键盘的输入情况外，其余时间可处理他任务，因而提高了 CPU 效率。

（3）外部中断方式

在中断方式下，仅在键盘有键按下时，产生外部中断请求，进入中断服务程序，再执行键盘扫描和键处理程序。

显然，采用中断扫描方式时，CPU 在键盘处理上的消耗是最小的，工作效率最高。

2）特殊情况处理方法

（1）重复键

在按键操作中，可能会出现同时按下两个及以上键的情况，需要软件确定有效键。

当键扫描程序确认有多键按下时，通常的处理方法是：① 多键均视为有效，按扫描顺序，将按键依次存入缓冲区中等待处理；② 继续对按键进行扫描，只判定最先（或最后）释放的按键为有效，其他按键则无效。

（2）连击

连击是指一次按键产生多次击键的效果。在编程中，等待按键释放的处理，目的就是消除连击，对一次按键只执行一次键功能，避免多次重复执行。

如果希望实现连击的功能，需要确定连击和按键按下时间的关系，即对按键从按下到释放期间进行计时，以决定此次按键产生多少次击键的效果。

8.4.2　独立式按键接口设计

独立式按键的接口设计可采用查询或中断方式。

1. 查询方式典型电路

此电路中按键直接与单片机的 I/O 口线相接，如图 8-12 所示。通过读 P1 口，判定各个 I/O 口线（P1.0～P1.7）的电平状态，即可识别按下的按键。

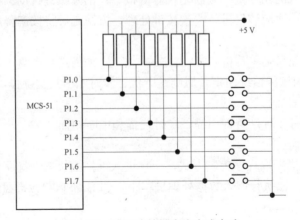

图 8-12　独立式按键查询方式电路

图 8-12 中各按键都接有上拉电阻,是为了保证按键断开时,相应的口线有确定的高电平。由于 P1 口内部有上拉电阻,这些电阻可省去。

2. 中断方式典型电路

中断方式电路连接如图 8-13 所示。

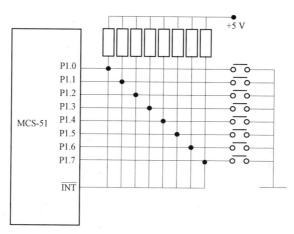

图 8-13　独立式按键中断方式电路

按键直接与单片机的 I/O 口线（如 P1）相接,同时通过"线或"电路,连接至外部中断 $\overline{INT0}$ 或 $\overline{INT1}$ 引脚。当有按键按下时,即触发中断申请,在中断服务程序中,通过判断 P1 口线的电平状态,即可识别出按下的按键。

3. 独立式按键接口电路设计

硬件电路如图 8-14 所示。图中,采用基于三态缓冲器 74LS244 的独立式按键,构成 5 个按键的键盘接口电路。

电路中以单片机 P2.7 和读信号的逻辑或,作为三态门的选通控制线,把 5 个按键当作外部数字存储器某一地址来对待,可知按键地址为 7FFFH,通过读片外数字存储器的方法,识别按键的工作状态。由于 P0 口可以位寻址,也可单独读某一个按键的状态。

电路中,由于 P0 口内部无上拉电阻,为了保证按键断开时各 I/O 口线有确定的高电平,均通过上拉电阻接高电平。

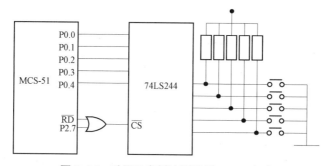

图 8-14　采用三态缓冲器扩展 I/O 口电路

软件设计可采用查询方式检测按键的状态,如果 P0.0～P0.4 各位中有低电平,则对应的按键被按下,利用延时来消除抖动。程序段如下。

C51 语言代码如下:

```c
#include <reg52.h>
#define KEYPAD_ADDR 0x7FFF
void delay(unsigned int ms)              // 延时函数,消抖用
{
    unsigned int i, j;
for (i = 0; i < ms; i++)
{
        for (j = 0; j < 123; j++);
    }
}
void key_handler(unsigned char key)  // 按键处理函数
{
switch (key)
{
        case 0x1E:  // K1
            // 处理 K1 按下的逻辑
            break;
        case 0x1D:  // K2
            // 处理 K2 按下的逻辑
            break;
        case 0x1B:  // K3
            // 处理 K3 按下的逻辑
            break;
        case 0x17:  // K4
            // 处理 K4 按下的逻辑
            break;
        case 0x0F:  // K5
            // 处理 K5 按下的逻辑
            break;
        default:
            // 无效按键或无按键按下
            break;
    }
}
void scan_keys() // 按键扫描函数
{
    unsigned char key1, key2;
while (1)
{
        P2 = (KEYPAD_ADDR >> 8) & 0xFF;
        P0 = KEYPAD_ADDR & 0xFF;
        key1 = P0 & 0x1F;            // 读取按键状态,屏蔽高 3 位
        delay(10);                   // 消抖
        key2 = P0 & 0x1F;            // 再次读取按键状态,屏蔽高 3 位
        if (key1 == key2)
```

```
            {
                key_handler(key1);
            }
        }
    }
}
void main()
{
    while (1)
    {
      scan_keys();
    }
}
```

汇编语言代码如下：

```
KEYPRO:    MOV      DPTR, #7FFFH      ;送按键地址
           MOVX     A, @DPTR          ;读键盘状态
           ANL      A, #1FH           ;屏蔽高 3 位
           MOV      R2, A             ;保存键盘状态值
           LCALL    DL10MS            ;延时 10 ms 消抖
           MOVX     A, @DPTR          ;再读键盘状态
           ANL      A, #1FH           ;屏蔽高 3 位
           CJNE     A, R2, EXIT       ;若两次结果不一样,按键无效
           CJNE     A, #1EH, TO_2     ;K1 键未按下,转 TO_2
           LJMP     KEY1              ;是第 1 键按下,转处理子程序 KEY1
TO_2:      CJNE     A, #1DH, TO_3     ;K2 键未按下,转 TO_3
           LJMP     KEY2              ;K2 按下,转键 2 处理
TO_3:      CJNE     A, #1BH, TO_4     ;K3 键未按下,转 TO_4
           LJMP     KEY3              ;K3 按下,转键 3 处理
TO_4:      CJNE     A, #17H, TO_5     ;K4 键未按下,转 TO_5
           LJMP     KEY4              ;K4 按下,转键 4 处理
TO_5:      CJNE     A, #0FH, EXIT     ;K5 未按下,转返回
           LJMP     KEY5              ;K5 按下,转键 5 处理
EXIT:      RET                        ;重键或无键按下,返回
```

可见，独立式按键的识别和编程比较简单，所以常在按键数目较少的场合采用。

8.5　其他串行外部设备扩展设计

8.5.1　温度传感器 DS18B20

DS18B20 是美国 DALLAS 半导体公司推出的支持"单总线"接口的温度传感器，它具有微型化、低功耗、高性能、抗干扰能力强、与微处理器接口方便等优点，可直接将温度转化成串行数字信号供处理器处理。

1. DS18B20 温度传感器特性

① 独特的单线接口方式。DS18B20 在与微处理器连接时仅需要一条接口线即可实现微

处理器与 DS18B20 的双向通信。

② 测温范围−55～+125 ℃，在−10～+85 ℃时精度为±0.5 ℃。

③ 支持多点组网功能。多个 DS18B20 可以并联在唯一的三线上，最多能并联 8 个，实现多点测温。如果数量过多，会使供电电源电压过低，从而造成信号传输的不稳定。

④ 工作电源：直流 3.0～5.5 V，在寄生电源方式下可以为数据线供电。

⑤ 在使用中不需要任何外围元件，全部传感器元件及转换电路都集成在 DS18B20 芯片内。

⑥ 可编程分辨率为 9～12 位，对应的可分辨温度分别为 0.5 ℃、0.25 ℃、0.125 ℃和 0.062 5 ℃，在 12 位分辨率时，最多在 750 ms 内把温度值转换为数字。

⑦ 测量结果直接输出数字温度信号，以"一线总线"串行送给 CPU，同时可传送 CRC 校验码，具有极强的抗干扰和纠错能力。

2. 应用范围

① 适用于冷冻库、粮仓、储罐、电信机房、电力机房、电缆线槽等测温和控制领域。

② 轴瓦、缸体、纺机、空调等狭小空间工业设备测温和控制。

③ 汽车空调、冰箱、冷柜及中低温干燥箱等。

④ 供热/制冷管道热量计量、中央空调分户热能计量、工业领域测温和控制。

3. 引脚介绍

DS18B20 引脚封装图如图 8-15 所示，DS18B20 引脚定义见表 8-11。

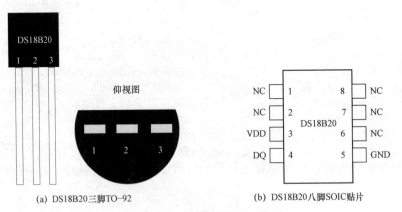

(a) DS18B20三脚TO-92　　(b) DS18B20八脚SOIC贴片

图 8-15　DS18B20 引脚封装图

表 8-11　DS18B20 引脚定义

引　脚	定　义
GND	电源负极
DQ	信号输入输出
VDD	电源正极
NC	空

4. 硬件连接

根据 DS18B20 芯片手册，其典型电路如图 8-16 所示。

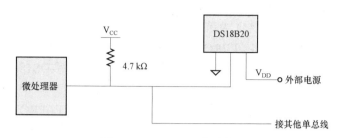

图 8-16　DS18B20 典型电路

5. 工作原理

下面简要说明单片机从 DS18B20 读取温度的方法。

控制 DS18B20 的指令如下:

- 33H: 读 ROM。读 DS18B20 温度传感器 ROM 中的编码(即 64 位地址)。

- 55H: 匹配 ROM。发出此命令之后,接着发出 64 位 ROM 编码,访问单总线上与该编码相对应的 DS18B20 使之做出响应,为下一步对该 DS18B20 的读写做准备。

- F0H: 搜索 ROM。用于确定挂接在同一总线上 DS18B20 的个数和识别 64 位 ROM 地址,为操作各器件做好准备。

- CCH: 跳过 ROM。忽略 64 位 ROM 地址,直接向 DS18B20 发温度变换命令,适用于单片工作。

- ECH: 告警搜索命令。执行后只有温度超过设定值上限或低于下限时芯片才做出响应。

以上这些指令涉及的是 64 位光刻 ROM,表 8-12 列出了它的各位含义。

表 8-12　64 位光刻 ROM 各位含义

8 位产品类型标号	48 位序列号	8 位 CRC 码

64 位光刻 ROM 中的序列号是出厂前被光刻好的,它可以看作该 DS18B20 的地址序列码。其各位排列顺序是:开始 8 位为产品类型标号,接下来 48 位是该 DS18B20 自身的序列号,最后 8 位是前面 56 位的 CRC 循环冗余检验码。光刻 ROM 的作用是使每一个 DS18B20 都具有不同编号,实现一条总线上挂接多个 DS18B20 的目的。

当主机需要对多个在线的 DS18B20 中的某一个进行操作时,首先应将主机与 DS18B20 逐个挂接,读出其序列号;然后再将所有的 DS18B20 挂接到总线上,单片机发出匹配 ROM 命令,紧接着主机把从 EEPROM 中取出存储的 64 位序列号发送到总线上,只有具有此序列号的 DS18B20 才接受来自主机的命令,之后主机操作就是针对该 DS18B20 的。

如果主机只对一个 DS18B20 进行操作,就不需要读取 ROM 编码及匹配 ROM 编码了,只要跳过 ROM(CCH)命令,就可进行如下温度转换和读取操作。

- 44H: 温度变换。启动 DS18B20 进行温度转换,12 位转换时间最长为 750 ms(9 位为 93.75 ms)。结果存入内部 9 字节 RAM 中。

- BEH: 读暂存器。读内部 RAM 中 9 字节的内容。

- 4EH: 写暂存器。发出向内部 RAM 第 3、4 字节写上、下限温度数据命令,紧跟该命令之后是传送两字节的数据。

- 48H：复制暂存器。将 RAM 中第 3、4 字节的内容复制到 EEPROM 中。
- B8H：重调 EEPROM。将 EEPROM 中内容恢复到 RAM 中第 3、4 字节。
- B4H：读供电方式。读 DS18B20 的供电模式。寄生供电时 DS18B20 发送 0，外接电源供电时 DS18B20 发送 1。

以上这些指令涉及的存储器为高速暂存器 RAM 和电可擦除 EEPROM，其中高速暂存器 RAM 见表 8-13。

表 8-13　DS18B20 高速暂存器 RAM

寄存器内容	字节地址
温度值低位（LS Byte）	0
温度值高位（MS Byte）	1
高温限值（TH）	2
低温限值（TL）	3
配置寄存器	4
保留	5
保留	6
保留	7
CRC 校验值	8

图 8-17 给出了温度数据在高速暂存器 RAM 第 0、1 字节中的存储格式。DS18B20 在出厂时已配置为 12 位，其中最高位为符号位，即温度值为 11 位（bit10~bit0）。读取温度时共读取 16 位，然后把后 11 位的二进制转化为十进制后再乘以 0.062 5 便为所测的温度。另外，还需要判断正负，前 5 个数字（bit15~bit11）为符号位（S）且同时变化，因此只需要读取 bit11 即可。当前 5 位为 1 时，读取的温度为负数；当前 5 位为 0 时，读取的温度为正数。

	bit7	bit6	bit5	bit4	bit3	bit2	bit1	bit0
LS Byte	2^3	2^2	2^1	2^0	2^{-1}	2^{-2}	2^{-3}	2^{-4}

	bit15	Bit14	bit13	bit12	bit11	bit10	bit9	bit8
MS Byte	S	S	S	S	S	2^6	2^5	2^4

图 8-17　温度数据存储格式

8.5.2　红外传感器 1838

红外线遥控装置具有体积小、功耗低、功能强、成本低等特点，已成为一种广泛使用的通信和遥控手段。继彩电、录像机之后，在录音机、音响设备、空调机及玩具等小型电器装置上也普遍采用红外线遥控。工业设备中，在高压、辐射、有毒气体、粉尘等环境下，采用红外线遥控不仅安全可靠，而且能有效隔离电磁干扰。

1. 1838 红外传感器特性

① 小型设计。

② 内置专用 IC。

③ 宽角度及长距离接收。

④ 抗干扰能力强。

⑤ 能抵御环境光线干扰。

⑥ 低电压工作。

2. 应用范围

① 视听器材（音响、电视、录影机、碟机等）。

② 家用电器（空调、电风扇、电灯等）。

③ 其他无线电器遥控产品。

3. 引脚介绍

接收电路可以使用一种集红外线接收和放大于一体的一体化红外线接收器，不需要任何外接元件，就能完成从红外线接收到输出与 TTL 电平信号兼容的所有工作，而体积与普通的塑封三极管一样，它适合于各种红外线遥控和红外线数据传输。

红外传感器 1838 对外只有 3 个引脚：Out、GND、Vcc，与单片机接口非常方便，如图 8-17 所示。引脚定义见表 8-14。

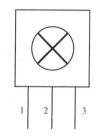

图 8-18　红外传感器 1838 引脚封装图

① IO（脉冲信号输出）：接单片机 I/O 口。

② GND：接系统的地线（0 V）。

③ Vcc：接系统的电源正极（+5 V）。

表 8-14　红外传感器 1838 引脚定义

引　脚	定　义
IO	信号输入输出
GND	电源负极
Vcc	电源正极

4. 硬件连接

通用红外遥控系统由发射和接收两大部分组成。应用编/解码专用集成电路芯片来进行控制操作，如图 8-19 所示。发射部分包括键盘矩阵、编码调制、LED 红外发送器；接收部分包括光电转换放大器，解调、解码电路。

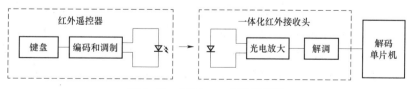

图 8-19　DS18B20 电路原理图

5. 工作原理

遥控发射器专用芯片很多，根据编码格式可以分成两大类，这里以运用比较广泛、解码比较容易的一类（如日本 NEC 的 μPD6121G）为例说明其发射电路的编码原理（一般家庭用的 DVD、VCD、音响都使用该编码方式）。当发射器按键按下后，即有遥控码发出，所按的键不同遥控编码也不同。这种遥控码具有以下特征：采用脉宽调制的串行码，以脉宽为 0.565 ms、间隔 0.56 ms、周期为 1.125 ms 的组合表示二进制的"0"；以脉宽为 0.565 ms、间隔 1.685 ms、周期为 2.25 ms 的组合表示二进制的"1"，其波形如图 8-20 所示。

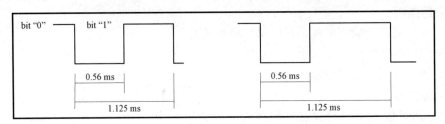

图 8-20　遥控码的"0"和"1"（注：所有波形为接收端，与发射相反）

上述"0"和"1"组成的 32 位二进制码经 38 kHz 的载频进行二次调制，以达到提高发射效率、降低电源功耗的目的；然后再通过红外发射二极管产生红外线向空间发射，如图 8-21 所示。

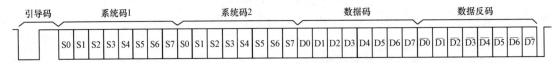

图 8-21　遥控信号编码波形图

μPD6121G 产生的遥控编码是连续的 32 位二进制码组，其中前 16 位为用户识别码，能区别不同的电器设备，防止不同机种遥控码互相干扰。该芯片的用户识别码固定为十六进制 01H；后 16 位为 8 位操作码（功能码）及其反码，最多有 128 种不同组合的编码。遥控器在按键按下后，周期性地发出同一种 32 位二进制码，周期约为 108 ms。一组码本身的持续时间随它包含的二进制"0"和"1"的个数不同而不同，在 45~63 ms 之间。图 8-22 为发射波形图。

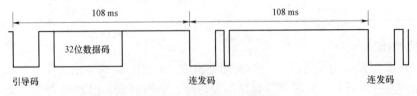

图 8-22　遥控连发信号波形

当一个键按下超过 36 ms，振荡器使芯片激活，将发射一组 108 ms 的编码脉冲，这 108 ms 发射代码由一个引导码（9 ms）、一个结果码（4.5 ms）、低 8 位地址码（9~18 ms）、高 8 位地址码（9~18 ms）、8 位数据码（9~18 ms）和这 8 位数据的反码（9~18 ms）组成，引导码和结果码如图 8-23 所示。如果键按下超过 108 ms 仍未松开，接下来发射的代码（连发码）将仅由起始码（9 ms）和结束码（2.25 ms）组成，如图 8-24 所示。

图 8-23　引导码和结果码　　　　图 8-24　连发码

可见，MCS-51 系列单片机有强大的外部扩展性能，而且市场上有大量兼容的常规芯片可供选用，扩展电路和扩展方法比较典型、规范。同时，不同厂商基于 MCS-51 系列单片机，在功能上不断完善，推出了片内集成各种总线和器件的 MCS-51 兼容性单片机。例如，SST89E58 就是一款比较典型的 Flash 类型的兼容 MCS-51 系列单片机芯片，内部集成 40 KB EEPROM 存储器和 1 KB RAM，工作频率最高可达到 40 MHz，工作电压为 5 V。该芯片支持串口在线调试，所以借用该功能可制作简易的 MCS-51 系列单片机仿真器；3 个 16 位定时器、PCA 定时器、WATCHDOG、SPI 总线、ISP（系统内编程）、增强型 UART；其他系列的兼容 MCS-51 系列单片机还有 CAN 接口、10 位 ADC 等，意味着目前很多系统接口功能扩展不是必需的。因此，在系统设计时，应根据实际的功能需求，如速度、功耗、可扩展性、存储器容量、成本等综合因素来选择单片机和外围芯片。国内单片机厂商兆易创新、比亚迪半导体等基于自研内核 MCU 开发的产品，已广泛应用于工业控制、消费电子、汽车电子、物联网设备等多个领域。随着技术的不断创新和市场需求的增长，国内厂商正逐渐扩大市场份额，在某些领域打破了国际大厂的垄断。

习　题

1. 在 MCS-51 系列单片机扩展系统中，片外程序存储器和片外数据存储器用相同的编址方法，如何避免在数据总线上出现总线竞争现象？

2. 试绘出 8031 单片机以 2764EPROM 扩展 32 KB 程序存储器的接口电路，并对比说明线选法和译码法扩展存储器电路时存储地址空间的不同特点。

3. 以 8031 为主机的系统，分别以并行方式和串行方式扩展 8 KB 的片外数据存储器，请选择合适的 RAM 芯片，并分别绘出接口电路原理图。请指出这两种电路各有什么特点，分别适用于何种情况，并写出在串行方式时读取 8 个字节数据的程序。

4. 键盘接口设计时为什么要消除按键的抖动？

5. LED 显示器静态显示和动态显示各自的优点和缺点是什么？

6. 使用 MCS-51 系列单片机扩展设计一个智能家居系统，包括环境数据采集处理、传输和手机端远程监控功能。

第 9 章

JD51 单片机实验板与 Proteus 仿真调试

提 要

JD51 单片机实验板是基于 Keil C51 集成开发环境下的单片机仿真实验仪，它具有三大功能：一是可作为实验仪使用，通过它丰富的外围器件和设备接口，可完成各种接口实验；二是可作为仿真器使用，实现用户系统在线仿真调试；三是具有下载的功能，可当作用户样机使用。JD51 单片机实验板是北京交通大学自动化与智能学院国家级轨道交通通信与控制虚拟仿真实验教学中心针对单片机实验教学需要，为学生开发的一套集学习、实验、开发于一体的综合实验仪。JD51 单片机实验板针对初学者设计，力求简明扼要，不作功能部件的盲目堆砌，它采用 Micro-USB 和标准 5 mm 插座双供电方式，可提供 5 V 直流电源，大大减少了实验仪的电源干扰，并且带有二极管保护电路，能安全方便地操作开发板。

Proteus 是英国 Labcenter 公司开发的电路分析和实物仿真及印制电路板设计软件。该软件集原理图设计、PCB 设计、电路仿真等功能于一体，支持多种单片机及其外围电路的仿真，是电子工程师和爱好者常用的工具之一。

9.1　JD51 单片机实验板组成

JD51 简介

JD51 单片机实验板是由单片机 SST89E58RD2、接口芯片及实验单元、外部设备接口和系统电源组成，通过 RS-232 串行接口或者 Micro-USB 接口与计算机 PC 相连。JD51 单片机实验板主要组成见表 9-1，其外观如图 9-1 所示。

表 9-1　JD51 单片机实验板主要组成

类　别	主要组成
单片机	SST 89E58RD2 8 位单片机
接口芯片及实验单元	74HC573、MAX232、温度采集控制、红外控制
外设接口	RS-232 接口、Micro-USB 接口、字符型液晶显示屏接口
系统电源	+5 V（Micro-USB 或标准 5 mm 插座）

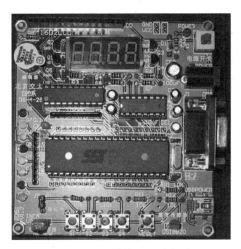

图 9-1　JD51 单片机实验板外观

JD51 单片机实验板的功能与特点如下。

① CPU 为 SST 公司 89E58RD2 8 位单片机，双 DPTR，内置 3 个定时器，采用 11.059 2 MHz 的晶振频率，CPU 常用管脚全部引出，方便调试和电路的扩展。

② CPU 带有应用编程（in application programming，IAP）和系统编程（in system programming，ISP）功能，不占用用户资源，通过串行接口即可实现系统仿真和编程，可与 Keil C51 联机，提供单步、断点、连续等多种调试。

③ 可扩展实现模拟 I^2C 和 SPI 通信方式。

④ 提供 DS18B20 温度传感器和 INFA 红外传感器，可实现温度采集和红外遥控。

⑤ 采用动态扫描方式连接 4 个按键、4 位 8 段数码管。

⑥ 连接 1 个无源蜂鸣器，可用于输出声音。

⑦ 预留 1 个 LCD 字符液晶显示的标准接口，可连接各种型号的字符液晶显示屏。

⑧ 系统可采用 220 V 转 5V 直流适配器供电，也可利用 Micro-USB 接口供电，操作灵活。

9.2　JD51 单片机实验板资源

9.2.1　硬件资源说明

首先介绍 JD51 单片机实验板硬件资源，实验板各单元主要器件见表 9-2。

表 9-2　JD51 单片机实验板各单元主要器件一览表

标　号	型　号	功能说明
U1	SST89E58RD2	SST 8 位单片机
U2	MAX232	MAXIM 电源电平转换芯片
U3	74HC573	锁存器芯片

标　号	型　号	功能说明
U4	HS410361K-32	4 位 8 段共阳极数码管
U5	1833	INFA 红外传感器
U6	CH340	USB 接口转换为串行通信接口
J1	DB9	RS232 DB9 母头
J2	16 针插座	1602 LCD 液晶显示器接口
J3	5 mm 标准电源插座	5V 电源插座
J4	Micro-USB	USB 接口，为开发板提供电源及串口通信
J5	单排插针	按键和红外选择跳线
J6	DS18B20	DALLAS 18B20 温度传感器
D1	IN4148	开关二极管
RS1	A471J	排阻 470 Ω×8
RS2	A103J	排阻 10 kΩ×8
R1，R9~R12	电阻 10 kΩ	电阻 10 kΩ
R2~R7	电阻 470 Ω	电阻 470 Ω
R8	电阻 1.5 kΩ	电阻 1.5 kΩ
CE1	电解电容 10 μF	电解电容 10 μF
CE2	电解电容 100 μF	电解电容 100 μF
C1	瓷片电容 0.1 μF	瓷片电容 0.1 μF
C2~C3	瓷片电容 22 pF	瓷片电容 22 pF
C4~C7	电解电容 1 μF	电解电容 1 μF
B1	BUZZER	无源蜂鸣器
S1~S4	KEY	4 个按键
RESET	KEY	系统复位按键
D1~D8	Φ3 LED	8 个 LED
POWER	Φ3 LED	+5V 电源指示灯
Q1~Q5	PNP8550	PNP 三极管
Y1	11.059 2 MHz 石英晶振	SST89E58RD2 时钟信号源
SP	自锁开关	自锁开关

　　JD51 单片机实验板主要包括单片机最小系统、I/O 接口电路及接口扩展电路三大部分，其中，扩展接口在后续章节单独说明。单片机最小系统主要包括晶体振荡电路、复位电路、电源及单片机本身组成；I/O 接口电路主要包括 LED 发光二极管电路、逻辑电平开关电路、蜂鸣器驱动电路、温度传感器电路、串行口接电路、红外传感器电路、数码管显示电路等。

　　接下来对 JD51 单片机实验板基本实验电路进行逐一介绍。

1. 单片机最小系统电路

SST89E58RD2 单片机拥有 4 个并行的输入输出（I/O）接口，即 P0、P1、P2 与 P3 口。
P0 口与 P2 口共同控制 LCD 电路；P1 口控制 LED 发光二极管；P2 口同时控制蜂鸣器电路、
数码管显示电路；P3 口为双功能接口，它既可以作为普通 I/O 使用，也可以作为第二功能使
用。P3 口的第二功能主要有串行发送接收接口（RXD、TXD）、外部中断（$\overline{INT0}$、$\overline{INT1}$）、
外部定时器（T0、T1）、外部存储器读写接口（$\overline{WR}$、$\overline{RD}$）。SST89E58RD2 单片机最小系
统电路原理图如图 9-2 所示。

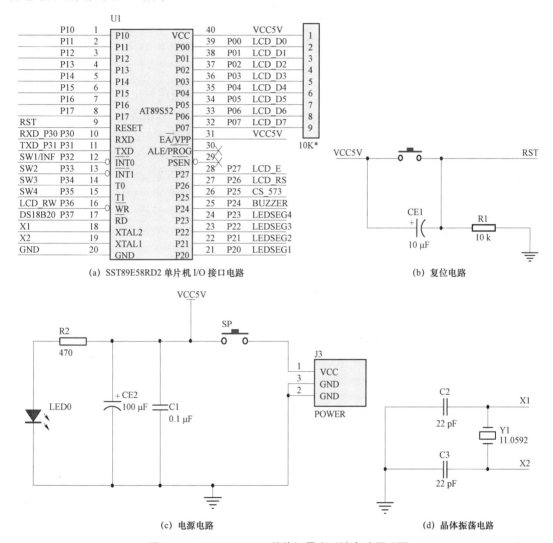

(a) SST89E58RD2 单片机 I/O 接口电路　　(b) 复位电路

(c) 电源电路　　(d) 晶体振荡电路

图 9-2　SST89E58RD2 单片机最小系统电路原理图

2. LED 发光二极管电路

JD51 单片机实验板上设有 8 个发光二极管及相关驱动电路，P10～P17 为相应发光二极
管输入端，当该输入端为低电平"0"时，发光二极管亮，为"1"时灭。LED 发光二极管电
路原理图如图 9-3 所示。

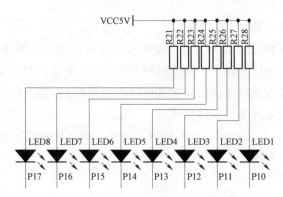

图 9-3　LED 发光二极管电路原理图

3. 逻辑电平开关电路

JD51 单片机实验板上设有 4 个按键 S1～S4，平常按键输出端输出高电平，当按键按下时输出低电平，电路中串接了保护电阻，使接口电路不直接与 +5 V 相连，可有效防止因误操作、误编程损坏集成电路。逻辑电平开关电路原理图如图 9-4 所示。注意：按键 S1 与红外共用 P32 管脚，当将 J5 连接器的管脚 1（SW1）和管脚 2（SW1/INF）用跳线连接时，可以实现 S1 按键功能。

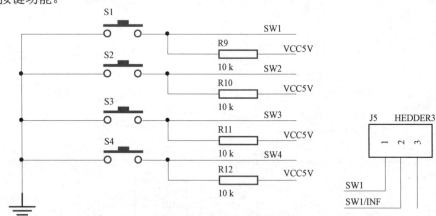

图 9-4　逻辑电平开关电路原理图

4. 蜂鸣器驱动电路

蜂鸣器有交流和直流两种。直流蜂鸣器驱动简单，一旦在 2 引脚上加入直流电源它就会发出一定频率的声音，此时声音的音调和音量是固定的；而交流蜂鸣器在这方面则显得较灵活，输入的声音信号的频率和音长是用户可控的，因此输出的声响将更逼真、更悦耳。本实验仪上有一个交流蜂鸣器，由于一般 I/O 口的驱动能力有限，因此外接一个 PNP 三极管来驱动蜂鸣器，其与 SST89E58RD2 的连接方式如图 9-5 所示。蜂鸣器与 BUZZER 相连，BUZZER 端输出不同频率的方波信号，蜂鸣器就会发出不同的声音。

5. 温度传感器电路

JD51 单片机实验板上所应用的温度传感器是"一线总线"的 DS18B20，是由管脚 2 实现与 MCU 的双向通信，正常工作时，测量结果直接输出数字温度信号。温度传感器电路原理图如图 9-6 所示。

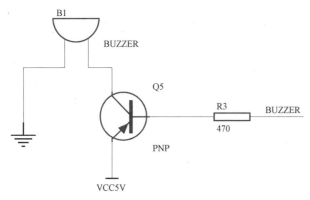

图 9-5 蜂鸣器驱动电路原理图

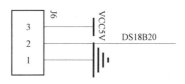

图 9-6 温度传感器电路原理图

6. 串行接口电路

JD51 单片机实验板上的串行通信电路有两种使用方式：一是采用 RS232 DB9 母头与 PC 相连；二是通过 CH340 这个 USB 转串口芯片，将 Micro-USB 接口转换为串行通信接口。通过串口电路，可以实现 USB 下载代码、串口调试代码等。串行接口电路原理图如图 9-7 所示。

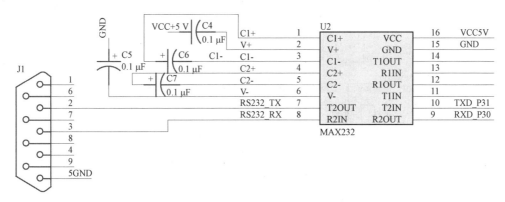

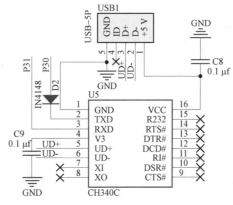

图 9-7 串行接口电路原理图

7. 红外传感器电路

JD51 单片机实验板上将 SW1/INF 和管脚 3 用跳线连接时，可以实现红外遥控功能。开发板选用的是 1838 红外模块（图中 U5），可以接收包括 NEC 红外遥控等多种频谱的红外信号。红外传感器电路原理图如图 9-8 所示。

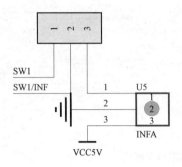

图 9-8　红外传感器电路原理图

8. 数码管显示电路

JD51 单片机实验板上的 SEG7_4 为共阳数码管，通过 74HC573 实现数码管的段选，通过 Q1～Q4 四个 PNP 三极管实现数码管的片选。数码管显示电路原理图如图 9-9 所示。

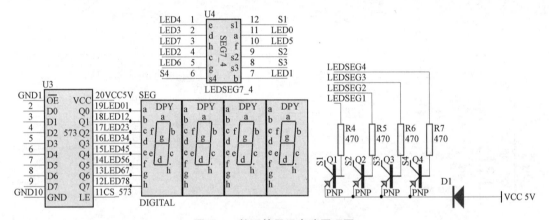

图 9-9　数码管显示电路原理图

9.2.2　软件资源说明

上文详细介绍了 JD51 单片机实验板的硬件资源，接下来简要介绍开发板的软件资源。

JD51 单片机实验板根据实验课程要求可支持的实验例程有 13 个，分为单片机基础实验和单片机应用设计，实验提供了翔实的 C 语言和汇编语言两个版本的代码。例程基本都是原创，注释详细，代码风格统一、循序渐进，非常适合单片机原理与应用知识的学习。JD51 单片机实验板的例程见表 9-3。

表 9-3 所列的实验例程与理论课程进度保持一致，从最基础的 I/O 控制开始，一步步深入，从简单到复杂，涵盖定时器/计数器、中断、串行通信到系统扩展等实验内容，有利于读者循序渐进地学习和掌握。

表 9-3　JD51 单片机实验板例程

编　号	单片机基础实验	编　号	单片机应用设计
1	LED 跑马灯实验	1	电子时钟设计实验
2	数码管扫描显示实验	2	LCD 字符显示设计
3	按键计数及显示实验	3	电子音调发生器设计
4	蜂鸣器实验	4	交通灯控制系统设计
5	定时计数器计数中断实验		
6	串口通信实验		
7	LCD 显示实验		
8	红外遥控实验		
9	温度测量与显示实验		

9.2.3　接口扩展说明

1. 单片机总线扩展

单片机总线扩展接口引出了单片机的所有输出信号，方便用户将 JD51 单片机实验板连接至自己的应用系统。扩展总线引脚如图 9-10 所示。

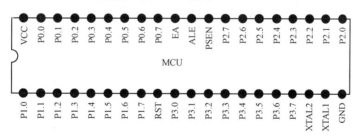

图 9-10　单片机扩展总线引脚

2. RS232 连接器 CZ1

RS232 连接器 CZ1 见表 9-4。

表 9-4　RS232 连接器 CZ1

引　　脚	名　　称	功　　能
2	TXD	单片机发送数据
3	RXD	单片机接收数据
5	GND	信号地
1、4、6、7、8、9	空	未用

3. USB 接口 CZ2

USB 接口 CZ2 见表 9–5。

表 9–5　USB 接口 CZ2

引　脚	名　称	功　能
1	VBUS	USB 电源
2	D–	D–信号线
3	D+	D+信号线
4	GND	USB 电源地

4. 点阵字符液晶显示屏通用接口 J4

通过 J4 接口，JD51 单片机实验板可以驱动显示一个标准的点阵字符液晶显示屏（16×1 行、16×2 行、16×4 行）等，J4 的引脚信号如图 9–11 所示。点阵字符型 LCD 液晶显示屏通用接口 J4 的 16 个引脚信号的管脚定义见表 9–6。

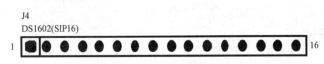

图 9–11　点阵字符液晶显示屏通用接口 J4 的引脚信号

表 9–6　点阵字符液晶显示屏通用接口 J4

引　脚	符　号	功能说明
1	Vss	电源地：0 V
2	Vdd	电源：5 V
3	Vadj	LCD 显示器对比度调整端，驱动电压：0 V～5 V，电压越大对比度越弱
4	RS	寄存器选择："0"，指令寄存器；"1"，数据寄存器
5	R/W	读写操作："1"，读操作；"0"，写操作
6	E	LCD 使能信号
7～14	D0～D7	8 位双向数据信号线
15～16	V+、V–	背光照明电源输入正、负极

5. 跳线选择器

JD51 单片机实验板为用户分配有一个跳线选择器 J5。通过这个跳线选择器，用户可以指定 I/O 口或功能部件实现第一功能或第二功能，从而可以充分利用系统资源。跳线选择器 J5 的第一功能是 S1 按键功能，此时管脚 SW1 和 SW1/INF 用跳线连接；第二功能是红外遥控功能，此时 SW1/INF 和管脚 3 用跳线连接，按键 S1 失去作用，如图 9–12 所示。

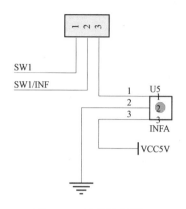

图 9-12　跳线选择器 J5

9.3　JD51 单片机实验板使用说明

JD51 单片机实验板采用 Keil C51 作为集成开发环境，它为用户提供了多种调试运行程序的方法。下面首先介绍 Keil C51 集成开发环境。

9.3.1　Keil C51 简介

Keil C51μVision5 集成开发环境是基于 80C51 内核的微处理器软件开发平台，内嵌多种符合当前工业标准的开发工具，可以完成从工程建立和管理、编译、连接、目标代码的生成、软件仿真、硬件仿真等完整的开发流程。

在使用这一开发环境前，首先需要安装 Keil C51 集成开发软件，安装完成后在桌面上可以看到如图 9-13 所示的快捷图标，单击快捷图标即可进入如图 9-14 所示的集成开发环境，各种调试工具、命令菜单都集成在此开发环境中。其中，菜单栏提供了各种操作菜单，比如编辑器操作、工程维护、开发工具选项设置、程序调试、窗体选择和操作、在线帮助，工具栏按钮可以快速执行 μVision5 命令，快捷键（可以自己配置）也可以执行 μVision5 命令。

图 9-13　快捷图标

图 9-14　μVision5 操作界面

9.3.2 应用程序的建立

在 Keil C51 集成开发环境下使用工程的方法来管理文件，而不是单一文件的模式。所有的文件，包括源程序（包括 C 程序、汇编程序）、头文件甚至说明性的技术文档都可以放在工程项目文件中统一管理。一般可以按照下面的步骤来创建一个 Keil C51 应用程序。

- 新建一个工程项目文件；
- 为工程选择目标器件（如选择 SST 的 89x58RD）；
- 为工程项目设置软硬件调试环境；
- 创建源程序文件并输入程序代码；
- 保存创建的源程序项目文件；
- 把源程序文件添加到项目中。

下面以创建一个新的工程文件 test.μV5 为例，详细介绍如何建立一个 Keil C51 的应用程序。

① 单击桌面的 Keil C51 快捷图标，进入 Keil C51 集成开发环境。

② 单击工具栏的"Project"选项，在弹出下拉菜单中选择"New Project"命令，建立一个新的 μVision5 工程。

③ 在工程建立完毕以后，μVision5 会立即弹出器件选择窗口。器件选择的目的是告诉 μVision5 最终使用的 80C51 芯片的型号是哪个公司的哪个型号，因为不同型号的 51 芯片内部的资源是不同的，μVision5 可以根据选择进行 SFR 的预定义，在软硬件仿真中提供易于操作的外设浮动窗口等。另外，如果用户在选择完目标器件后想重新改变目标器件，可单击工具栏"Project"选项，在弹出的下拉菜单中选择"Select Device for Target'Target 1'"命令。由于不同厂家的许多型号性能相同或相近，因此如果用户的目标器件型号在 μVision5 中找不到，用户可以选择其他公司的相近型号，如图 9–15 所示。

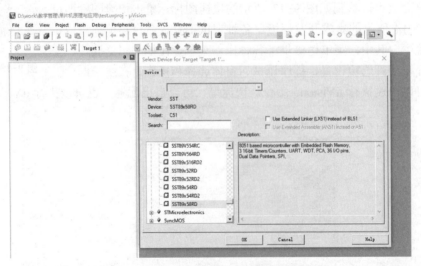

图 9–15 μVision5 新建工程及选择器件

④ 到现在用户已经建立了一个空白的工程项目文件，并为工程选择好了目标器件，但是这个工程中没有任何程序文件。程序文件的添加必须人工进行，如果程序文件在添加前还没

有创立，用户必须建立它。单击工具栏的 "File" 选项，在弹出的下拉菜单中选择 "New" 命令，这时在文件窗口会出现新文件窗口 Text1，如果多次执行 "New" 命令，则会出现 Text2、Text3 等多个新文件窗口。

⑤ 现在 test.μV5 项目中有了一个名字为 Text1 的新文件框架，在这个源程序编辑框内输入自己的源程序 test.c。在 μVision5 中，文件的编辑方法同其他文本编辑器是一样的，用户可以执行输入、删除、选择、复制、粘贴等基本文字处理命令。μVision5 支持汉字的输入和编辑，方便用户编辑汉字。

⑥ 输入完毕后单击工具栏的 "File" 选项，在弹出的下拉菜单中选择 "保存" 命令，存盘源程序文件。注意：由于 Keil C51 支持汇编语言和 C 语言，且 μVision5 要根据后缀判断文件的类型，从而自动进行处理，因此存盘时应注意输入的文件名应带扩展名.ASM 或.C。源程序文件 test.c 是一个 C 语言程序，如果用户想建立的是一个汇编程序，则输入文件名称 test.asm。保存完毕后注意观察，保存前后源程序有哪些不同？关键字变成蓝颜色了吗？这也是用户检查程序命令行的好方法。新建程序如图 9-16 所示。

图 9-16　μVision5 新建程序

9.3.3　应用程序的编译、连接

1. 编译连接环境设置

μVision5 调试器有两种工作模式，用户可以通过单击工具栏 "Project" 选项，在弹出下拉菜单中选择 "Option For Target 'Target 1'" 命令为目标设置工具选项，这时会出现调试环境设置界面，选择 "Debug" 选项，会出现如图 9-17 所示的工作模式选择窗口。

从图 9-17 可以看出，μVision5 的两种工作模式分别是：Use Simulator（软件模拟）和 Use（硬件仿真）。其中，"Use Simulator" 选项是将 μVision5 调试器设置成纯软件模拟仿真模式，在此模式下不需要实际的目标硬件就可以模拟 80C51 微控制器的很多功能，在准备硬件之前就可以测试应用程序。

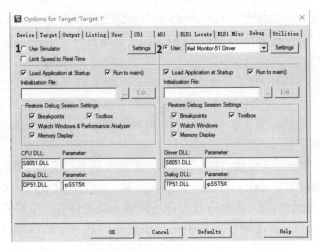

图 9-17　"Debug"设置窗口

本节由于只需要调试程序，因此用户应选择软件模拟仿真，在 Debug 栏内选中"Use Simulator"选项，单击"确定"按钮加以确认，此时 μVision5 调试器即配置为软件仿真。

2. 程序

经过以上的设置工作，到此就可以编译程序了。单击工具栏"Project"选项，在弹出的下拉菜单中选择"Build Target"命令对源程序文件进行编译，当然也可以选择"Rebuild All Target Files"命令对所有的工程文件进行重新编译，此时会在信息输出窗口输出一些相关的信息，如图 9-18 所示。

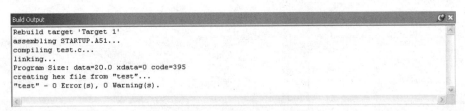

图 9-18　输出提示信息

其中，第三行"Compiling test.c..."表示此时正在编译 test.c 源程序，第四行"linking..."表示此时正在连接工程项目文件，第六行"Creating hex file from 'test'..."说明已生成目标文件 test.hex，最后一行说明 test.μV5 项目在编译过程中不存在错误和警告，编译连接成功。若在编译过程中出现错误，系统会给出错误所在的行和该错误提示信息，用户应根据这些提示信息，更正程序中出现的错误，重新编译直至完全正确为止。

9.3.4　应用程序的下载

程序文件的下载是指把用户的应用程序经过编译后生成的 HEX 文件下载到单片机中的过程。下载后用户的应用程序将长期保存在程序存储器中，系统掉电后程序也不会丢失。下载过程如下（使用 SST EasyIAP 在线下载软件下载程序到单片机）。

51 单片机程序的
开发流程
（下载模式下）

① 打开资料目录"SoftICE_58RD2"（板载单片机型号 SST89E58RD2）。

② 运行可执行文件"SSTFlashFlex51.exe"，打开界面，如图 9-19 所示。

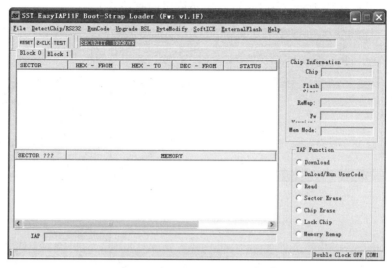

图 9-19　SSTFlashFlex51 界面

③ 单击菜单"DetectChip/RS232"→"Detect Target MCU⋯ and RS232 Config"。打开界面如图 9-20 所示。

④ 根据板载单片机型号选择" SST89E/V58RD2 "或 "SST89E/V516RD2"。存储器模式选"Internal Memory"，单击 "确定"。

⑤ 确定实验板使用的 PC 串口号。右击"此电脑"，选择 "管理"选项，在设备管理器的端口（COM 和 LPT）中，找到 USB-SERIAL CH340 使用的串口号，如图 9-21 所示。

⑥ 设置串行口参数，如图 9-22 所示。注意串口号应选择 上图的端口，波特率选择默认值 38 400。其他不用改动，单击 "Detect MCU"。

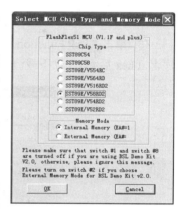

图 9-20　MCU 型号选择

图 9-21　确定串口号

图 9-22　串行口设置

⑦ 根据弹出的对话框操作：先单击"确定"，然后按实验板的复位按钮 RESET。（如果 MCU 已经复位，可以不用按 RESET 键，应视软件能否检测到 MCU 决定。）如果软件检测到 MCU，则界面如图 9-23 所示（因 MCU 状况不同可能有差异）。

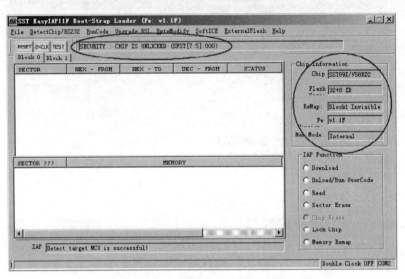

图 9-23　检测到 MCU 的界面

⑧ 单击"IAP Function"中的"Dnload/Run UserCode"，在弹出对话框中输入要下载的程序名（hex 后缀）。以下载流水灯代码为例，如图 9-24 所示，单击"确定"。

图 9-24　选择下载 hex 文件

⑨ 弹出对话框问是否覆盖原来代码，单击"是"，程序代码即下载到学习板的单片机中并开始运行。以流水灯代码为例，将看到 LED0～LED7 顺序点亮，证明操作成功。

⑩ 如要载入新代码，可重复②～⑧步。

9.3.5　应用程序的调试

要使用在线调试功能，必须先将 SST 单片机的仿真监控程序下载到学习板的单片机中，从而实现运用 Keil C51 集成开发环境所提供的所有调试命令来调试用户的应用程序或仿真用户的应用系统（如无必要，请勿频繁使用此功能，以避免烧录失败的危险）。

1. 如何进入调试状态

① 按 9.3.4 节的步骤①～⑥连接软件和 MCU。

② 在界面菜单中选择 "SoftICE" | "DownLoad SoftICE"，如图 9-25 所示。

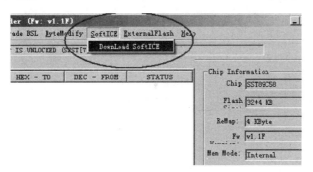

图 9-25 选择下载仿真监控程序

③ 在弹出的对话框中选择 "是"，单片机中原有的 BSL（在线下载程序）将被仿真监控程序取代，若要重新使用 BSL，须在 Keil 环境中还原 BSL。注意：在下载仿真程序过程中应保证不能断电或计算机死机，否则可能导致单片机的内部 BSL 或仿真监控程序不完整，此时将必须使用支持该型号单片机的编程器重新编程（后文介绍）。进行此步骤前确认电源和通信线连接可靠且计算机没有执行其他应用程序。

④ 下载完毕，学习板将具备与 Keil 开发环境联机仿真调试的功能。

2. 使用 Keil 开发环境仿真调试步骤

Keil 开发环境的具体使用方法参考光盘中的相应资料或其他资料，在此只对其中仿真调试步骤作及寄存器观察做简要介绍。

① 接通实验板电源，确定实验板使用的 PC 串口号。

② 启动 Keil 开发环境，进入如图 9-26 所示的界面。

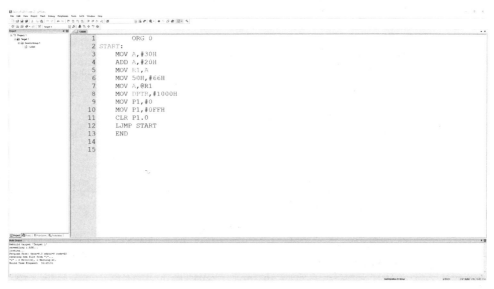

图 9-26 Keil 开发环境界面

③ 选择菜单 "Project" | "Rebuild all target files"，编译程序。

④ 单击左边 Project Workspace 窗口中目录树最顶端的 Target 1。

⑤ 选择菜单"Project"｜"Options for Target 'Target 1'",打开窗口,如图 9-27 所示。

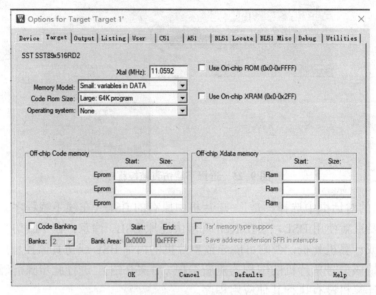

图 9-27　项目选项设置窗口

⑥ 单击"Debug"选项卡,打开如图 9-28 所示界面,选择右边"Use Keil Monitor-51 Driver"。选择下面"Run to main()"复选框,然后单击"Settings"按钮。

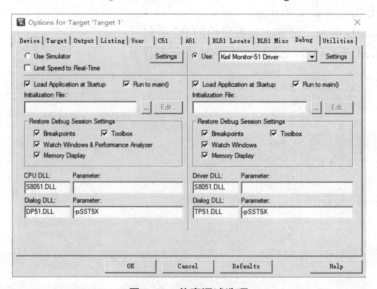

图 9-28　仿真调试选项

⑦ 弹出对话框中选择串口号和波特率,串口号选择与上文使用 SST 下载软件时相同(如果串口连接没有改变的话),波特率选择 38 400,完成后单击"确定"。再次单击"确定"退出项目设置窗口。

⑧ 在主界面上方图标按钮处单击 按钮,软件即进入仿真调试状态,界面如图 9-29 所示。

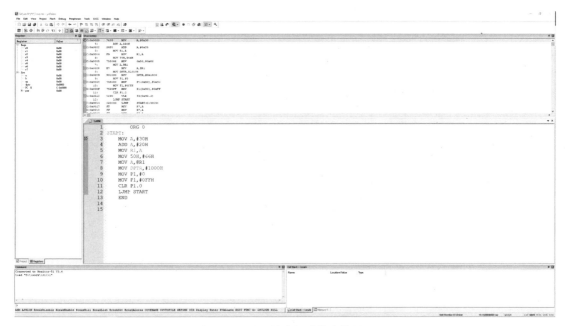

图 9-29 进入仿真调试状态的界面

⑨ 黄色光标停留在 main 函数的第一语句处。单击 F11 或者单步跟踪按钮，执行第一句 "MOV A，#30H"，执行结果如图 9-30 所示，A 寄存器里的数据为 30H。

图 9-30 "MOV A，#30H" 执行结果

⑩ 单击 F11 或者单步跟踪按钮，执行第二句 "ADD A，#20H"，执行结果如图 9-31 所示，A 寄存器里的数据为 50H。

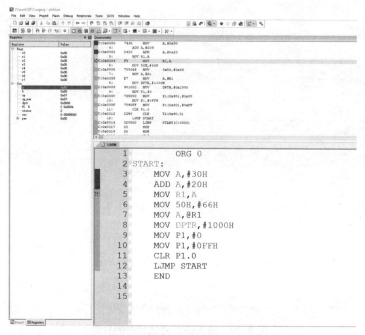

图 9-31   "ADD A，#20H"执行结果

⑪ 单击 F11 或者 单步跟踪按钮，执行第三句"MOV R1，A"，执行结果如图 9-32 所示，R1 寄存器里的数据为 50H。

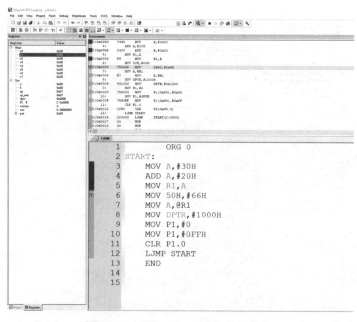

图 9-32   "MOV R1，A"执行结果

⑫ 单击 F11 或者 单步跟踪按钮，执行第四句"MOV 50H，#66H"，执行结果如图 9-33 所示，内部存储单元 55H 里的数据为 66H。

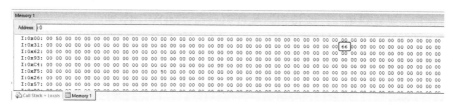

图 9-33　"MOV R1，A 执行结果"

⑬ 单击 F11 或者 单步跟踪按钮，执行第五句"MOV A，@R1"，执行结果如图 9-34 所示，将 R1 里面的内容 55H 作为地址，再将 55H 地址里的内容 66H 存到 A 寄存器中。

图 9-34　"MOV A，@R1"执行结果

⑭ 单击 F11 或者 单步跟踪按钮，执行第六句"MOV DPTR，#1000H"，执行结果如图 9-35 所示，数据指针 DPTR 里的数据是 1000H。

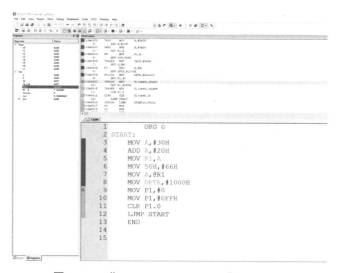

图 9-35　"MOV DPTR，#1000H"执行结果

⑮ 单击 F11 或者 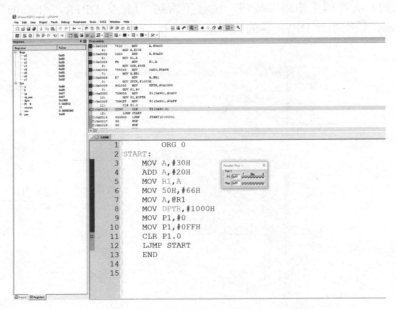单步跟踪按钮，执行第七句 "MOV P1，#0"，可以在菜单栏中选择 "Peripherals" ｜ "I/O Ports" ｜ "Port 1"，打开端口 1 的窗口，执行结果如图 9–36 所示，Port 1 里的方框空白表示数据是 0。

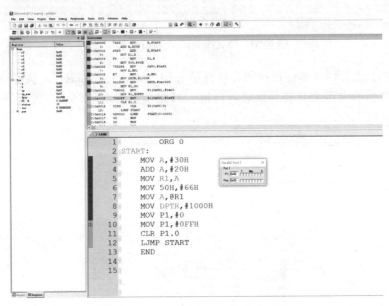

图 9–36　"MOV P1，#0" 执行结果

⑯ 单击 F11 或者 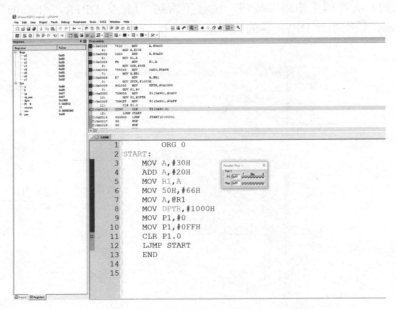单步跟踪按钮，执行第八句 "MOV P1，#0FFFF"，执行结果如图 9–37 所示，Port 1 里的方框有 "√" 表示数据是 1。

⑰ 单击 F11 或者 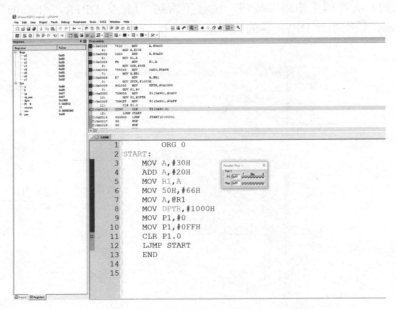单步跟踪按钮，执行第九句 "CLR P1.0"，执行结果如图 9–38 所示，P1.0 方框里的 "√" 消失表示数据是 0。

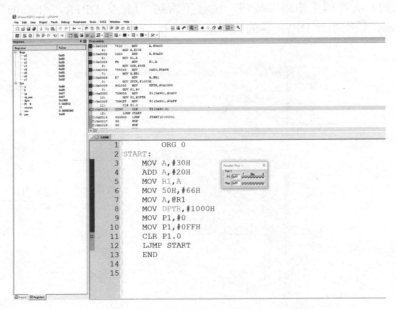

图 9–37　"MOV P1，#0FFFF" 执行结果

图 9-38　"CLR P1.0"执行结果

⑱ 光标下方红色圆点为运行断点，可以自行设置（双击黄色光标下方的深灰色区域即可设置或取消断点），如图 9-39 所示。

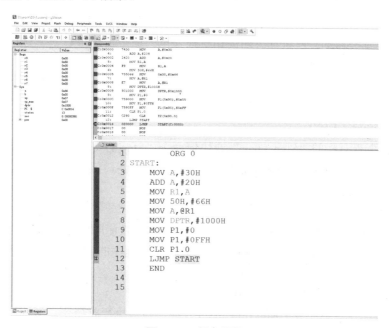

图 9-39　断点设置

⑲ 按全速执行按钮执行程序，光标将停留在预设的断点处，接着可按单步执行按钮执行断点处的语句。

⑳ 同理，可继续设置断点或全速执行全部程序。可在子函数内部设置断点，亦可使用按钮进入某个子函数。

㉑ 如果接下来没有其他断点而按全速运行按钮，MCU 将全速运行，软件将不能再实时观察到 MCU 的状态，此时可以观察学习板的硬件运行情况是否和设想的一致。

㉒ 进入全速运行后要停止操作须按停止按钮，在弹出的对话框中选择"Stop Debugging"。

㉓ 退出仿真调试状态后，若需重新仿真调试，则应先复位实验板 MCU（按实验板的 RESET 按钮）。

3. 几种常用的调试命令及方法

1）断点

断点可以用以下方法定义和修改。

① 用"File Toolbar"按钮。在"Editor"或"Disassembly"窗口中的代码行单击断点按钮即可在该设置断点。

② 用快捷菜单的断点命令。在"Editor"或"Disassembly"窗口中的代码行单击鼠标右键，在打开的快捷菜单中选择"Insert/Remove Breakpoint"命令同样也可以在该行设置断点。

③ 在"Output Window-Command"页，可以使用 Breakset、Breakkill、BreakEnable、Breaklist、Breakpoint 命令来设置断点。

当然，若此处已经设置了断点，再次在此行设置断点将取消该断点，断点设置成功后，会在该行首出现红色的断点标志。

2）单步跟踪（F11）

用"Debug"工具栏的"Step"或快捷命令"Step Into"按钮可以单步跟踪程序，每执行一次此命令，程序将运行一条指令（以指令为基本执行单元），当前的指令用黄色箭头标出，每执行一步箭头都会移动，已执行过的语句呈现绿色。单步跟踪在 C 语言环境调试下最小的运行单位是一条 C 语句，如果一条 C 语句只对应一条汇编指令，则单步跟踪一次可以运行 C 语句对应一条汇编指令；如果一条 C 语句对应多条汇编指令，则一次单步跟踪要运行完对应的所有汇编指令。在汇编语言调试下，可以跟踪到每一个汇编指令的执行。

3）单步运行（F10）

用"Debug"工具栏的"Step Over"或快捷命令"Step Over"即可实现单步运行程序，此时单步运行命令将把函数和函数调用当作一个实体来看待，因此单步运行是以语句（这一语句不管是单一命令行还是函数调用）为基本执行单元。

4）执行返回（Ctrl+F11）

在用单步跟踪指令跟踪到子函数或子程序内部时，可以使用"Debug"工具栏的"Step Out of Current Function"或快捷命令"Step Out"，即可实现程序的 PC 指针返回到调用此子程序或函数的下一条语句。

5）执行到光标所在行（Ctrl+F10）

用工具栏或快捷菜单命令"Run till Cursor Line"即可执行此命令，使程序执行到光标所在行，但不包括此行，其实质是把当前光标所在行当作临时断点。

6）全速运行（F5）

用"Debug"工具栏的"Go"或快捷命令"Run"即可实现全速运行程序，当然若程序中已经设置断点，程序将执行到断点处，并等待调试指令；若程序中没有设置任何断点，当 μVision5 处于全速运行期间时，μVision5 不允许任何资源的查看，也不接受其他的命令。

7）将鼠标移到一个变量上可以看到它们的值

8）启动/停止调试（Ctrl+F5）

在调试状态下，任何时间都可以用"Start/Stop Debug Session"命令停止调试。

JD51 单片机实验
板下载模式转
仿真模式

9.3.6　使用 Keil 环境恢复 MCU 的 BSL 程序

实验板载入仿真监控程序后，原来的 BSL 功能将不能使用。同时，由于仿真监控程序占用 MCU 的串行口与软件通信，所以串口程序将不能在仿真状态下调试。此时，需要将 MCU 中的仿真监控程序恢复为 BSL，用直接下载程序到 MCU 运行的方法调试程序（如无必要，请勿频繁使用此功能，以避免烧录失败的危险）。

①　按 9.3.5 节步骤进入仿真调试状态并使程序暂停运行。

②　根据 MCU 型号找到 "SoftICE_58RD2"（SST89E58RD）文件夹中的 "Convert_to_BSLx5xRD2.txt" 文件，将 "Convert_to_BSLx5xRD2.txt" 放在 C 盘或 D 盘根目录下，路径中避免中文字符。

③　在 Keil 界面下方的命令行输入 "include d:\Convert_to_BSLx5xRD2.txt"，注意 "\" 后面没有空格，如图 9-40 所示，按回车键执行恢复过程。

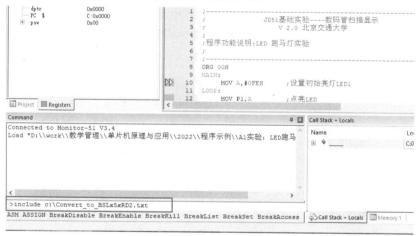

图 9-40　执行恢复 BSL 操作

④　如提示找不到文件，检查路径和文件名是否正确。如果正常，等待约 10 s 后显示如图 9-41 所示内容，表示恢复成功，可退出 Keil 环境（如果退出过程中提示错误，无须理会）。

图 9-41　恢复 BSL 已成功

BSL 恢复后，可按"使用 SST EasyIAP 在线下载软件下载程序到单片机"中的步骤下载程序。

9.4　JD51 单片机实验板编程器使用介绍

JD51 单片机实验板在使用过程中，由于在线仿真模式和下载模式的反复切换，或者其他某些使用场景，可能造成单片机出现无法识别的情况，这时就可以利用单片机编程器对单片机进行重新烧写初始化，使单片机回到在线仿真模式或者下载模式。

在持续的教学实践过程中，课程组确立了使用 SP200SE 编程器作为 JD51 单片机实验板的配套编程器，下面进行具体介绍。

9.4.1　SP200SE 编程器简介

SP200SE 编程器直接使用 USB 接口通信和供电，体积小巧，软件和硬件设计成熟，功能完善，可以支持 ATMEL、WINBOND、SST、STC 等公司常用的 MCS-51 系列单片机，支持 ATMEL、MICROCHIP、ST 等公司 24、93 系列串行存储器。同时具有标准的 ISP 下载接口，可支持 ATMEL 公司 MCS-51 系列和 AVR 系列单片机在线编程（ISP）。SP200SE 编程器完全可以满足单片机爱好者和开发人员学习和开发 51、AVR 单片机使用需求。SP200SE 编程器实物如图 9-42 所示。

图 9-42　SP200SE 编程器实物

9.4.2　SP200SE 编程器硬件介绍

SP200SE 编程器硬件有以下特点。

① 体积小巧，使用携带非常方便。

② Mini-USB 接口通信及供电，通信速度快，无须外接电源。

③ 内置 CPU，烧写速度快，时序精准，不受计算机配置影响。

④ 功能完善，操作简单，硬件无须任何手动设置。

⑤ 单一 40Pin 锁紧座设计，同时支持 8Pin、20Pin 和 40Pin 的芯片。

⑥ 具有一个标准的 10Pin ISP 下载接口，能轻松实现对用户目标板在系统编程。

9.4.3　SP200SE 编程器软件介绍

SP200SE 编程器软件有以下特点。

① 友好的界面，专业化全功能设计。

② 强大的缓冲区编辑功能，支持复制、填充、逻辑运算、数据支持 8 位与 16 位显示。

③ 简体中文用户界面。

④ 支持 WIN98SE/ME/2K/XP/Vista/Win7 操作系统。

⑤ 系统配置要求低，运行稳定。

⑥ 编程命令丰富，包含编程、读取、擦除、查空、校验、加密（写锁定位）、读写熔丝位、读写配置位等。

⑦ 统计功能，自动统计烧写成功与失败的数量。

⑧ 自动序列号功能，适用于给产品写入唯一的 ID 数据。

⑨ 支持自动编程操作（相当于批处理），并可以自定义其操作内容。

⑩ 最近文件列表功能，可快速加载曾经使用过的文件。

⑪ 最近器件列表功能，可快速更改器件为近期使用过的其他器件。

⑫ 编程操作声音提示。

⑬ 文件更改自动重加载，适用于开发阶段快速更新芯片内容。

9.4.4　支持器件介绍

SP200SE 编程器支持数百种型号，支持 ATMEL、WINBOND、SST、STC 等公司的 MCS-51 系列单片机，支持 ATMEL、MICROCHIP、ST 等公司 24、93 系列串行存储器。同时具有标准的 ISP 下载接口，可支持以下器件在线编程：AT 89S51、AT 89S52、AT 89LS51、AT 89LS52、ATmega8515、ATmega48、ATmega88、ATmega168、ATmega16、ATmega8、ATmega8535、ATmega8535L、ATtiny2313、ATtiny2313V、ATtiny26、ATtiny26L。

9.4.5　驱动及烧写软件安装

① 安装 USB 驱动及 SP200SE 的控制软件（SP200SE 不要连接 USB 线）；SP200SE 套件使用的 USB 芯片是 CH340，首先运行 CH341SER.EXE 安装 USB 驱动，再运行 WLPRO_SETUP.exe 安装 SP200SE 的烧写软件。

② 驱动软件安装完成后插上 USB 线，计算机会发现新设备并自动安装驱动剩余的步骤，待计算机提示安装完成后，需查看设备管理器，找到串口号，该串口号必须是 COM5 以内最佳（最高允许 COM9）。如果自动赋给它的超过 COM5，需将串口号改到 COM5 以下未使用的串口号上。安装驱动与修改 COM 号后，需重启计算机再进行下一步。

③ 重启计算机后（重启不必拔除编程器），运行 SP200SE 软件，软件自动搜索连接的编程器，若成功，软件正常打开主界面，如图 9-43 所示（打开软件如果是英文界面，可以单击右上角的"Language"菜单进行切换）。

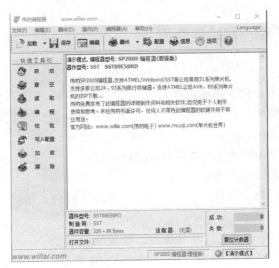

图 9-43　编程器软件主界面

9.4.6　应用举例

1．芯片放在锁紧座上

SP200SE 编程器采用唯一一个 40Pin 的零拔插力锁紧座，它可以分别放置 8pin、20Pin 和 40Pin 的芯片。正确的放置方式如图 9-44 所示。需要特别注意的是，图中箭头指示三角形 为单片机第 1 脚位置，与单片机实物半圆缺口位置方向一致。

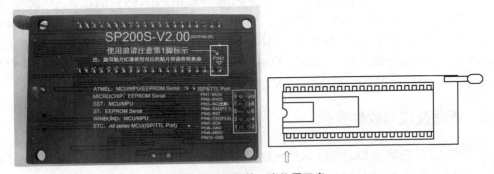

图 9-44　确认第 1 脚位置示意

2．选择器件

打开编程器软件主界面，在软件中单击"器件"快捷按钮，或者"器件"菜单里的"选 择器件"选项选择型号，如图 9-45 所示。注意：选择实验板正确的单片机型号，目前 JD51 实验板使用了两款单片机，一款是 SST89E58RD，另一款是 SST89E516RD。

3．加载文件

在软件中单击"加载"快捷按钮，在"加载文件"对话框中找到要烧写的文件，SST89E58RD 对应的文件是 JD51_ICE1.bin（仿真调试模式）、JD51_TEST1.bin（程序下载模式）； SST89E516RD 对应的文件是 xinbanziICE.bin（仿真调试模式）、xinbanziTEST1.bin（程序下 载模式），如图 9-46 所示。

图 9-45　器件选择

图 9-46　加载文件选择

4. 选项设置

单击"选项"快捷按钮，在自动编程选项里将擦除、查空、编程、校验、写入配置全部勾选，加密可以不勾选，右侧的编程范围选择 Block+Block1（基本采用默认设置就行），单击"确定"，完成设置，如图 9-47 所示。

图 9-47　选项设置

5. 完成编程

单击左侧"自动"快捷按钮，等待运行即可完成芯片的烧写，如图 9-48 所示。

图 9-48 芯片完成烧写

9.4.7 常见问题

编程时提示器件 ID 错误：

1. 编程器硬件原因

如果是购买的散件，则仔细检查元件有无插错、焊接短路、虚焊或者元件损坏等。在焊接前检查元件是否良好，焊接后仔细检查是否有焊接短路或者虚焊。在没有保证线路正确无误之前，不要盲目放置芯片进行烧写测试。对于 SP200SE，软件集成了硬件测试的功能，联机后，单击"编程器"｜"硬件测试"即可打开测试界面，可以快速判断和查找故障部位。

2. 芯片型号选择错误

在进行烧写之前，必须根据实际烧写的芯片在软件中选择正确的芯片型号（芯片后缀不一样也有可能不能正常烧写）。错误的芯片型号将直接导致出现错误。

3. 芯片放置不正确

先抬起锁紧座手柄，放入芯片后，压下锁紧座手柄，此时芯片应该被卡紧在里面（就算用手拽也不会轻易拽出）。

4. 芯片引脚接触不良

在进行烧写时，应该保证芯片引脚与锁紧座的金属片是可靠接触的。如果所使用的芯片都不是全新的，且有可能使用了多次。在这种情况下，应该检查芯片的引脚是否弯曲、氧化。

5. 芯片本身的问题

部分芯片在进行多次烧写之后，受芯片寿命的影响或者其他原因，其内部的 ID 字节有可能无法正确读取出来。这时候可以在 SP200SE 的软件设置中临时取消 ID 检查功能，如果能够正常烧写（烧写后的校验能够通过），这个芯片能够继续使用，否则就只能换芯片了。

6. 芯片被加密

有些单片机芯片（如 AT90S1200）被加密后，其 ID 是不允许被读取的，需要先执行擦除后（在擦除出现 ID 错误信息时，选择继续操作），才能够正确读取。

7. 忽略 ID 错误提示

经过多次验证，在使用 SP200SE 进行 SST89E516RD 单片机编程时，有部分编程器出现 ID 错误提示，此时忽略 ID 错误提示，再次单击"自动"快捷按钮进行编程，可以完成 SST89E516RD 单片机重新编程。

9.5　Keil 与 Proteus 联合调试

9.5.1　Proteus 简介

Proteus 是一款基于电路仿真技术的软件，它能够模拟真实的电路环境，包括各种元器件、传感器等，为开发者提供了一个虚拟的硬件测试平台。通过 Keil 与 Proteus 的联合调试，尤其是在没有实际硬件设备的情况下，开发者可以快速验证程序逻辑，检查硬件接口是否正常工作，避免了传统方式中反复烧录芯片的烦琐过程。Keil 与 Proteus 的联调为 MCS-51 系列单片机的开发提供了强大的软硬件协同调试环境，极大地提升了开发效率和准确性。对于初学者而言，掌握这种联调方法是提升技能的重要一步。

9.5.2　Proteus 设置

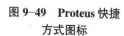

1. 打开 Proteus 的 ISIS

完成 Proteus 软件安装后，单击 Proteus 软件快捷方式图标，如图 9-49 所示，打开 Proteus 软件。软件操作界面如图 9-50 所示。

图 9-49　Proteus 快捷方式图标

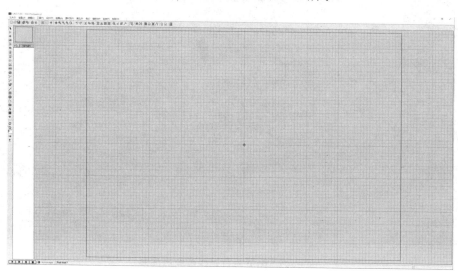

图 9-50　Proteus 软件操作界面

2. 联调设置

单击菜单栏的"调试",选择"使用远程调试监控",如图 9-51 所示。

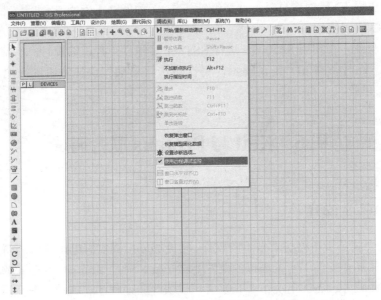

图 9-51　Proteus 联调设置

3. 打开实验原理图

单击菜单栏的"文件",选择"打开设计",找到需要导入的实验 Proteus 电路原理图,这里以示例文件夹里 51 第一个程序源程序(P1.0 点灯程序)来介绍 Keil 与 Proteus 的联调,电路原理图如图 9-52 所示。

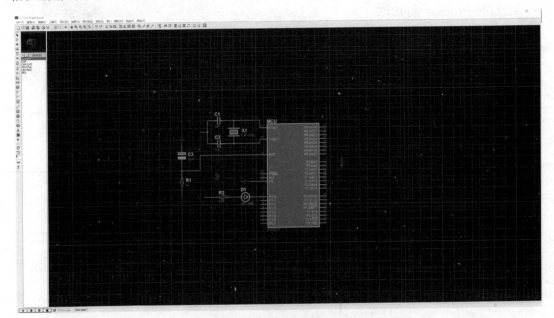

图 9-52　P1.0 电灯程序电路原理图

9.5.3　Keil 设置

1. 启动 Keil 开发环境

单击桌面 Keil 快捷方式，启动 Keil 开发环境。

2. 打开工程文件

单击菜单栏"Project"｜"Open Project"，选择要打开的项目文件，项目文件包括"1A.uvproj"或者"1C.uvproj"的汇编语言和 C 语言版本，本次演示以 C 语言版本为例。

3. 编译程序

在菜单栏中选择"Project"｜"Rebuild All Target Files"或者单击 Rebuild 按钮，对程序文件进行编译并重新链接。

4. 目标"Target1"属性设置

在菜单栏中选择"Project"｜"Options for Target 'Target 1'"或者单击"Options for Target 'Target 1'"按钮，进入目标"Target1"属性设置。单击 Debug（调试）页，选择"Use 'Proteus VSM Simulator'"，使用 Proteus 仿真调试选项，如图 9-53 所示。

5. 确认 IP 及端口号

单击"Settings"（设置）按钮，确认 IP 及端口号，本机 IP 地址 127.0.0.1 或其他远程 IP 地址，端口号为 8000，一般采用系统默认即可，如图 9-54 所示。

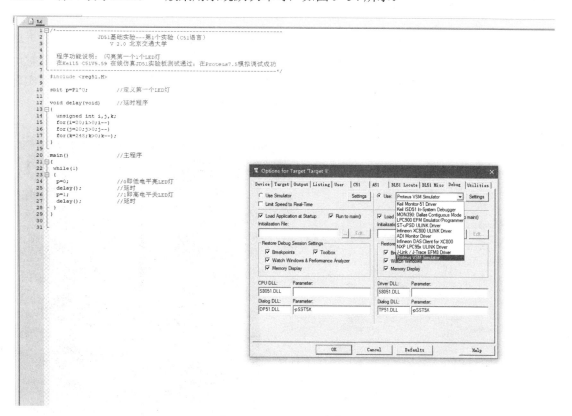

图 9-53　Proteus 调试选项

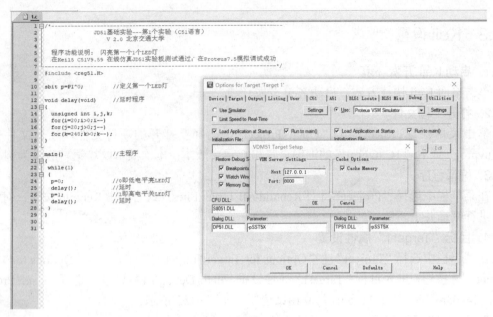

图 9-54　确认 IP 及端口号

9.5.4　Keil 与 Proteus 联调

完成以上设置后，在 Keil 菜单栏中选择"Debug"｜"Start/Stop Debug Session"或者单击 Debug 按钮，进入调试模式。单击"Debug"｜"Run"或者键盘 F5，运行程序，此时可以观察 Proteus 的 ISIS 中的 D1 是否持续闪烁（变成红色），若持续闪烁说明两软件已可实现联调，如图 9-55 所示（也可以进行单步调试或其他测试）。

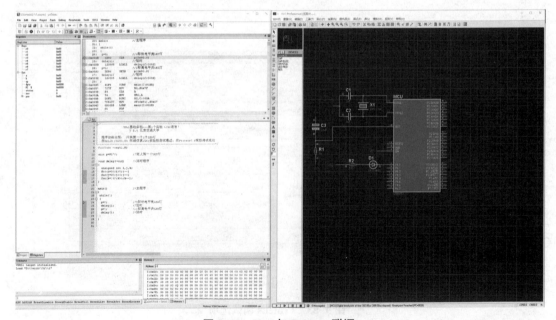

图 9-55　Keil 与 Proteus 联调

<h1 style="text-align:center">习　题</h1>

1. 描述 JD51 单片机实验板的主要组成部分及其功能。

2. 解释 JD51 单片机实验板上的跳线选择器 J5 的作用，以及它是如何影响 S1 按键和红外遥控功能的。

3. 说明 JD51 单片机实验板上串行口电路的两种使用方式，以及它们如何支持 USB 代码下载和串口调试。

4. 描述 JD51 单片机实验板上温度传感器 DS18B20 的原理图，并解释它如何与 MCU 进行通信。

5. 说明 JD51 单片机实验板上数码管显示电路的原理，包括 74HC573 和 PNP 三极管的作用。

6. 列举 JD51 单片机实验板支持的实验例程，并解释它们如何帮助学习单片机原理与应用。

7. 解释如何使用 Keil C51 集成开发环境建立、编译和下载应用程序到 JD51 单片机实验板上。

8. 描述使用 SST EasyIAP 在线下载软件将应用程序下载到 JD51 单片机实验板上的步骤。

9. 说明如何使用 Keil C51 集成开发环境进行在线调试，并解释仿真监控程序的作用。

第 10 章

单片机基础实验

10.1 LED 跑马灯实验

10.1.1 C 语言编程的 LED 跑马灯实验

```
//================================================================
//            JD51 基础实验 1——LED 跑马灯实验(C 语言)
//                    V2.0 北京交通大学
// 程序功能说明:
//      通过 C 语言编程,控制 51 单片机的 P1 口上的 LED 灯顺序点亮,形成
// 跑马灯的效果,并循环进行。
// *在 Keil5 在线仿真 JD51 实验板运行成功;*在 Keil5+Proteus7.5 模拟运行成功
//================================================================
#include<reg52.h>
// 包含头文件 reg52.h,该文件定义了单片机的寄存器和相关的宏定义
//--------------------------延时程序-------------------------------
void delay(void)
{
    unsigned int j;         // 定义无符号整型变量 j 用于计数,作为延时参数
    for(j=0;j<30000;j++);

    // 使用 for 循环,循环 30000 次以创建一个简单的延时效果
    // 注意:此延时函数的具体延时时间取决于单片机的晶振频率
}
//--------------------------主程序-------------------------------
void main(void)
{
    int i;                  // 定义整型变量 i,用于控制 LED 灯的循环次数
    while(1)                // 无限循环,确保程序持续运行
    {
        P1=0xfe;            // 设置 P1 口的输出值为 0xfe (即 11111110),
```

```
                                  // 熄灭 P1 口的 LED 灯
        delay();                  // 调用延时函数,使得 LED 灯变化有可见的间隔
        for(i=0;i<8;i++)          // 循环 8 次,控制 8 个 LED 灯依次点亮
        {
            P1=(P1<<1)|0x1;       // 将 P1 口的值左移 1 位,最右边补上 1。
                                  // 这一操作相当于点亮序列中的下一个 LED 灯。
                                  // 初始时 P1=0xfe,左移后变成 0x7f, 然后与 0x1 按位或
                                  // 得到 0xff,点亮 D2;
                                  // 之后每次循环都将当前点亮的灯熄灭并点亮下一个
            delay();              // 每次移位后调用延时函数,保持节奏
        }
    }
}
```

这个程序主要实现了 LED 跑马灯的效果,通过循环和位操作技巧控制 P1 口的 8 个 LED 灯顺序点亮并循环。delay 函数提供了一个简单但有效的延时,使得 LED 灯的变化能够被清晰地观察到。主函数中使用了无限循环来保证 LED 灯的连续滚动显示。

汇编语言编程的
LED 跑马灯实验

10.1.2　汇编语言编程的 LED 跑马灯实验

```
;=================================================================
;            JD51 基础实验 1——LED 跑马灯实验(汇编语言)
;                 V 2.0 北京交通大学
; 程序功能说明:
;       通过汇编语言编程,控制 51 单片机的 P1 口上的 LED 灯顺序点亮,形成跑马灯的效果,并循环
进行。
; *在 Keil5 在线仿真 JD51 实验板运行成功;*在 Keil5+Proteus7.5 模拟运行成功
;=================================================================
            ORG 00H            ; 程序起始地址设定在 00H 处,通常表示程序从这里开始执行
MAIN:       MOV A,#0FEH        ; 将立即数 0xFE 送入累加器 A,此处设置 A 的初值为 0xFE,
                               ; 意在初始时使 P1 口的最低位(LED1)不被点亮,其余位被点亮
LOOP:       MOV P1,A           ; 将累加器 A 的内容输出到 P1 口,根据 A 的值点亮对应的 LED 灯
            LCALL DELAY        ; 调用延时子程序 DELAY,实现大约 0.5s 的延时
            RL A               ; 将 A 的内容逻辑左移一位,最低位(原最高位)补 0,
                               ; 实现 LED 点亮位置的循环移位,准备点亮下一个 LED
            AJMP LOOP          ; 无条件跳转回 LOOP 标签,开始下一轮循环

;--------------------------延时程序,延时约 0.5s--------------------------
DELAY:      MOV R3,#20         ; 初始化寄存器 R3 为 20,作为外层循环计数器
D1:         MOV R4,#50         ; 初始化寄存器 R4 为 50,作为中间层循环计数器
D2:         MOV R5,#250        ; 初始化寄存器 R5 为 250,作为内层循环计数器
            DJNZ R5,$          ; 减 1 不为零则跳转到自身,实现循环计数,直到 R5 减至 0 为止
            DJNZ R4,D2         ; 同上,控制中间层循环
            DJNZ R3,D1         ; 同上,控制外层循环
            RET                ; 延迟完毕,返回到调用 DELAY 的地方继续执行
            END                ; 程序结束标记,指示汇编器程序到这里结束
```

这段程序是用汇编语言编写的,用于在 8051 的微控制器上控制 P1 口的 LED 灯实现循环点亮的效果,每个 LED 灯点亮后延时大约 0.5 s,然后移动到下一个 LED 灯。程序通过循环和延时子程序实现精确的时间控制,以达到预期的视觉效果。

10.2 数码管扫描显示实验

数码管扫描
显示实验

C 语言编程的
数码管扫描
显示实验

10.2.1 C 语言编程的数码管扫描显示实验

```
//=============================================================
//           JD51 基础实验 2——数码管扫描显示实验(C 语言)
//                V2.0 北京交通大学
// 程序功能说明:
//      顺序点亮 4 个数码管,显示 8051
//*在 Keil5 在线仿真 JD51 实验板运行成功;*在 Keil5+Proteus7.5 模拟运行成功
//=============================================================

#include <reg52.h> // 包含 51 单片机的头文件

//----------------------------数据定义--------------------------
// 下面定义了与数码管控制相关的位变量,通过 P2 口的不同位来控制数码管的选通
sbit s1 = P2^0;          // 第 1 个数码管的控制位,连接到 P2.0
sbit s2 = P2^1;          // 第 2 个数码管的控制位,连接到 P2.1
sbit s3 = P2^2;          // 第 3 个数码管的控制位,连接到 P2.2
sbit s4 = P2^3;          // 第 4 个数码管的控制位,连接到 P2.3
sbit en = P2^5;          // 总允许显示控制位,高电平时允许数码管显示,连接到 P2.5
//----------------------------延时程序--------------------------
// 一个简单的延时函数,用于控制数码管显示的稳定,通过嵌套循环消耗时间
void Delay(void)
{
    unsigned int i,j;
    for(i=255;i>0;i--)            // 外层循环 255 次
        for(j=255;j>0;j--);      // 内层循环 255 次
}
//----------------------------主程序----------------------------
void main(void)
{
    en = 1;                      // 初始化,使能所有数码管的显示控制
    while(1)                     // 无限循环,确保程序持续运行
    {
        // 显示第一个数码管的"8"
        s1=0;                    // 选中第 1 个数码管
        s2=1;
        s3=1;
```

```
            s4=1;
            P0=0x80;                      // 将 P0 口设置为 0x80,对应数码管显示数字"8"
            Delay();                      // 延时,保持当前显示稳定

            // 显示第二个数码管的"0"
            s1=1;                         // 关闭第 1 个数码管
            s2=0;
            s3=1;
            s4=1;
            P0=0xC0;                      // 设置 P0 口为 0xC0,显示数字"0"
            Delay();                      // 延时
            // 显示第三个数码管的"5"
            s1=1;
            s2=1;
            s3=0;
            s4=1;
            P0=0x92;                      // 设置 P0 口为 0x92,显示数字"5"
            Delay();                      // 延时
            // 显示第四个数码管的"1"
            s1=1;
            s2=1;
            s3=1;
            s4=0;
            P0=0xF9;                      // 设置 P0 口为 0xF9,显示数字"1"
            Delay();                      // 延时
            // 以上步骤完成后,会立即重复,形成连续显示"8051"
        }
    }
```

这个程序利用了数码管的扫描原理,即快速轮流点亮每个数码管以达到同时显示多个数字的效果,人眼因为视觉暂留现象无法察觉到闪烁,看到的是稳定的"8051"显示。通过控制不同数码管的选通信号(s1~s4)和数据信号(P0 口)来实现这一功能。

10.2.2　汇编语言编程的数码管扫描显示实验

```
;===============================================================================
;           JD51 基础实验 2——数码管扫描显示实验(汇编语言)
;                       V2.0 北京交通大学
; 程序功能说明:
;     顺序点亮 4 个数码管,显示 8051
; *在 Keil5 在线仿真 JD51 实验板运行成功;*在 Keil5+Proteus7.5 模拟运行成功
;===============================================================================
; 程序起始地址定位在 0000H,这是 MCS-51 系列单片机复位后的程序执行起点
        ORG   0000H              ; 程序开始
; 通过长跳转指令跳转到实际的程序入口点(ORG 0030H),这之前通常是中断向量表
        LJMP  START
```

```
; 程序实际执行的入口点位于0030H,避免了与中断向量冲突
      ORG   0030H          ; 程序入口
; 标号START标志着程序的主要逻辑开始
START:SETB P2.5                 ;设置P2.5为高电平,打开锁存器允许数码管显示
; ----------主循环开始,不断循环显示"8051"--------------------------
MAIN: CLR P2.0          ; 清除P2.0,选择第一个数码管
      MOV P0, #80H       ; 向P0口送入数据0x80,显示数字8
      LCALL DELAY        ; 调用延时子程序,保持当前显示一段时间
      SETB P2.0          ; 关闭第一个数码管
      CLR P2.1           ; 选择第二个数码管
      MOV P0, #0C0H      ; 显示数字0
      LCALL DELAY        ; 调用延时子程序
      SETB P2.1          ; 关闭第二个数码管
      CLR P2.2           ; 选择第三个数码管
      MOV P0, #92H       ; 显示数字5
      LCALL DELAY        ; 调用延时子程序
      SETB P2.2          ; 关闭第三个数码管
      CLR P2.3           ; 选择第四个数码管
      MOV P0, #0F9H      ; 显示数字1
      LCALL DELAY        ; 调用延时子程序
      SETB P2.3          ; 关闭第四个数码管,准备下一轮显示
      LJMP MAIN          ; 无条件跳转回MAIN,开始下一轮显示
; -------延时子程序,用于提供足够的时间间隔让数码管能够稳定显示---------
DELAY:MOV R5, #50       ; 设置外层循环次数
D2:   MOV R6, #100      ; 设置中间层循环次数
D1:   MOV R7, #100      ; 设置内层循环次数
      DJNZ R7, $         ; 减1不为0则跳转到自己,进行循环
      DJNZ R6, D1        ; 同上,控制中间层循环
      DJNZ R5, D2        ; 同上,控制外层循环
      RET                ; 延时完毕,返回调用处
      END                ; 程序结束
```

这段程序使用汇编语言编写,旨在通过控制P2口的各位来顺序点亮4个共阴极数码管,以显示数字"8051"。该程序通过控制P2口的低四位(P2.0～P2.3)来选择要显示的数码管,P0口则用来发送要显示的数字的字形编码。延时子程序"DELAY"通过多层循环消耗CPU时间来产生必要的延时,确保数码管的稳定显示。

10.3 按键计数及显示实验

10.3.1 C语言编程的按键计数及显示实验

```
//========================================================
//            JD51基础实验3——按键计数及显示实验(C语言)
//                    V2.0 北京交通大学
```

```
// 程序功能说明:
//      检测按键 S2 的按压次数,有按键延时去抖动。
//*在 Keil5 在线仿真 JD51 实验板运行成功;*在 Keil5+Proteus7.5 模拟运行成功
//==========================================================================
#include <reg51.h>
#define TABLE_LEN 10
  // 数码管显示编码表
unsigned char code TABLE[] = {0xC0, 0xF9, 0xA4, 0xB0, 0x99, 0x92, 0x82, 0xF8,
0x80, 0x90};
  // 延时函数,约 10ms
void Delay10ms() {
    unsigned int i, j;
    for (i = 25; i > 0; i--) {
        for (j = 200; j > 0; j--);
    }
}
  // 主函数
void main() {
    unsigned char count = 0; // 按键计数
    P0 = 0xC0; // 数码管初始显示"0"
    P2 = 0xF7; // 选中最右侧的数码管
    while (1) {
        // 按键计数增加
        count++;
        // 如果计数达到 10,重置为 0
        if (count >= TABLE_LEN) {
            count = 0;
        }
        // 检测按键 P3.3 是否被按下
        while (T0 == 1); // 等待按键释放
        // 调用延时函数实现去抖动
        Delay10ms();
        // 再次检测按键 P3.3 是否被按下(确保按键真正被按下)
        if (T0 == 0) {
            // 更新数码管显示
            P0 = TABLE[count];
            // 等待按键释放
            while (T0 == 0);
        }
    }
}
```

程序首先设置了数码管和按键的控制位及一个计数器 "count",用于记录按键按下的次数。通过不断检测按键状态,实现了每按一次按钮,数码管就显示下一个数字(0~9 循环)。在显示更新之前,通过简单的延时实现按键去抖动处理,以避免因机械抖动而引起的误操作。

汇编语言编程的
按键计数及显示
实验

10.3.2 汇编语言编程的按键计数及显示实验

```
;================================================================
;                JD51 基础实验 3——按键计数及显示实验(汇编语言)
;                V2.0 北京交通大学
; 程序功能说明:
;    检测按键 S2 的按压次数,有按键延时 10 ms 去抖动。
; *在 Keil5 在线仿真 JD51 实验板运行成功;*在 Keil5+Proteus7.5 模拟运行成功
;================================================================
    ORG   00H            ;程序起始地址设定在 00H,即复位后 PC 指针指向的位置
    LJMP  30H            ;长跳转指令,跳转到地址 30H 开始执行程序主体
    ORG   30H            ;程序主体开始地址
START:
    MOV  DPTR,#TABLE     ;将数据表 TABLE 的首地址送入数据指针 DPTR,用于后续查表
    MOV  R0,#00H         ;初始化寄存器 R0,用于作为数据表的索引,初始值为 0
    MOV  P0,#0C0H        ;将初始显示数字"0"的段码 0C0H 送入 P0 口,控制数码管显示
    MOV  P2,#0F7H        ;设置 P2 口的值为 0F7H,仅选中最右侧的数码管进行显示
SS1:
    INC  R0             ;R0 自增 1,用于循环访问数据表
    CJNE R0,#10,SS2     ;比较 R0 是否等于 10,不等于则跳转到 SS2 继续执行
    MOV  R0,#00H        ;如果 R0 等于 10,则将其清零,重新开始循环显示
SS2:
    JB   P3.3,$         ;检测 P3.3 引脚(假设连接按键),如果为高电平(未按下)则在此等待
                        ;当 P3.3 为低电平时(按键按下),执行下一条指令
    LCALL DELAY         ;调用延时子程序,用于去除按键的机械抖动影响
    JB   P3.3,SS2       ;再次检测 P3.3,如果按键仍被按下,则返回 SS2 等待释放
SS3:
    MOV  A,R0           ;将 R0 中的索引值送入累加器 A
    MOVC A,@A+DPTR      ;根据 A 的内容作为索引,从数据表 TABLE 中取出相应段码送入 A
    MOV  P0,A           ;将 A 中的段码送入 P0 口,更新数码管显示内容
SS4:
    JB   P3.3,SS1       ;如果按键再次被按下,则跳转到 SS1 重新开始计数和显示循环
    JMP  SS4            ;否则,继续停留在 SS4 等待按键动作
DELAY:
    MOV  R5,#25         ;设置延时循环次数,用于去抖动延时
D1:
    MOV  R6,#200
    DJNZ R6,$           ;减 1 不为零则跳转到自己,进行循环
    DJNZ R5,D1          ;同上,控制外层循环
    RET                 ;延时结束,返回调用处
TABLE:
    DB 0C0H,0F9H,0A4H,0B0H,99H,92H,82H,0F8H,80H,90H  ;数据表,存储 0-9 的段码
    END                ;程序结束标记
```

程序可以有不同的编写风格，标号可以独立一行，程序注释也可以独立一行。该程序是用汇编语言编写的，用于在具有 P0 和 P2 口的 51 微控制器上控制一个共阴极数码管显示 0～9 的数字。程序通过检测 P3.3 引脚上的按键输入来循环显示这些数字，并通过延时子程序"DELAY"去除按键抖动，确保每次按键只触发一次循环更新。

10.4　蜂鸣器实验

蜂鸣器实验　　C 语言编程的
蜂鸣器实验

10.4.1　C 语言编程的蜂鸣器实验

```
//============================================================================
//                JD51 基础实验 4——蜂鸣器实验(C 语言)
//                     V2.0 北京交通大学
//  程序功能说明：
//      蜂鸣器发音,并在数码管上显示音乐简谱音符
//      按下 S2 键,发出音符的"1"
//      按下 S3 键,发出音符的"2"
//      按下 S4 键,发出音符的"3"
//   循环判断是否有按键按下
//*在 Keil5 在线仿真 JD51 实验板运行成功;*在 Keil5+Proteus7.5 模拟运行成功
//============================================================================
#include<reg52.h>          // 包含 51 单片机的头文件,定义了基本的寄存器和功能
//---------------------------硬件端口定义-----------------------------
sbit SPK = P2^4;           // 定义 P2.4 口为蜂鸣器输出端口
sbit NT  = P2^3;           // 定义 P2.3 口为数码管控制端口
sbit S2  = P3^3;           // 定义 P3.3 口为 S2 按键输入端口
sbit S3  = P3^4;           // 定义 P3.4 口为 S3 按键输入端口
sbit S4  = P3^5;           // 定义 P3.5 口为 S4 按键输入端口
//---------------------------主函数-----------------------------
void main(void)
{
    while(1)               // 无限循环,持续监控按键和控制蜂鸣器
    {
        unsigned char R4;// 定义循环计数器 R4,用于控制音符播放时长
        TR0=0;             // 关闭定时器 0
        SPK=1;             // 蜂鸣器默认关闭状态(高电平)
        NT=1;              // 数码管默认关闭状态
        P0=0xFF;           // 初始数码管显示全灭(对于共阴极数码管)

        // 按键 S2 逻辑
        if(S2==1)          // 判断 S2 是否被按下(通常按键按下为低电平)
            goto L1;       // 若 S2 被按下,跳转到播放音符"1"的标签 L1

        // 若未按下 S2,这里逻辑实际上冗余,因为 SPK 已经在循环开始时设为 1
```

```
            SPK=1;
            // 以下逻辑结构重复,分别对应音符"1""2""3"的播放逻辑
            // 以音符"1"为例进行注释,其他音符类似
            R4=200;              // 设置循环计数器初值,控制音符播放时长
            MAIN01:              // 标签,用于跳转到音符"1"的播放循环
            TMOD|=0x01;          // 设置定时器 0 为模式1(16 位自动重装载)
            TR0=1;               // 启动定时器 0
            TL0=0x21;            // 设置定时器初值,确定音调为"1"
            TH0=0xF9;
    WAIT1:                       // 等待定时器溢出的循环标签
            if(TF0==0)           // 判断定时器溢出标志位 TF0 是否为 0
                goto WAIT1;      // 若未溢出,继续等待
            TF0=0;               // 清除 TF0 溢出标志位
            SPK=!SPK;            // 蜂鸣器状态翻转,产生声音
            NT=0;                // 打开数码管显示
            P0 = 0xF9;           // 在数码管上显示音符"1"
            if(--R4!=0)          // 计数器递减,判断是否播放完成
                goto MAIN01;     // 若未完成,继续播放音符"1"
            // 音符"2"的播放逻辑与音符"1"相同,只是音调设置不同
     L1:
            if(S3==1) goto L2;// 若 S3 按下,跳转到音符"2"的播放
            SPK=1;
            R4=200;
    MAIN02:
            TMOD|=0x01;          //置定时器 0 工作方式 1
            TL0=0xE1;            //设置音调"2"
            TH0=0xF9;
            TR0=1;
    WAIT2:
            if(TF0==0)
            goto WAIT2;          //等待定时到
            TF0=0;
            SPK=!SPK;            //蜂鸣器端口取反
            NT=0;
            P0=0xA4;             //显示"2"
            if(--R4!=0)
            goto MAIN02;
     L2:
            if(S4==1) continue; // 若 S4 按下,不改变流程直接回到 while 循环开头
            SPK=1;
            R4=200;
            MAIN03:
            TMOD|=0x01;          //置定时器 0 工作方式 1
            TL0=0x8C;            //设置音调"3"
            TH0=0xFA;
            TR0=1;
```

```
WAIT3:
        if(TF0==0)
        goto WAIT3;          //等待定时到
        TF0=0;
        SPK=!SPK;            //蜂鸣器端口取反
        NT=0;
        P0=0xB0;            //显示"3"
        if(--R4!=0)
        goto MAIN03;
    }
}
```

　　这段程序是使用 C 语言编写的简单音乐发生器程序,适用于基于 8051 微控制器(如 JD51
实验板)的基础实验。程序设计目的是通过控制蜂鸣器发出不同的音调,并在数码管上显示
对应的音乐简谱音符。用户可以通过按下 S2、S3、S4 键(蜂鸣器会发出不同音调),分
别播放"1(Do)""2(Re)""3(Mi)"这 3 个音符,并在数码管上显示相应
的音符。代码整体结构围绕按键检测、音调播放和数码管显示进行。

10.4.2　汇编语言编程的蜂鸣器实验

```
;===========================================================================
;              JD51 基础实验 4——蜂鸣器实验(汇编语言)
;                        V2.0 北京交通大学
; 程序功能说明:
;      控制蜂鸣器发出不同频率的声音,并在数码管上显示相应的音乐简谱音符。
; 通过监测 S2、S3、S4 按键来选择发出"1""2""3"音符的声音,循环判断按键
; *在 Keil5 在线仿真 JD51 实验板运行成功;*在 Keil5+Proteus7.5 模拟运行成功
;===========================================================================
        ORG 0000H           ;程序起始地址设置在 0000H,通常为复位向量
        LJMP MAIN           ;跳转到主程序开始执行位置
        ORG 30H             ;程序主体部分开始地址
MAIN:CLR TR0               ;关闭定时器 T0
        SETB P2.4           ;设置 P2.4(蜂鸣器控制端口)为高电平,蜂鸣器不发声
        SETB P2.3           ;设置 P2.3(数码管使能端口)为高电平,数码管不显示
        MOV P0,#0FFH        ;将 P0 口全部置 1,关闭数码管显示(共阴极数码管,高电平不亮)
        JB P3.3,L1          ;检查 S2 键(P3.3)是否按下,是则跳转到音符"1"处理
; 如果没有跳转,执行以下代码块(实际上这部分逻辑是冗余的,因为前面已经设置了蜂鸣器和数码管
状态)
        SETB P2.4           ;再次确保蜂鸣器不发声
        MOV R4,#200         ;准备发送 100 个方波
MAIN01: MOV TMOD,#01H       ;设置定时器 T0 为模式 1,16 位计数器
        SETB TR0            ;启动定时器 T0
LOOP:   MOV TL0,#021H       ;设置定时器初值,对应音符"1"的频率
        MOV TH0,#0F9H
WAIT1:  JNB TF0,WAIT1       ;等待定时器溢出
```

```
            CLR TF0                  ;清除 TF0 标志
            CPL P2.4                 ;蜂鸣器状态翻转,发出声音
            CLR P2.3                 ;打开数码管显示
            MOV A,#11111001B         ;送"1"的段码到 A 寄存器
            MOV P0,A                 ;段码输出到 P0 口,显示"1"
            DJNZ R4,MAIN01           ;计数未完成则继续循环
L1:         JB P3.4,L2               ;检查 S3 键(P3.4)是否按下,是则处理音符"2"
; 类似地,以下为音符"2"的处理逻辑
            SETB P2.4                ;确保蜂鸣器不发声
            MOV R4,#200              ;准备发送 100 个方波
MAIN02:     MOV TMOD,#01H            ;定时器 T0 模式 1
            MOV TL0,#0E1H            ;音符"2"的频率设置
            MOV TH0,#0F9H
            SETB TR0
WAIT2:      JNB TF0,WAIT2
            CLR TF0
            CPL P2.4                 ;蜂鸣器响
            CLR P2.3                 ;显示
            MOV A,#10100100B         ;送"2"的段码
            MOV P0,A
            DJNZ R4,MAIN02
L2:         JB P3.5,XHPD             ;检查 S4 键(P3.5)是否按下,是则处理音符"3"
;音符"3"的处理逻辑与前两个类似
            SETB P2.4                ;蜂鸣器不发声
            MOV R4,#200              ;准备发送 100 个方波
MAIN03:     MOV TMOD,#01H            ;定时器 T0 模式 1
            MOV TL0,#08CH            ;音符"3"的频率设置
            MOV TH0,#0FAH
            SETB TR0
WAIT3:      JNB TF0,WAIT3
            CLR TF0
            CPL P2.4                 ;蜂鸣器响
            CLR P2.3                 ;显示
            MOV A,#10110000B         ;送"3"的段码
            MOV P0,A
            DJNZ R4,MAIN03
XHPD:       LJMP MAIN                ;循环检查按键,持续监控
            END                      ;程序结束
```

该程序是使用汇编语言编写的简单音乐蜂鸣器实验程序,通过监测 S2、S3、S4 这 3 个按键来控制蜂鸣器发出不同的声音,并在共阴极数码管上显示对应的简谱音符("1""2""3")。程序中包含了初始化设置、按键检测、定时器配置和声音与显示控制等关键环节,体现了基本的单片机控制逻辑和外围设备交互的编程思路。

10.5　定时计数器计数中断实验

10.5.1　C 语言编程的定时计数器计数中断实验

```
//===============================================================
//      JD51 基础实验 5——定时计数器计数中断实验(C 语言)
//              V2.0 北京交通大学
// 程序功能说明：
//      定时计数器 T1 计数中断工作方式,实现 S4 按键计数实验
//   JD51 实验板 T1 计数输入连接按键 S4,按键 1 次,计数加 1
//   每 3 次按键,LED1 灯亮、灭转换。
// *在 Keil5 在线仿真 JD51 实验板运行成功;*在 Keil5+Proteus7.5 模拟运行成功
// 特别说明:按键未加入防抖动处理,实际按键时按压次数可能不准,请思考解决方案
//===============================================================
#include <reg52.h>                 // 包含单片机寄存器定义的头文件
// 定义
sbit LED   = P1^0;
// 定义了一个中断服务例程,当定时器 1 的中断触发时,调用这个函数来处理中断
void Timer1_ISR(void) interrupt 3
{
     TH1=0xFF;
     TL1=0xFD;
     LED= !LED;                     // 切换 LED1 的状态
}
void main() {
    // 初始设置
    LED = 1 ;                       // LED1 灯灭
    TMOD = 0x50;                    // 设置 T1 工作在方式 1 计数
    TH1 = 0xFF;
    TL1 = 0xFD;                     // 设置初值 0xFFFF
    // 开启全局中断和 T1 中断
    EA = 1;
    ET1 = 1;
    TR1 = 1;                        // 启动 T1 计数器
    while(1)
       {
       // 主循环中不做任何事情,等待中断
       }
}
```

MCS-51 系列单片机具有 5 个中断源，它们的中断服务例程的 C 语言程序分别是：

外部中断 0(INT0)：void External0_ISR(void) interrupt 0

定时器 0 中断(Timer 0)：void Timer0_ISR(void) interrupt 1

外部中断 1(INT1)：void External1_ISR(void) interrupt 2

定时器 1 中断(Timer 1)：void Timer1_ISR(void) interrupt 3

串行通信中断(Serial Communication)：void Serial_ISR(void) interrupt 4

每个中断服务例程前面都有一个 interrupt 关键字，后面跟着中断号，这是告诉编译器这个函数是对应中断号的中断服务例程。中断号是单片机中预定义的，对应于不同的中断源。

在 main 函数中，需要根据实际需求配置中断和相关硬件，然后启用全局中断和特定中断。EA 是全局中断使能位，EX0、EX1、ET0、ET1 和 ES 分别是外部中断 0、外部中断 1、定时器 0、定时器 1 和串行通信中断的使能位。

定时计数器计数
中断实验

10.5.2 汇编语言编程的定时计数器计数中断实验

```
;==============================================================
;        JD51 基础实验 5——定时计数器计数中断实验(汇编语言)
;                    V2.0 北京交通大学
; 程序功能说明：
;     定时计数器 T1 计数中断工作方式,实现 S4 按键计数实验
;   JD51 实验板 T1 计数输入连接按键 S4,按键 1 次,计数加 1;
;   每 3 次按键,LED1 灯亮、灭转换。
; *在 Keil5 在线仿真 JD51 实验板运行成功;*在 Keil5+Proteus7.5 模拟运行成功
;特别说明：按键未加入防抖动处理,实际按键时按压次数可能不准,请思考解决方案
;==============================================================
            ORG 0000H
            AJMP MAIN               ;跳转至主程序
            ORG 001BH              ;T1 中断入口地址
            AJMP T1INT             ;跳转至中断服务程序
MAIN:                              ;初始化
            SETB P1.0             ;LED1 灯灭
            MOV TMOD,#50H         ;设置 T1 工作在方式 1 计数
            MOV TH1,#0FFH         ;设置初值 0FFFDH
            MOV TL1,#0FDH         ;每 3 个脉冲,就计满溢出
            CLR TF1              ;清 T1 中断标志
            SETB EA              ;开中断
            SETB ET1             ;允许 T1 中断
            SETB TR1             ;启动 T1 中断
WAIT:       NOP                 ;等待中断发生,并可以执行其他代码
            LJMP WAIT
;-------------------------中断服务程序-------------------------
T1INT:                             ;计到 3 次,触发中断进入中断服务程序
            CPL P1.0             ;每 3 次按键,LED1 灯亮、灭转换
            CLR TF1              ;清 T1 中断标志
            MOV TH1,#0FFH         ;设置初值 0FFFDH
            MOV TL1,#0FDH         ;每 3 个脉冲,就计满溢出
            RETI
            END
```

该程序的核心目的是利用定时计数器 T1 的中断特性，实现对 S4 按键的精确计数，并在每累计 3 次按键时，切换 LED1 的亮灭状态。需要注意的是，程序中没有加入按键防抖处理，这可能导致实际按键计数不准确。

10.6　串口通信实验

串口通信实验　C 语言编程的
串口通信实验

10.6.1　C 语言编程的串口通信实验

```
//==================================================================
//              JD51 基础实验 6——串口通信实验(C 语言)
//                   V2.0 北京交通大学
//        串口工作在 8 位数据,1 位起始位,1 位终止位,速率:9600bps
//一、仿真模式下 1(简单调试实验适用)
//     1. 将下面代码在 Keil 下编辑、编译,进入仿真器的仿真调试,并全速运行。
//     2. 运行 Windows 的任务管理器,强制结束 uVision IDE 应用。
//     3. 用串口调试工具(如 SSCOM32 等),打开原仿真用的串口号,即可与单片机通信。
//二、仿真模式下 2(仿真复杂串口调试适用)
//     程序运行设置:1. 需要运行虚拟串口软件虚拟出一对串口。
//                  2. 一个设为 PROTEUS 串口号,一个设为串口调试软件的串口号。
//     程序功能说明:
//                  1. 程序运行,即通过 PROTEUS 串口号发送 41H,并等待接收数据。
//                  2. 在串口调试软件的串口发送数据,并送到 P1 口的 LED 显示。
//                  3. 程序再发回接收的数据,并等待接收数据,循环。
//三、下载模式下(硬件连接复杂串口调试适用)
//     上电,即通过串口发送 41H,然后接收什么就再发送什么,并送到 P1 口的 LED 显示。
//==================================================================
#include <reg51.h>   // 包含单片机寄存器定义的头文件
void Timer1_Init() {
    TMOD &= 0x0F;     // 清除定时器 1 模式位
    TMOD |= 0x20;     // 设置定时器 1 为工作方式 2
    TH1 = 0xFD;       // 定时器装初值,用于 9600 波特率
    TL1 = 0xFD;
}
void Serial_Init() {
    SCON = 0x50;      // 设置串行口方式 1,REN=1,允许接收
}
void main() {
    EA = 0;           // 清除全局中断使能位
    P1 = 0xFF;        // 将 P1 口设置为高电平,关闭 LED 灯
    Timer1_Init();    // 初始化定时器 1
    TR1 = 1;          // 启动定时器 1
    Serial_Init();    // 初始化串行通信
    while(1) {
        if (RI) {     // 判断是否接收到数据
            P1 = SBUF;    // 接收到的数据送到 P1 口,控制 LED 显示
            RI = 0;       // 清除接收中断标志位
            SBUF = P1;    // 将接收到的数据发送回去
```

```
        while (!TI);   // 等待发送完成
        TI = 0;        // 清除发送中断标志位
      }
   }
}
```

在这个程序中，首先定义了两个初始化函数 Timer1_Init 和 Serial_Init 来设置定时器 1 和串行通信的参数。然后在 main 函数中，首先清除全局中断使能位，初始化 P1 口，然后调用初始化函数设置定时器 1 和串行通信的参数，并启动定时器 1。

在主循环中，使用 if（RI）来判断串行接收缓冲区是否接收到数据。如果接收到数据，将其存储到 P1 口来控制 LED 显示，并清除接收中断标志位。然后将接收到的数据发送回去，并等待发送完成，最后清除发送中断标志位。

10.6.2 汇编语言编程的串口通信实验

```
;==========================================================================
;          JD51 基础实验 6——串口通信实验(汇编语言)
;                V2.0 北京交通大学
;          串口工作在 8 位数据,一位起始位,一位终止位,速率:9600bps
;一、仿真模式下 1(简单调试实验适用)
;    1.将下面代码在 Keil 下编辑、编译,进入仿真器的仿真调试,并全速运行。
;    2.运行 Windows 的任务管理器,强制结束 uVision IDE 应用。
;    3.用串口调试工具(如 SSCOM32 等),打开原仿真用的串口号,即可与单片机通信 。
;二、仿真模式下 2(仿真复杂串口调试适用)
;    程序运行设置:1.需要运行虚拟串口软件虚拟出一对串口。
;                  2.一个设为 PROTEUS 串口号,一个设为串口调试软件的串口号。
;    程序功能说明:
;                  1.程序运行,即通过 PROTEUS 串口号发送 41H,并等待接收数据。
;                  2.在串口调试软件的串口号发送数据,并送到 P1 口的 LED 显示。
;                  3.程序再发回接收的数据,并等待接收数据,循环。
;三、下载模式下(硬件连接复杂串口调试适用):
;    上电,即通过串口发送 41H,然后接收什么就再发送什么,并送到 P1 口的 LED 显示。
;==========================================================================
ORG 0000H      ; 将程序的起始位置设置在内存的 0000H 地址
LJMP 30H       ; 跳转到程序的起始代码位置,即 30H 地址
ORG 30H        ; 程序的起始代码位置设置在 30H 地址
START:         ; 程序开始
CLR EA         ; 禁用所有中断
MOV P1,#0FFH   ; 将立即数 0FFH(255)移动到 P1 口,设置 P1 口的初始状态
MOV TMOD,#20H  ; 设置定时器模式寄存器 TMOD,将定时器 1 设置为工作方式 2
MOV TL1,#0FDH  ; 给定时器 1 的低位寄存器 TL1 装载初值 0FDH,用于设置波特率 9600
MOV TH1,#0FDH  ; 给定时器 1 的高位寄存器 TH1 装载同样的初值 0FDH
SETB TR1       ; 将定时器 1 的运行控制位 TR1 置位,启动定时器 1
MOV SCON,#50H  ; 设置串行控制寄存器 SCON,设置串行通信为方式 1 并允许接收
MOV A,#41H     ; 将立即数 41H("A")移动到累加器 A,准备发送的第一个数据
MOV SBUF,A     ; 将累加器 A 的内容移动到串行数据缓冲器 SBUF,准备发送数据
```

```
JNB TI,$         ; 等待发送完成,TI 位为 1 时跳转,否则无限循环等待
CLR TI           ; 清除发送中断标志位,表示发送已经完成
LOOP:            ; 主循环的开始标签
JNB RI,$         ; 等待接收中断,RI 位为 1 时跳转,否则无限循环等待,判断是否接收到数据
MOV A,SBUF       ; 将串行数据缓冲器 SBUF 的内容移动到累加器 A
CLR RI           ; 清除接收中断标志位,表示数据已经接收完成
MOV P1,A         ; 将累加器 A 的内容移动到 P1 口,接收的数据用于 LED 显示
MOV SBUF,A       ; 将累加器 A 的内容再次移动到串行数据缓冲器 SBUF,准备发送接收到的数据
JNB TI,$         ; 等待发送完成,与上面的发送等待相同
CLR TI           ; 清除发送中断标志位
LJMP LOOP        ; 无条件跳转到 LOOP 标签,形成循环
END              ; 程序结束
```

程序的主要作用是初始化单片机的串行通信,在接收到数据后将其显示在 LED 上,并将相同的数据发送回去。这可以用于简单的数据传输或通信测试。程序没有实现中断服务,而是通过查询方式检查发送和接收的状态。

10.7 LCD 显示实验

LCD 显示实验　　C 语言编程的 LCD 显示实验

10.7.1 C 语言编程的 LCD 显示实验

```
//=============================================================
//            JD51 基础实验 7——LCD 显示实验(C 语言)
//                  V2.0 北京交通大学
// 程序功能说明:
//    1602 LCD 第一行显示 JD-51,第二行显示 1602-LCD
//*在 Keil5 在线仿真 JD51 实验板运行成功;*在 Keil5+Proteus7.5 模拟运行成功
//=============================================================
#include <reg52.h>        // 包含单片机的寄存器定义
// 数据定义
int num;                  // 定义全局变量 num,用于循环计数
// 定义控制液晶屏的引脚
sbit lcd_rs = P2^6;       // RS 引脚,用于区分写入的是命令还是数据
sbit lcd_rw = P3^6;       // RW 引脚,读/写控制端,低电平时写入模式
sbit lcd_e = P2^7;        // E 引脚,产生高脉冲以写入数据到液晶控制器
sbit cs_573 = P2^5;       // 定义 CS573 芯片的片选引脚


// 定义显示在液晶屏上的表格数据
unsigned char code table[] = "JD-51    ";   // 定义显示在液晶屏上的第一行数据
unsigned char code table1[] = " 1602-LCD  "; // 定义显示在液晶屏上的第二行数据
// 延时函数,参数 ms 表示毫秒数
void delay(char ms) {
    int i;
    while(ms--) {
```

```
            for(i = 0; i < 70; i++);
        }
    }
    // 长延时函数,用于产生更长时间的延时
    void longdelay(char s) {
        int i;
        while(s--) {
            for(i = 0; i < 9; i++) {
                delay(20); // 调用短延时函数
            }
        }
    }
    // 写指令函数,用于向液晶屏发送指令
    void lcdwrite_com(char com) {
        lcd_rs = 0; // 设置为写命令模式
        lcd_rw = 0; // 设置为写入模式
        P0 = com;   // 将指令写入 P0 口
        delay(5);   // 延时等待指令执行
        lcd_e = 1;  // 产生 E 的高脉冲
        delay(5);   // 延时
        lcd_e = 0;  // 清除 E 脉冲
    }
    // 写数据函数,用于向液晶屏发送数据
    void lcdwrite_data(char date) {
        lcd_rs = 1; // 设置为写数据模式
        lcd_rw = 0; // 设置为写入模式
        P0 = date;  // 将数据写入 P0 口
        delay(5);   // 延时等待数据写入
        lcd_e = 1;  // 产生 E 的高脉冲
        delay(5);   // 延时
        lcd_e = 0;  // 清除 E 脉冲
    }
    // 系统初始化函数,用于设置液晶屏的初始状态
    void sysinit() {
        cs_573 = 0; // 片选引脚设置为低电平,选中 CS573 芯片
        lcd_e = 0;   // 清除 E 脉冲
        // 发送液晶屏初始化指令
        lcdwrite_com(0x06); // 设置输入模式
        lcdwrite_com(0x0f); // 显示开/关控制
        lcdwrite_com(0x38); // 设置功能
        lcdwrite_com(0x01); // 清屏
    }
    // 主函数
    main() {
        sysinit();   // 调用系统初始化函数
        // 设置液晶屏的数据存储器地址并显示第一行数据
```

```
        lcdwrite_com(0x80 + 0x05); // 地址设置为第一行的起始位置
        for(num = 0; num < 15; num++) {
            lcdwrite_data(table[num]); // 写入数据
            longdelay(1); // 延时
        }
        // 设置液晶屏的数据存储器地址并显示第二行数据
        lcdwrite_com(0x80 + 0x44); // 地址设置为第二行的起始位置
        for(num = 0; num < 8; num++) {
            lcdwrite_data(table1[num]); // 写入数据
            longdelay(1); // 延时
        }
        // 设置显示模式为开显示,无光标,光标不闪烁
        lcdwrite_com(0x0c);
        while(1); // 无限循环,等待
}
```

这段程序主要是用于初始化 1602 液晶显示屏,并在液晶屏上显示两行文本。第一行显示的是"JD-51",第二行显示的是"1602-LCD"。程序中包含了延时函数、液晶屏写指令函数和写数据函数、系统初始化函数及主函数。在主函数中,首先进行系统初始化,然后分别在液晶屏的指定位置显示两行文本,最后进入无限循环等待状态。

汇编语言编程的
LCD 显示实验

10.7.2 汇编语言编程的 LCD 显示实验

```
;==============================================================
;        JD51 基础实验 7——LCD 显示实验 (汇编语言)
;              V2.0 北京交通大学
; 程序功能说明:
;    1602 LCD 第一行显示 JD-51,第二行显示 1602-LCD
; *在 Keil5 在线仿真 JD51 实验板运行成功;*在 Keil5+Proteus7.5 模拟运行成功
;==============================================================
;---------------------------数据定义---------------------------
RS EQU P2.6      ; 定义 RS 引脚,用于控制 LCD 是写入数据还是命令
RW EQU P3.6      ; 定义 RW 引脚,用于控制 LCD 的读/写模式,写模式为低电平
E EQU P2.7       ; 定义 E 引脚,给 E 一个高脉冲将数据送入 LCD 控制器完成写操作
;-------------------------------------------------------------
ORG 00H          ; 程序起始地址设置为 00H
AJMP MAIN        ; 跳转到主程序
ORG 30H          ; 程序的另一个起始地址设置为 30H
MAIN:  ACALL DD0          ; 调用 LCD 初始化子程序
       ACALL DD1          ; 调用 LCD 第一行显示子程序
       ACALL DD2          ; 调用 LCD 第二行显示子程序
       SJMP $             ; 无限循环,停在当前位置
;---------------------------LCD 初始化--------------------------
DD0:  MOV P0,#01H        ; 清屏命令
      ACALL ENABLE       ; 调用使能子程序
      MOV P0,#38H        ; 显示功能设置命令
      ACALL ENABLE
```

```
        MOV P0,#0FH          ; 显示开关控制命令
        ACALL ENABLE
        MOV P0,#06H          ; 光标移动设置,光标右移
        ACALL ENABLE
        RET                  ; 返回
;--------------------LCD 第一行显示 TABLE1 指向的数据--------------------
DD1:    MOV P0,#80H          ; 设置 LCD 光标位置到第一行
        ACALL ENABLE         ; 调用使能子程序
        ACALL WRITE1         ; 调用写数据子程序,显示 TABLE1 指向的内容
        RET

;------------------------------------------------------------
WRITE1:MOV R1,#0            ; 初始化 R1 寄存器,从 0 开始显示
        MOV DPTR,#TABLE1     ; 将 TABLE1 的地址赋给 DPTR
TA1:    MOV A,R1             ; 将 R1 的值移动到累加器 A
        MOVC A,@A+DPTR       ; 从 TABLE1 取出对应的数据
        ACALL WRITE2         ; 调用写数据子程序,显示到 LCD
        INC R1               ; R1 加 1
        CJNE A,#00H,TA1      ; 如果 A 不是 00H,跳转到 TA1 继续显示
        RET                  ; 返回
;--------------------LCD 第二行显示 TABLE2 指向的数据--------------------
DD2:    MOV P0,#0C4H         ; 设置 LCD 光标位置到第二行第 4 列
        ACALL ENABLE         ; 调用使能子程序
        MOV DPTR,#TABLE2     ; 将 TABLE2 的地址赋给 DPTR
        MOV R1,#1            ; 从 TABLE2 的第一个 ASCII 码开始
        MOV R7,#07           ; 显示 7 个字符
TA2:    MOV A,R1             ; 将 R1 的值移动到累加器 A
        MOVC A,@A+DPTR       ; 从 TABLE2 取出对应的数据
        ACALL WRITE2         ; 调用写数据子程序,显示到 LCD
        INC R1               ; R1 加 1
        DJNZ R7,TA2          ; 如果 R7 不为 0,跳转到 TA2 继续显示
        RET                  ; 返回
;----------------------------送命令子程序----------------------------
ENABLE:CLR RS               ; 清除 RS 引脚,设置为命令模式
        CLR RW               ; 清除 RW 引脚,设置为写模式
        CLR E                ; 清除 E 引脚
        ACALL DELAY          ; 调用延迟子程序
        SETB E               ; 设置 E 引脚,产生使能脉冲
        RET                  ; 返回
;----------------------------送显示数据子程序----------------------------
WRITE2:MOV P0,A             ; 将累加器 A 的数据发送到 LCD
        SETB RS              ; 设置 RS 引脚,设置为数据模式
        CLR RW               ; 清除 RW 引脚,设置为写模式
        CLR E                ; 清除 E 引脚
        ACALL DELAY          ; 调用延迟子程序
        SETB E               ; 设置 E 引脚,产生使能脉冲
        RET                  ; 返回
```

```
;--------------------------------延迟子程序--------------------------------
DELAY:MOV R4,#05          ; 设置 R4 为延迟计数
    D1: MOV R5,#0FFH      ; 设置 R5 为内部延迟计数
    DJNZ R5,$             ; 减 1 直到 R5 为 0,然后循环
    DJNZ R4,D1            ; 减 1 直到 R4 为 0,然后循环
    RET                  ; 返回
;--------------------------------------------------------------------
TABLE1: DB "     JD-51      ",00H; 定义 TABLE1,存储第一行显示的字符串,后面跟结束符
TABLE2: DB " 1602 LCD "              ; 定义 TABLE2,存储第二行显示的字符串
END ; 程序结束
```

这段代码是针对 JD51 的硬件平台编写的,其中的 P0、P2.6、P3.6、P2.7 等都是针对 JD51 的特定引脚。此外,"DB"指令用于定义数据,"DPTR"指令用于指向数据表的地址,"MOVC A,@A+DPTR"是查表指令,用于根据累加器 A 的值从数据表中取出相应的数据。为了更好地对 LCD 进行编程,请参考 1602LCD 的数据手册

10.8 红外遥控实验

红外遥控实验　C 语言编程的红外遥控实验

10.8.1 C 语言编程的红外遥控实验

```
//===============================================================
//            JD51 基础实验 8——红外遥控实验 (C 语言)
//                  V2.0 北京交通大学
// 程序功能说明:
//      扫描方式,读取红外遥控器键值,并把获得的键值显示于 8 个 LED
//   同时蜂鸣器长响一声
//   *在 Keil5 在线仿真 JD51 实验板运行成功
//===============================================================
#include <reg52.h>          // 包含 51 单片机寄存器定义头文件
#include <intrins.h>        // 包含内部函数头文件,如位操作等

#define uint  unsigned int  // 定义无符号整型别名
#define uchar unsigned char // 定义无符号字符型别名


//----------------------------数据定义----------------------------
uchar data IRcode[4];       // 定义一个 4 字节数组用于存储红外接收的代码
uchar i, j, R6;             // 循环变量,用于延时
sbit P32 = P3^2;            // P3 口的第 2 位,定义为红外接收信号输入端
sbit P24 = P2^4;            // P2 口的第 4 位,定义为蜂鸣器控制端


//===========================延时子程序===========================
// 当晶振频率为 11.0592MHz 时,每执行一次空循环耗时约 8.7us
// 1ms = 1000us,因此延时 1ms 大约需要执行 114 次空循环
//----------------------------延时 882us----------------------------
```

```
void Delay882us()                    //11.0592MHz
{
    unsigned int y;
    for(y=102; y>0; y--);     // 执行 102 次空循环,大约延时 882us
}
//---------------------------延时 1ms---------------------------------
void Delay1ms(unsigned int z)    //11.0592MHz
{
    unsigned int x, y;
    for(x=z; x>0; x--)                    // 外层循环 z 次,每次循环内执行...
        for(y=114; y>0; y--);     // 114 次空循环,实现 z 毫秒的延时
}
//--------------------------延时 2400us---------------------------------
void Delay2400us()                    //11.0592MHz
{
    unsigned int y;
    for(y=276; y>0; y--);     // 执行 276 次空循环,大约延时 2400us
}
//===========================红外解码函数=============================
void IR(void)
{
    //----------识别红外遥控的 9000us 低电平引导信号----------
    for(R6=0; R6<10; R6++)          // 循环检测 10 次
    {
        Delay882us();                  // 每次循环延时 882us
        if(1 == P32)                   // 若 P32 变为高电平,则跳出循环
        {
            return;                    // 结束红外解码函数
        }
    }
    //---------------------跳过重复码和 4.5ms 高电平----------------------
    while(P32==0);                     // 等待 P32 变高,即 9ms 低电平后的高电平
    Delay2400us();                     // 延时以避开重复码的前半部分
    if (1 == P32)
    {
        Delay2400us();                 // 继续延时,跳过 4.5ms 的结果码高电平部分
        //-------------------读取 32 位数据码(4 字节)-------------------
        for(i=0; i<4; i++)             // 遍历 4 个字节
        {
            IRcode[i] = 0;             // 初始化该字节为 0
            for(j=0; j<8; j++)         // 对每个字节的 8 位进行读取
            {
                while(P32==0);         // 等待当前位的高电平起始
                Delay882us();          // 延时判断是 0 还是 1
                if(P32)
                {
```

```
                    IRcode[i] |= (1 << j);   // 是 1 则将对应位设置为 1 并存入数组
                    Delay1ms(1);             // 简单延时
                }
            }
        }
    }
//------------------------根据解码结果执行操作------------------------
    if(IRcode[2]==(~IRcode[3]))  // 检查校验位是否正确(第 3 字节应为第 2 字节的反码)
    {
        P1=IRcode[3];                // 将校验正确的命令字节输出到 P1 口
        P24=0;                       // 蜂鸣器鸣响,表示解码成功
        Delay1ms(200);               // 延时 200ms
        P24=1;                       // 关闭蜂鸣器
    }
}
//------------------------主函数------------------------
void main()
{
    while(1)                         // 无限循环
    {
        if (0 == P32)                // 当红外接收信号变低时
            IR();                    // 调用红外解码函数
    }
}
```

以上代码为 MCS-51 系列单片机接收并处理红外遥控信号的示例程序,包括了延时函数、红外解码函数及主函数。程序主要功能是接收红外遥控器发送的 32 位编码,并在验证校验位正确后通过 P1 口输出命令字节,并触发蜂鸣器鸣响作为解码成功的提示。

汇编语言编程的
红外遥控实验

10.8.2　汇编语言编程的红外遥控实验

```
;================================================================
;           JD51 基础实验 8——红外遥控实验(汇编语言)
;                   V2.0 北京交通大学
; 程序功能说明:
;    扫描方式,读取红外遥控器键值,并把获得的键值显示于 8 个 LED
;  同时蜂鸣器长响一声
;  *在 Keil5 在线仿真 JD51 实验板运行成功
;================================================================
            ORG 0000H
            LJMP MAIN              ;跳过中断入口区
            ORG 30H
MAIN:       JNB  P3.2,IR           ;判断红外传感器是否有输入
            LJMP MAIN              ;无遥控信号时一体化红外接收头输出高电平
                                   ;程序一直在循环扫描
```

```
;========================红外串行信号解码程序========================
;-----------以下对红外遥控信号的 9000 微秒的初始低电平信号的识别----------
IR:          MOV R6,#10
IR_SB:       ACALL   DELAY882      ;调用 882 微秒延时子程序
             JB P3.2,IR_ERROR      ;延时 882 微秒后判断 P3.2 脚
                                   ;是否出现高电平,如果有就退出解码程序
             DJNZ R6,IR_SB         ;重复 10 次,目的是检测在 8820 微秒内
                                   ;如果出现高电平就退出解码程序
;--------------------识别连发码,跳过 4.5ms 的高电平--------------------
             JNB P3.2, $           ;等待高电平避开 9 毫秒低电平引导脉冲
             ACALL   DELAY2400
             JNB P3.2,IR_Rp        ;这里为低电平,认为是连发码信号
             ACALL   DELAY2400     ;延时 4.74 毫秒,避开 4.5 毫秒的结果码
;--------------------以下 32 数据码的读取,0 和 1 的识别--------------------
             MOV R1,#1AH           ;设定 1AH 为起始 RAM 区
             MOV R2,#4
IR_4BYTE:    MOV R3,#8
IR_8BIT:     JNB P3.2,$            ;等待地址码第一位的高电平信号
             LCALL DELAY882        ;高电平开始后用 882 微秒的时间
                                   ;去判断信号此时的高低电平状态
             MOV C,P3.2            ;将 P3.2 引脚此时的电平状态存入 C 中
             JNC IR_8BIT_0         ;如果为 0 就跳转到 IR_8BIT_0
             LCALL DELAY1000
IR_8BIT_0:   MOV A,@R1             ;将 R1 中地址的给 A
             RRC A                 ;将 C 中的值 0 或 1 移入 A 中的最低位
             MOV @R1,A             ;将 A 中的数暂时存放在 R1 中
             DJNZ R3,IR_8BIT       ;接收地址码的高 8 位
             INC R1                ;对 R1 中的值加 1,换下一个 RAM
             DJNZ R2,IR_4BYTE      ;接收完 16 位地址码、8 位数据码和 8 位数据
                                   ;存放在 1AH/1BH/1CH/1DH 的 RAM 中
;------------------------------解码成功------------------------------
             JMP  IR_GOTO
IR_Rp:                            ;这里为重复码执行处
             JMP  IR_GOTO          ;按住遥控按键时,每过 108ms 就到这里来
IR_ERROR:                        ;错语退出
             LJMP MAIN            ;退出解码子程序
;==========================遥控执行部分==========================
IR_GOTO:     MOV A,1CH            ;判断两个数据码是否相反
             CPL A
             CJNE A,1DH,IR_ERROR ;两个数据码不相反则退出
             MOV P1,1DH           ;将按键的键值通过 P1 口的 8 个 LED 显示
             CLR P2.4            ;蜂鸣器鸣响"嘀嘀嘀"的声音,表示解码成功
             LCALL DELAY2400
```

```
            LCALL DELAY2400
            LCALL DELAY2400
            SETB P2.4                    ;蜂鸣器停止
;-----------------------清除遥控值使连按失效-----------------------
            MOV 1AH,#00H
            MOV 1BH,#00H
            MOV 1CH,#00H
            MOV 1DH,#00H
            LJMP MAIN
;==========================延时子程序==========================
;                         时间单位:微秒
;                   主频:11.0592MHz  机器周期:12/11.0592=1.085
;-----------------------延时 882-----------------------
DELAY882:   MOV R7,#202 ;1.085x ((202x4)+5)=882.161
DELAY882_A:
            NOP
            NOP
            DJNZ R7,DELAY882_A
            RET
;-----------------------延时 1000-----------------------
DELAY1000:  MOV R7,#229 ;1.085x ((229x4)+5)=999.285
DELAY1000_A:
            NOP
            NOP
            DJNZ R7,DELAY1000_A
            RET
;-----------------------延时 2400-----------------------
DELAY2400:  MOV R7,#245 ;1.085x ((245x9)+5)=2397.85
DELAY2400_A:
            NOP
            NOP
            NOP
            NOP
            NOP
            NOP
            NOP
            DJNZ R7,DELAY2400_A
            RET
            END
```

这段代码是一个基于 MCS-51 系列单片机的汇编语言程序，主要用于实现红外遥控器信号的接收与解析，并将接收到的遥控器键值显示在 8 个 LED 灯上，同时通过蜂鸣器发出提示音，是红外遥控应用的一个典型示例。程序中使用了 3 个不同的延时子程序（DELAY882、DELAY1000、DELAY2400），分别用于实现不同时间长度的延时，这些延时对于信号的准确解码至关重要。

10.9 温度测量与显示实验

温度测量与显示实验

C语言编程的温度测量与显示实验

10.9.1 C语言编程的温度测量与显示实验

```
//==============================================================
//              JD51 基础实验 9——温度测量与显示实验(C 语言)
//                    V2.0 北京交通大学
// 程序功能说明:
//     数码管显示当前温度值,如 30.5℃
// *在 Keil5 在线仿真 JD51 实验板运行成功;*在 Keil5+Proteus7.5 模拟运行成功
//==============================================================
#include <reg52.h>              //包含单片机的头文件
#define uchar unsigned char     //无符号字符型,宏定义,变量范围 0~255
#define uint  unsigned int      //无符号整型,宏定义,变量范围 0~65535
//---------------------------数据定义---------------------------
sbit DQ = P3^7;            // 定义 DS18B20 数据线引脚连接到 P3 端口的第 7 位
uchar dispbuf[4];          // 定义显示缓冲区,用于存储数码管的显示数据
uchar temper[2];           // 定义存放温度值的数组,用于存储从 DS18B20 读取的温度数据
//---------------------------函数声明---------------------------
    void seg_scan();            // 声明数码管扫描函数
//------------------------8 段显示段码表------------------------
uchar code table[]={0x3f,0x06,0x5b,0x4f,0x66,0x6d,0x7d,0x07,0x7f,0x6f};
// 上面定义数字 0-9 的显示段码,不含小数点
uchar code table1[]={0xbf,0x86,0xdb,0xcf,0xe6,0xed,0xfd,0x87,0xff, 0xef};
// 上面定义数字 0-9 的显示段码,含小数点
//---------------------------延时函数---------------------------
void delay (unsigned int us)
{
    while(us--);             // 简单的循环延时
}
//----------------数码管显示函数,负责驱动数码管显示数字--------------------
void seg_scan() {
  int i, j = 0xFE;              // 初始位选,选中第 1 位数码管
  int dispdata;
  P0 = 0xff;                   // 初始时所有数码管熄灭
  for(i = 0; i < 4; i++) {
    P2 = j;                    // 位选控制,选择当前显示的数码管
    dispdata = dispbuf[i];     // 获取要显示的数字
    if(i == 1) {               // 第 2 位数码管显示时,使用含小数点的段码
      P0 = ~table1[dispdata];
    } else if(i == 3) {        // 第 4 位数码管显示时,显示温度符号"°"
      P0 = ~0x63;
    } else {                   // 第 1 位和第 3 位数码管显示时,使用不含小数点的段码
```

```
      P0 = ~table[dispdata];
    }
    delay(100);                    // 延时以保持数码管显示
    j = (j << 1) | 0x01;           // 移动到下一位数码管
    if(j == 0xEF) {
      j = 0xFE;                     // 如果移动到第 5 位,则循环回第 1 位
    }
    P0 = 0xff;                      // 消隐,准备下一次显示
  }
}
//----------------复位函数,用于与 DS18B20 通信前的初始化------------------
void reset(void) {
  uchar x = 0;
  DQ = 1;
  delay(8);                        // 稍作延时
  DQ = 0;
  delay(80);                       // 延时大于 480us,确保 DS18B20 进入初始化状态
  DQ = 1;                          // 拉高总线,开始通信
  delay(14);
  x = DQ;                          // 读取 DS18B20 的响应
  delay(20);
}
//----------------DS18B20 读函数,从 DS18B20 读取一个字节的数据------------------
uchar readbyte(void) {
  uchar i = 0;
  uchar dat = 0;
  for (i = 8; i > 0; i--) {  // 读取 8 位数据
    DQ = 0;                        // 拉低数据线,准备读取
    dat >>= 1;                     // 准备读取下一位数据
    DQ = 1;                        // 拉高数据线,开始读取
    if(DQ) {
      dat |= 0x80;                 // 如果数据线为高,将最高位设置为 1
    }
    delay(4);                      // 读取延时
  }
  return(dat);                     // 返回读取到的数据
}
//----------------DS18B20 写函数,向 DS18B20 写入一个字节的数据----------------
void writebyte(unsigned char dat) {
  uchar i = 0;
  for (i = 8; i > 0; i--) {  // 写入 8 位数据
    DQ = 0;                        // 拉低数据线,准备写入
    DQ = dat & 0x01;               // 将最低位写入数据线
    delay(5);                      // 写入延时
    DQ = 1;                        // 拉高数据线,完成写入
    dat >>= 1;                     // 准备写下一位
```

```
  }
  delay(4);                        // 写入完成后的延时
}
//----------------读取温度值函数, 从 DS18B20 读取温度数据----------------------
void readtemp(void) {
  uchar a = 0, b = 0;
  reset();                         // 复位 DS18B20
  seg_scan();                      // 显示数码管
  writebyte(0xCC);                 // 跳过序列号
  writebyte(0x44);                 // 启动温度转换
  reset();                         // 再次复位 DS18B20
  seg_scan();
  writebyte(0xCC);                 // 跳过序列号
  writebyte(0xBE);                 // 读取温度寄存器
  seg_scan();
  a = readbyte();                  // 读取温度的低位
  b = readbyte();                  // 读取温度的高位
  seg_scan();
  // 处理读取到的温度数据
  temper[0] = a & 0x0f;            // 取低位的低 4 位
  a >>= 4;                         // 舍弃小数部分
  temper[1] = b << 4;              // 高位的高 4 位左移, 舍弃符号位
  temper[1] |= a;                  // 组合成完整的温度整数部分
}
//------------------------------主函数------------------------------------
main() {
  uchar i;
  uchar temp;
  float backbit;
  for(i = 0; i < 4; i++) {
    dispbuf[i] = 0;                // 初始化显示缓冲区
  }
  while(1) {                       // 主循环
    readtemp();                    // 读取 DS18B20 的温度值
    backbit = temper[0];           // 将温度的低位转换为浮点数
    backbit = backbit * 6.25;      // 转换为实际的温度值(0.0625*100)
    temp = backbit;                // 取整数部分的低 2 位
    dispbuf[3] = temp % 10;        // 存储温度小数点后第二位
    temp /= 10;                    // 计算整数部分
    dispbuf[2] = temp % 10;        // 存储温度小数点后第一位
    temp = temper[1];              // 取整数部分
    dispbuf[1] = temp % 10;        // 存储温度整数的个位
    temp /= 10;                    // 计算十位
    dispbuf[0] = temp % 10;        // 存储温度整数的十位
    seg_scan();                    // 更新数码管显示
  }
}
```

这段程序主要实现了通过 DS18B20 温度传感器读取温度值,并将读取的温度值转换为浮点数,然后通过数码管显示出来。程序中包括了延时函数、数码管显示函数、DS18B20 的复位和读写函数及读取温度值的函数。主函数中通过无限循环来持续读取和显示温度值。

汇编语言编程的温度测量与显示实验

10.9.2 汇编语言编程的温度测量与显示实验

```
;================================================================
;            JD51 基础实验 9——温度测量与显示实验(汇编语言)
;                       V2.0 北京交通大学
; 程序功能说明:
;        数码管显示当前温度值,如 30.5℃
; *在 Kei15 在线仿真 JD51 实验板运行成功
;================================================================
;---------------------------数据定义---------------------------
B20OK    BIT 00H      ; 成功初始化 18B20 标志位
DQ       BIT P3.7     ; 18B20 数据线引脚
TEMP_L   EQU 36H      ; 温度数据的低 8 位
TEMP_H   EQU 35H      ; 温度数据的高 8 位
TEMP_0C  EQU 37H      ; 处理后的温度值
TEMP_PD  EQU 38H      ; 小数位
LEDX0    EQU 40H      ; 数码管第一位,显示十位
LED0X    EQU 41H      ; 数码管第二位,显示个位
LED0P    EQU 42H      ; 数码管第三位,显示小数位
DU       EQU 43H      ; 数码管第四位,显示摄氏度标识
;--------------------------------------------------------------
         ORG 0H
         LJMP MAIN                ; 跳转至程序主入口
         ORG 30H
MAIN: MOV SP,#50H                 ; 设置堆栈指针
         MOV LEDX0,#00H           ; 初始化数码管显示
         MOV LED0X,#00H
         MOV LED0P,#00H
         MOV DU,#00H
LOOP: CLR TR0                     ; 停止计数器
         LCALL GET_TEMP           ; 调用获取温度子程序
         LCALL TEMP_XCH           ; 调用温度数据转换子程序
         SETB TR0                 ; 启动计数器
         MOV A,TEMP_0C            ; 取温度值
         MOV B,#10                ; 分离温度的十位和个位
         DIV AB                   ; A 除以 10
         MOV LEDX0,A              ; 商(十位)给数码管第一位
         MOV LED0X,B              ; 余数(个位)给数码管第二位
         MOV A,TEMP_PD            ; 小数位给 A
         MOV DPTR,#TABLEX         ; 查找对应的小数显示值
         MOVC A,@A+DPTR           ; 间接寻址取数
```

```
        MOV LED0P,A                    ; 结果给数码管第三位
        MOV DU,#11                     ; 摄氏度标识符
        MOV A,TEMP_0C                  ; 当前温度给 A
        CLR CY                         ; 清除进位标志
        LCALL DISPLAY                  ; 显示温度
        LJMP LOOP                      ; 循环主程序
;--------------------显示在数码管上--------------------------------
DISPLAY: MOV A,LEDX0                   ; 取数码管第一位的数值
        MOV DPTR,#TABLE                ; 设置段码表指针
        MOVC A,@A+DPTR                 ; 间接寻址取段码
        CPL A                          ; 反相
        MOV P0,A                       ; 输出到 P0 口
        CLR P2.0                       ; 打开第一个数码管
        LCALL D2MS                     ; 延时 2ms
        SETB P2.0                      ; 关闭第一个数码管
;--------------------显示第二位-----------------------------------
        MOV A,LED0X                    ; 取数码管第二位的数值
        MOV DPTR,#TABLE1               ; 设置段码表指针(带小数点)
        MOVC A,@A+DPTR                 ; 间接寻址取段码
        CPL A                          ; 反相
        MOV P0,A                       ; 输出到 P0 口
        CLR P2.1                       ; 打开第二个数码管
        LCALL D2MS                     ; 延时 2ms
        SETB P2.1                      ; 关闭第二个数码管
;--------------------显示第三位-----------------------------------
        MOV A,LED0P                    ; 取数码管第三位的数值
        MOV DPTR,#TABLE                ; 设置段码表指针
        MOVC A,@A+DPTR                 ; 间接寻址取段码
        CPL A                          ; 反相
        MOV P0,A                       ; 输出到 P0 口
        CLR P2.2                       ; 打开第三个数码管
        LCALL D2MS                     ; 延时 2ms
        SETB P2.2                      ; 关闭第三个数码管
;--------------------显示第四位-----------------------------------
        MOV A,DU                       ; 取数码管第四位的数值
        MOV DPTR,#TABLE                ; 设置段码表指针
        MOVC A,@A+DPTR                 ; 间接寻址取段码
        CPL A                          ; 反相
        MOV P0,A                       ; 输出到 P0 口
        CLR P2.3                       ; 打开第四个数码管
        LCALL D2MS                     ; 延时 2ms
        SETB P2.3                      ; 关闭第四个数码管
        MOV P0,#0FFH                   ; 消隐所有数码管
;--------------------延时 2ms 子程序------------------------------
D2MS: MOV R5,#10                       ; 外层循环次数为 10
    DY1: MOV R4,#100                   ; 内层循环次数为 100
```

```
DY2: DJNZ R4,DY2              ; 减 1 直到为 0
     DJNZ R5,DY1              ; 减 1 直到为 0,延时 2ms
     RET
;------------------延时 20us 子程序---------------------------
DELAY1: MOV R7,#10           ; 循环次数为 10
     DJNZ R7,$               ; 减 1 直到为 0
     RET
;------------------延时 500us 子程序---------------------------
DELAY: MOV R7,#2             ; 外层循环次数为 2
YS500: MOV R6,#250           ; 内层循环次数为 250
     DJNZ R6,$               ; 减 1 直到为 0
     DJNZ R7,YS500           ; 减 1 直到为 0,延时 500ms
     RET
;--------------------8 段显示段码表-------------------------
TABLE: DB 3FH,06H,5BH,4FH,66H,6DH,7DH,07H,7FH,6FH,77H,63H  ;不带小数点的段码
TABLE1: DB 0BFH,86H,0DBH,0CFH,0E6H,0EDH,0FDH,87H,0FFH,0EFH  ;带小数点的段码
TABLEX: DB 0,1,2,3,3,4,4,5,5,6,7,8,8,9,9                    ;小数位显示对应值
;---------------DS18B20 读出转换后的温度-------------------
GET_TEMP: LCALL INIT_1820    ; 调用初始化程序
     SETB DQ
     JB B20OK,S22            ; 若 DS18B20 存在则开始发指令操作
     LJMP GET_TEMP           ; 若 DS18B20 不存在则重试
S22: LCALL DELAY1            ; 延时 20us
     MOV A,#0CCH             ; 发送跳过 ROM 指令
     LCALL WRITE_1820        ; 写 18B20
     MOV A,#44H              ; 发送温度转换指令
     LCALL WRITE_1820        ; 写 18B20
     NOP
     LCALL DELAY             ; 延时 500ms*2
     LCALL DELAY
CBA:  LCALL INIT_1820        ; 重新初始化 18B20
     JB B20OK,ABC            ; 若 DS18B20 存在则开始读取
     LJMP CBA                ; 若 DS18B20 不存在则重试初始化
ABC: CALL DELAY1
     MOV A,#0CCH             ; 发送跳过 ROM 指令
     LCALL WRITE_1820
     MOV A,#0BEH             ; 发送读暂存器指令
     LCALL WRITE_1820
     LCALL READ_1820         ; 读取温度数据
     RET
;------------------DS18B20 初始化程序-------------------------
INIT_1820: SETB DQ           ; 设置数据线为高
     NOP                     ; 延时
     CLR DQ                  ; 拉低数据线
     MOV R0,#80H             ; 循环次数为 80,实现延时
TSR1: DJNZ R0,TSR1           ; 减 1 直到为 0,拉低数据线实现复位
```

```
        SETB DQ                  ; 设置数据线为高
        MOV R0,#25H              ; 循环次数为25,实现延时
TSR2:   DJNZ R0,TSR2             ; 减1直到为0
        JNB DQ,TSR3              ; 若18B20存在,则设置存在标志
        LJMP TSR4                ; 否则设置不存在标志
TSR3:   SETB B20OK               ; 设置DS18B20存在标志
        LJMP TSR5
TSR4:   CLR B20OK                ; 清DS18B20存在标志
        LJMP TSR7
TSR5:   MOV R0,#06BH             ; 循环次数为06BH,实现延时
TSR6:   DJNZ R0,TSR6             ; 减1直到为0
TSR7:   SETB DQ                  ; 设置数据线为高
        RET
;--------------------------DS18B20读函数--------------------------------
READ_1820: MOV R4,#2            ; 循环读取两次,即高低8位
        MOV R1,#36H              ; 低位地址
RE0:    MOV R2,#8                ; 循环读取8位
RE1:    CLR C                    ; 清CY位
        SETB DQ                  ; 数据线拉高
        NOP
        NOP                      ; 延时
        CLR DQ                   ; 数据线拉低
        NOP
        NOP
        NOP                      ; 延时
        SETB DQ                  ; 数据线再拉高
        MOV R3,#7                ; 延时
        DJNZ R3,$
        MOV C,DQ                 ; 读取数据线状态到CY
        MOV R3,#23               ; 延时
        DJNZ R3,$
        RRC A                    ; 循环右移
        DJNZ R2,RE1              ; 继续读取下一位
        MOV @R1,A                ; 存储读取的数据
        DEC R1                   ; 地址递减
        DJNZ R4,RE0              ; 继续读取下一个字节
        RET
;--------------------------DS18B20写函数--------------------------------
WRITE_1820: MOV R2,#8           ; 循环写入8位
        CLR C                    ; 清CY位
WR1:    CLR DQ                   ; 数据线拉低
        MOV R3,#6                ; 延时
        DJNZ R3,$
        RRC A                    ; 循环右移
        MOV DQ,C                 ; 将位状态写入数据线
        MOV R3,#23               ; 延时
```

```
        DJNZ R3,$
        SETB DQ                 ; 数据线拉高
        NOP
        DJNZ R2,WR1             ; 继续写入下一位
        SETB DQ                 ; 写完后保持数据线高电平
        RET
;---------------将从 DS18B20 中读出的温度数据进行转换-----------------
;                 低 8 位 xxxx0000 换成 0000xxxx
;                 高 8 位 0000xxxx 换成 xxxx0000
;                 之后两个按位或,即得温度值
;-------------------------------------------------------------------
TEMP_XCH: MOV A,#0F0H
        ANL A,TEMP_L            ; 舍去温度低位中小数点后的四位温度数值
        SWAP A                  ; 高四位和低四位交换位置
        MOV TEMP_0C,A           ; 存入处理后的温度值
        MOV A,TEMP_H
        ANL A,#07H
        SWAP A
        ORL A,TEMP_0C           ; 按位或运算合并温度数据
        MOV TEMP_0C,A           ; 保存最终温度值
        MOV A,#0FH
        ANL A,TEMP_L
        MOV TEMP_PD,A           ; 保存小数位
        RET
        END
```

这段汇编语言程序实现了利用 DS18B20 温度传感器测量温度并将其显示在 4 位数码管上的功能。此程序通过循环读取 DS18B20 温度传感器的数据,将温度值转换为十进制形式,并显示在 4 位数码管上,同时包含了各种必要的延时函数以确保数据的准确读取和显示。

第 11 章

单片机应用设计

11.1 电子时钟设计

电子时钟设计

11.1.1 电子时钟设计要求

利用 JD51 实验板上的按键、LED、数码管和蜂鸣器，设计带有闹钟功能的数字时钟，具体要求如下。

1. 交互功能

允许用户利用按键设置当前时间、闹钟时间和秒表控制。按键设计需考虑防抖动处理。

2. 时间显示功能

通过 4 位数码管实时显示当前时间，显示格式为"时时分分"。利用 LED 的闪烁模拟秒针的运动，实现秒钟的动态显示。

3. 闹钟功能

允许用户通过按键设定闹钟时间，并在数码管上显示设定的闹钟时间。闹钟时间应支持 24 小时制。到达设定闹钟时间时，蜂鸣器发出闹铃声，直到响铃 1 min 或按键修改时钟或定时时间。

通过电子时钟设计项目，让学生掌握按键输入处理与防抖动技术、定时器精准计时应用、LED 与数码管显示驱动原理、动态显示计时实现、闹钟功能设计与蜂鸣器控制，以及软件模块化设计与硬件接口交互，强化实践能力和系统级问题解决思路。

11.1.2 电子时钟设计思路

1. 电子时钟硬件资源分析

在 JD51 实验板上，电子时钟的设计充分利用了板上的各种硬件资源，具体如下。

1）定时器 T0 和 T1

定时器 T0：用于实现 1 s 定时，通过中断方式每 5 ms 触发一次，累计 200 次达到 1 s，用于时间计数和秒针闪烁的模拟。

定时器 T1：用于控制闹钟的音符生成，通过不同的中断频率来产生不同的音符。

2）数码管

使用 4 位数码管来实时显示当前时间和设定的闹钟时间，格式为"时时分分"。

分别使用内存地址 2AH～2DH 和 3AH～3DH 来存储并显示时钟和闹钟的小时和分钟值。

3）LED 指示灯

LED-D8：用于模拟秒针的闪烁，通过控制其亮灭频率来模拟秒针的运动。

LED-D1：用于显示是否进入时钟设置模式。

LED-D2：与 LED-D1 组合，用于显示是否进入闹钟设置模式。

4）按键

S1：小时加 1。

S2：分钟加 1。

S3：分钟减 1。

S4：用于闹钟设置模式的进入/退出及时钟设置模式的退出。

按键设计中需要考虑防抖动处理，以提高系统的稳定性和可靠性。

5）蜂鸣器

在设定的闹钟时间到达时，蜂鸣器发出闹铃声，直到用户按下停止按键才停止。

电子时钟的 Proteus 仿真电路如图 11-1 所示。

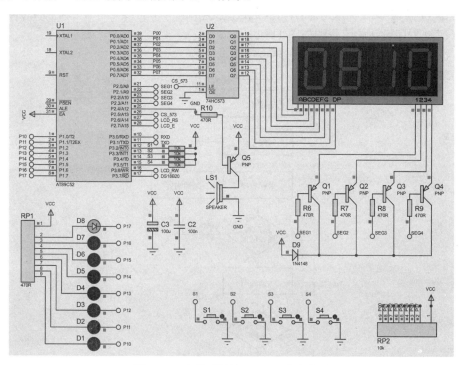

图 11-1 电子时钟的 Proteus 仿真电路

2. 电子时钟程序设计分析

1）主循环

不断调用显示子程序、闹钟检测与处理子程序、按键检测与处理子程序等，形成循环。若有按键按下或满足闹钟条件，则根据按键功能或闹钟响铃调用相应的处理子程序。

2）初始化设置

设置定时器模式、定时器初值等。初始化时钟和闹钟的预置值。

3）时间显示

读取当前时间或闹钟值（小时和分钟），并通过数码管显示。使用 LED-D8 的闪烁来模拟秒针的运动。

4）闹钟检测与处理

当系统时间达到设定的闹钟时间时，调用闹钟响铃子程序，蜂鸣器开始发声，直到响铃 1 min 或用户按键修改时钟或定时时间。使用定时器 T1 来生成闹钟音符，通过改变定时频率实现不同的音乐效果。

5）按键检测与处理

实时检测按键是否被按下，并进行防抖动处理。根据按键的不同功能（时间设置、闹钟设置等），调用相应的子程序进行处理。通过 LED-D1 和 LED-D2 的亮灭状态向用户反馈当前的操作模式。

6）定时服务程序

定时器 T0 中断：用于时间计数和秒针闪烁的模拟。每 5 ms 触发一次，累计 200 次达到 1 s，更新秒、分、时的值，并调用显示子程序。

定时器 T1 查询：用于生成闹钟的音符，通过改变中断频率和持续时间来实现不同的音乐效果。

电子时钟程序设计的流程图如图 11-2 所示。

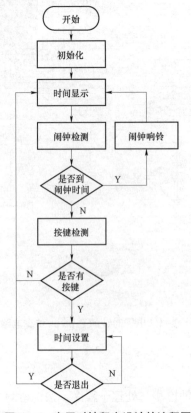

图 11-2 电子时钟程序设计的流程图

11.1.3 电子时钟 C 语言程序设计

根据电子时钟程序设计流程图，下面给出电子时钟 C 语言程序设计中涉及的 4 个关键功能任务代码：初始化、时间显示、闹钟检测、按键检测。

1. 初始化

初始化引脚定义、数码管显示码表、RAM 中的数据区（包括时间显示和闹钟时间存储等）。初始化定时器 T0 和 T1（T0 用于 1 秒定时，T1 用于闹钟音符控制）。

```c
// LED 控制引脚定义
sbit LED1 = P1^0;    // P1.0 用于调整时间指示
sbit LED2 = P1^1;    // P1.1 用于调整闹钟指示
sbit LED8 = P1^7;    // P1.7 用于控制秒针闪烁的 LED
sbit Buzzer = P2^4;  // P2.4 定义为蜂鸣器控制引脚

// 数码管显示码表,用于共阳极数码管
unsigned char code displayCode[] = {
0xC0, 0xF9, 0xA4, 0xB0, 0x99, 0x92, 0x82, 0xF8, 0x80, 0x90, // 数字 0~9 的显示码
0x40, 0x79, 0x24, 0x30, 0x19, 0x12, 0x02, 0x78, 0x00, 0x10  // 数字 10~15 的显示码,包括小数点
};

// 初始化 RAM,定义全局变量
static unsigned char second_5ms = 0;       // 用于计数 5 ms 的秒数,达到 200 表示 1s
static unsigned char second = 0;           // 秒计数
static unsigned char hour = 8;             // 小时初始化为 8
static unsigned char minute = 10;          // 分钟初始化为 10
static unsigned char alarm_hour = 8;       // 闹铃小时初始化为 8
static unsigned char alarm_minute = 15;    // 闹铃分钟初始化为 15
static unsigned char display_hour = 8;     // 显示小时初始化为 8
static unsigned char display_minute = 10;  // 显示分钟初始化为 10
static unsigned char display_code[4];      // 用于存储数码管的显示码
static unsigned char display_segment[4] = {0, 1, 2, 3}; // 数码管段选通控制
static unsigned char disp_counter = 0;     // 显示计数器
static unsigned char key_pressed = 0;      // 按键按下标记
static unsigned char key_state = 0xFF;     // 按键状态初始化为 0xFF,表示无按键按下
static unsigned char time_enabled = 0;     // 时间使能标志
static unsigned char alarm_triggered = 0;  // 闹铃触发标志
static unsigned char alarm_enabled = 0;    // 闹铃使能标志

void init_timer0(void)        // 定时器 T0 初始化,T0 中断方式使用
{
    TMOD |= 0x01;    // 设置定时器 T0 为模式 1
    TH0 = 0xEC;      // 设置定时器 T0 的高 8 位初值
    TL0 = 0x78;      // 设置定时器 T0 的低 8 位初值
```

```
    EA = 1;              //开总中断
    ET0 = 1;             //允许定时器 T0 中断
    TR0 = 1;             //启动定时器 T0
}
void init_timer1(void)        // 定时器 T1 初始化,T1 查询方式使用
{
    TMOD |= 0x10;      // 设置定时器 T1 为16 位定时模式
    TR1 = 1;           // 启动定时器 T1
    TH1 = 0xF9;        // 设置定时器 T1 的计数初值
    TL1 = 0x21;
}
```

2. 时间显示

此部分包括时间计算和时间显示两部分,时间计算通过定时器 T0 中断服务子程序实现,
时间显示通过子函数形式实现。时间显示通过读取当前时钟时间或闹钟时间(分钟和小时),
并进行高低位的分离和存储。通过数码管逐位显示时间(小时的高位、低位,分钟的高位、
低位)。

```
void interrupt0() interrupt 1 using 1     // 定时器 T0 中断服务程序
{
    second_5ms++;
    if (second_5ms >= 200)  // 当秒数达到200 个 5 ms 时,表示1 s 已过
    {
            second_5ms=0;
            second++;
            if (second >= 60)   // 当秒数达到60 时,表示1 min 已过
            {
                second = 0;
                minute++;
                if (minute >= 60) // 当分钟数达到60 时,表示1 h 已过
                {
                        minute = 0;
                        hour++;
                        if (hour >= 24) // 当小时数达到24 时,归零
                            hour = 0;
                }
            }
            LED8 = !LED8;                  // LED8 用于秒针闪烁
    }
    TH0 = 0xEC; // 重新加载定时器 T0 的高 8 位初值
    TL0 = 0x78; // 重新加载定时器 T0 的低 8 位初值
}

void update_display(void)        //时间显示子函数:时钟/闹钟时间
{
    unsigned char digit1, digit2, digit3, digit4;
//根据 alarm_enabled 标志确定显示时间是时钟时间还是闹钟时间
```

```
    if (alarm_enabled)           //若为闹钟设置模式
    {
        display_hour = alarm_hour;
        display_minute = alarm_minute;
    }
    else                             //若为时钟设置模式
    {
        display_hour = hour;
        display_minute = minute;
    }


        // 计算各个数码位的值
        digit1 = (display_hour / 10) % 10;      // 十位小时
        digit2 = display_hour % 10;              // 个位小时
        digit3 = (display_minute / 10) % 10;    // 十位分钟
        digit4 = display_minute % 10;            // 个位分钟


        // 以下代码段用于控制数码管显示时间
        P0 = displayCode[digit1];  // 显示十位小时
        P2 &= ~0x01;                     // 选通第一位数码管
        delay(1);
        P2 |= 0x01;                      // 关闭第一位数码管,准备显示下一位

        P0 = displayCode[digit2];  // 显示个位小时
        P2 &= ~0x02;
        delay(1);
        P2 |= 0x02;


        P0 = displayCode[digit3];  // 显示十位分钟
        P2 &= ~0x04;
        delay(1);
        P2 |= 0x04;


        P0 = displayCode[digit4];  // 显示个位分钟
        P2 &= ~0x08;
        delay(1);
        P2 |= 0x08;
}
```

3. 闹钟检测

比较当前时间与设定的闹钟时间，如果相等则触发闹钟。闹钟期间，通过蜂鸣器发出声音，直到响铃 1 min 或用户按键修改时钟或定时时间。

```
void alarm_Ring(void)                    // 闹钟检测子函数
{
    int i=0;
    // 检查闹钟触发
    if (hour == alarm_hour && minute == alarm_minute)
```

```
    {
        alarm_triggered = 1;
    }
    else
    {
        alarm_triggered = 0;
    }
    if (alarm_triggered)          // 闹钟若被触发,控制蜂鸣器响铃
    {
        Buzzer = 1;               // 置位蜂鸣器
        update_display();         // 显示时钟时间
        init_timer1();            // 定时器 T1 初始化
        for(i = 0; i < 2; i++)    //发出音符"1"
        {
            check_keys();         // 按键检测
            while(!TF1);          // 等待定时器 T1 溢出
            TF1 = 0;              // 清除定时器 T1 的溢出标志
            Buzzer = !Buzzer;     // 蜂鸣器状态反转(开/关)
            update_display();     // 调用时间显示子程序
        }
    }
    Buzzer = 0;           // 关闭蜂鸣器
}
```

4. 按键检测

读取按键值（S1～S4），根据按键处理子函数结合按键功能（加小时、加分钟、减分钟、设置闹钟）更新相应的时间或闹钟时间值或状态。

```
void check_keys(void)              // 按键检测
{
    unsigned char key_state = P3;  // 读取 P3 口状态
    if (key_state != 0xFF)         // 判断是否有键按下
    {
        delay(1);                  // 调用延时消抖子程序
        key_state = P3;            // 再次读取 P3 口状态
        if (key_state != 0xFF)     // 键盘去抖,再次判断是否有键按下
        {
            key_pressed = key_state; // 将按键值存入 key_pressed
            do {                   // 进入循环,等待键释放
                update_display();  // 调用时间显示子程序
                key_state = P3;    // 读取 P3 口状态
            } while (key_state != 0xFF);
            handle_keys();         // 等待按键释放后,再进行按键判断与时间设置
        }
    }
}
void handle_keys(void)          // 按键处理：进行时钟/闹钟设置
{
```

```
update_display();          // 调用时间显示子程序
if (alarm_enabled)         //若为闹钟设置模式
{
    LED1 = 0;              // LED1 常亮
    LED2 = 0;              // LED2 常亮,提示进入闹钟设置模式
    switch (key_pressed)
    {
        case 0xFB:        // S1: 小时增加
            alarm_hour++;
            if (alarm_hour >= 24)
                alarm_hour = 0;
            break;
        case 0xF7:        // S2: 分钟增加
            alarm_minute++;
            if (alarm_minute >= 60)
                alarm_minute = 0;
            break;
        case 0xEF:        // S3: 分钟减少
            alarm_minute--;
            if (alarm_minute > 60)
                alarm_minute = 59;
            break;
        case 0xDF:        // S4: 退出闹钟设置模式
            alarm_enabled = 0;
            LED1 = 1;     // LED1 关闭
            LED2 = 1;     // LED2 关闭,提示退出闹钟设置模式
            break;
        default:
            update_display();  // 调用时间显示子程序
            break;
    }
}
else    //若为时钟设置模式
{
    LED1 = 0;                    // LED1 常亮,提示进入时钟设置模式
    switch (key_pressed)
    {
        case 0xFB:                // S1: 小时增加
            hour++;
            if (hour >= 24)
                hour = 0;
            time_enabled=1;
            break;
        case 0xF7:                // S2: 分钟增加
            minute++;
            if (minute >= 60)
```

```
                    minute = 0;
                time_enabled=1;
                break;
            case 0xEF:              // S3: 分钟减少
                minute--;
                if (minute > 60)
                    minute = 59;
                time_enabled=1;
                break;
            case 0xDF:              // S4: 进入闹钟设置模式/退出时钟设置模式
                if(time_enabled)
                {
                    LED1 = 1;       // LED1 关闭,退出时钟设置模式
                    time_enabled=0;
                }
                else
                {
                    alarm_enabled = 1;
                    LED1 = 0;       // LED1 常亮
                    LED2 = 0;       // LED2 常亮,提示进入闹钟设置模式
                }
                break;
            default:
                update_display();   // 调用时间显示子程序
                break;
        }
    }
    key_pressed = 0;
    update_display();              // 调用时间显示子程序
}
```

11.1.4　扩展设计：带天气预报的智能电子钟

在基础的电子时钟设计基础上，增加天气预报功能，使电子钟能够实时显示本地或指定地区的天气状况，包括温度、湿度、风速、气压和天气状况图标等信息。这将使电子钟成为一款集时间显示、闹钟提醒、秒表计时和天气预报于一体的智能家居设备。可扩展功能如下。

① 天气信息获取。方法 1：通过有线或无线方式连接到互联网，获取实时天气信息。

方法 2：通过单片机内部存储历史天气信息，结合温湿度传感器获得室内外温湿度信息进行天气预测。

② 天气信息显示。在数码管或 LCD 屏幕上显示当前天气状态（如晴、云、雨、雪等）、温湿度等。

③ 天气预报更新。设定自动更新频率（如每小时或半天），在用户设定的时间自动更新天气信息。

④ 用户查询功能。允许用户通过按键查询特定城市或地区的天气情况。

⑤ 天气预警提示。当获取到恶劣天气预警（如暴雨、台风等）时，能够通过蜂鸣器发出警告，并在屏幕上显示预警信息。

⑥ 网络连接状态指示。通过 LED 灯或其他方式显示设备的网络连接状态。

11.2　LCD 字符显示设计

11.2.1　LCD 字符显示设计要求

利用 JD51 实验板上的按键、LED、LCD 显示器和蜂鸣器，设计具有 LCD 显示功能的闹钟，具体要求如下。

1. 交互功能

允许用户通过按键对闹钟时间进行设置及开启和关闭闹钟，按键设计需考虑防抖动处理。通过 LED 灯的闪动状态进行视觉反馈，使用户确认按键操作的有效性。

2. LCD 显示功能

LCD 应清晰地显示当前时间、闹钟时间及时间的设置过程，并具备屏幕滚动显示功能，使 LCD 完整地展示所有的信息内容。

3. 闹钟功能

允许用户通过按键设置当前时间和闹钟时间，并在 LCD 上显示。闹钟时间应支持 24 小时制。当到达设置的闹钟时间时，蜂鸣器发声进行闹铃提醒。用户可通过按键关闭闹钟，使闹铃停止。

通过 LCD 字符显示设计项目，让学生掌握按键输入处理与防抖动技术、定时器精准计时应用、LCD 驱动原理、动态显示计时实现、闹钟功能设计与蜂鸣器控制，以及软件模块化设计与硬件接口交互，强化实践能力和系统级问题解决思路。

11.2.2　LCD 字符显示设计思路

1. LCD 字符显示硬件资源分析

在 JD51 实验板上，LCD 字符显示设计充分利用了板上的各种硬件资源，具体包括以下几种。

1）定时器 T0 和 T1

定时器 T0：用于实现 1 s 定时，每 50 ms 触发一次，累计 20 次达到 1 s，更新秒、分、时的值，并调用显示子程序，控制 LCD 屏每秒钟进行滚动。

定时器 T1：在后台持续更新时间，保证在 LCD 的设置过程中时钟能正常运行。

2）LCD

通过 LCD 实时显示当前时间和设定的闹钟时间，格式为"小时:分钟"。使用内存地址 32H～35H 来存储并显示时钟和闹钟的小时与分钟值。

3）LED 指示灯

LED-D1：每当有按键按下时进行 0.25 s 的闪动，用于显示按键操作成功。

4）按键

非设置模式下：S2，短按进入当前时间设置模式；S3，短按进入闹钟时间设置模式。长按任意键显示闹钟时间。

设置模式下：S2，短按控制光标右移；S3，短按控制数字加 1；S4，短按控制数字减 1。长按任意键退出设置模式。

用于设置当前时间和闹钟时间。按键设计中需要考虑防抖动处理，以提高系统的稳定性和可靠性。

5）蜂鸣器

在设定的闹钟时间到达时，蜂鸣器发出闹铃声，用户可按任意按键停止闹铃。

LCD 字符显示的 Proteus 仿真电路如图 11-3 所示。

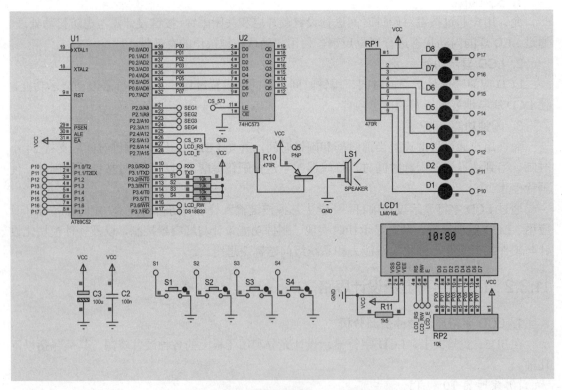

图 11-3　LCD 字符显示的 Proteus 仿真电路

2. LCD 字符显示程序设计分析

1）初始化设置

设置定时器模式、定时器初值等。初始化时钟和闹钟的预置值，初始化 LCD 显示。

2）主循环

不断调用 LCD 显示子程序、闹钟检测与处理子程序、按键检测与处理子程序等，形成循环。若有按键按下，则根据按键功能调用相应的子程序，对闹钟和 LCD 显示进行相应的处理。

3）LCD 显示

根据按键选择，读取当前时间或闹钟设置时间（小时和分钟），并通过 LCD 屏滚动显示。

4）闹钟检测与处理

当系统时间到达设定的闹钟时间时，调用闹钟响铃子程序，蜂鸣器开始发声，按任意键关闭闹钟使闹钟停止响铃。

5）按键检测与处理

实时检测按键是否被按下，并进行防抖动处理，判断有按键按下时 LED-D1 将闪动。根据按键的不同功能（时间设置、闹钟设置等），调用相应的子程序进行处理。

6）定时服务程序

定时器 T0 中断：每 50 ms 触发一次，累计 20 次达到 1 s，更新秒、分、时的值，并调用显示子程序，控制 LCD 屏每秒钟进行滚动。

定时器 T1 中断：在后台持续更新时间，保证在 LCD 设置过程中时钟能正常运行。

LCD 字符显示程序设计流程图如图 11-4 所示。

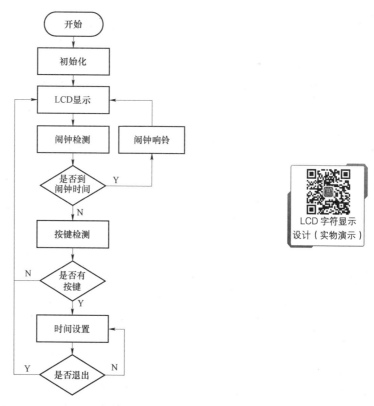

图 11-4　LCD 字符显示程序设计流程图

11.2.3　LCD 字符显示 C 语言程序设计

根据 LCD 字符显示程序设计流程图，下面给出 LCD 字符显示 C 语言程序设计中涉及的

5 个关键功能任务代码：初始化、定时器中断、按键检测、闹钟检测、LCD 显示。

1. 初始化

实现了初始化定时器、LCD 显示和按键扫描功能。通过定时器 T0 和 T1 实现精确的时间计量和中断处理，LCD 显示当前时间，支持闹钟功能并能检测闹钟触发。

```
// 定义硬件连接
#define RS P2_6        // 通过 RS 确定是写数据还是写命令
#define RW P3_6        // RW 读/写控制端设置,写模式为低电平
#define E P2_7         // 给 E 一个高脉冲将数据送入液晶控制器,完成写操作
unsigned char __code TABLE[] = { '0', '1', '2', '3', '4', '5', '6', '7', '8',
'9' };
unsigned char __code CGTAB[] = {0x03, 0x02, 0x02, 0x02, 0x02, 0x0E, 0x12, 0x0C,
0x18, 0x18, 0x07, 0x08, 0x08, 0x08, 0x07, 0x00};

void main()
{
    SP = 0x60;              // 设置堆栈指针
    TMOD = 0x11;            // 设置定时器 T0、T1 工作于方式 1
    TH0 = 0x3C;             // 给定时器 T0 赋初值高 8 位
    TL0 = 0xB0;             // 给定时器 T0 赋初值低 8 位,定时 50 ms
    TH1 = 0x3C;             // 给定时器 T1 赋初值高 8 位
    TL1 = 0xB0;             // 给定时器 T1 赋初值低 8 位,定时 50 ms

    SECL = 0x00;            // 对秒钟低位进行初始化
    SECH = 0x00;            // 对秒钟高位进行初始化
    MIN = 0x10;             // 对分钟进行初始化
    HOU = 0x80;             // 对小时进行初始化
    CLMIN = 0x00;           // 对闹钟分钟进行初始化
    CLHOU = 0x12;           // 对闹钟小时进行初始化

    DB1FLAG = 0x00;         // 对 LCD 归位循环位进行初始化
    STATE = 0x00;           // 时钟初始化,0 为非设置模式,1 为时间设置模式,2 为闹钟设置模式
    STOPFLAG = 0x00;        // 对闹钟关停标志位进行初始化

    P2_5 = 0;               // 无需使用数码管,关锁存器

    CG_Write();             // LCD 存入自定义字符
    LCDInit();              // 初始化 LCD 显示
    WriteTime();            // 显示当前时间
    EA = 1;                 // 开放总中断
    ET0 = 1;                // 允许定时器 T0 中断
    TR0 = 1;                // 开启定时器 T0
    ET1 = 1;                // 允许定时器 T1 中断

    while (1)
    {
        Clock();            // 判断闹钟是否到点
```

```
    Key();                          // 按键扫描
    }
}
```

2. 定时器中断

通过定时器 T0 和 T1 实现精确的时间计量和中断处理。程序包括秒、分钟、小时的计数和十进制调整，支持 LCD 显示并实现滚动和归位功能。同时，程序还包括闹钟功能的标志位处理和后台时间更新功能，以保证时钟的准确运行和显示。

```c
void Timer0_ISR() interrupt 1
{
    PSW = PSW;                      // 保护状态字
    ACC = ACC;                      // 保护累加器
    unsigned char A = SECL;         // 将秒钟低位赋值给 A
    SECL++;                         // 秒钟低位加 1
    if (SECL == 20)                 // 判断秒钟低位是否达到 20
    {
        SECL = 0;                   // 秒钟低位归零
        DB1FLAG++;                  // LCD 滚动标志位加 1
        if (DB1FLAG == 5)           // 判断 DB1FLAG 是否达到 5
        {
            DB1FLAG = 0;            // DB1FLAG 归零
        }
        SECH++;                     // 秒钟高位加 1
        if (SECH == 60)             // 判断秒钟高位是否达到 60
        {
            SECH = 0;               // 秒钟高位归零
            MIN++;                  // 分钟加 1
            if (MIN == 60)          // 判断分钟是否达到 60
            {
                MIN = 0;            // 分钟归零
                HOU++;              // 小时加 1
                if (HOU == 24)      // 判断小时是否达到 24
                {
                    HOU = 0;        // 小时归零
                }
            }
        }
    }
    TH0 = 0x3C;                     // 重装 T0 高 8 位初值
    TL0 = 0xB0;                     // 重装 T0 低 8 位初值
    PSW = PSW;                      // 恢复状态字
    ACC = ACC;                      // 恢复累加器
    RETI;                           // 中断处理结束
}

// T1 定时器中断服务程序
void Timer1_ISR() interrupt 3
```

```
{
    PSW = PSW;                       // 保护状态字
    ACC = ACC;                       // 保护累加器
    unsigned char A = SECL;          // 将秒钟低位赋值给 A
    SECL++;                          // 秒钟低位加 1
    if (SECL == 20) {                // 判断秒钟低位是否达到 20
        SECL = 0;                    // 秒钟低位归零
        DB1FLAG++;                   // LCD 滚动标志位加 1
        if (DB1FLAG == 5) {          // 判断 DB1FLAG 是否达到 5
            DB1FLAG = 0;             // DB1FLAG 归零
        }
        SECH++;                      // 秒钟高位加 1
        if (SECH == 60) {            // 判断秒钟高位是否达到 60
            SECH = 0;                // 秒钟高位归零
            MIN++;                   // 分钟加 1
            if (MIN == 60) {         // 判断分钟是否达到 60
                MIN = 0;             // 分钟归零
                HOU++;               // 小时加 1
                if (HOU == 24) {     // 判断小时是否达到 24
                    HOU = 0;         // 小时归零
                }
            }
        }
    }
    TH1 = 0x3C;      // 重装 T1 高 8 位初值
    TL1 = 0xB0;      // 重装 T1 低 8 位初值
    PSW = PSW;       // 恢复状态字
    ACC = ACC;       // 恢复累加器
    RETI;            // 中断处理结束
}
```

3. 按键检测

实现了按键扫描、按键处理、时间设置、闹钟设置等功能。通过按键，可以选择设置模式、移动光标、增加或减少数字，从而设置当前时间或闹钟时间。

```
// 按键扫描
void Key() {
    PRESSL = 0x00;       // 按键时间低位清零
    PRESSH = 0x00;       // 按键时间高位清零
    LONGFLAG = 0x00;     // 长按标志位清零
    R6 = 0x00;           // 存储按键值的寄存器清零
    P3 |= 0x38;          // 刷新按键状态，只关心 P3.3, P3.4, P3.5

    ACC = P3;                 // 将 P3 口的状态读入 ACC
    ACC = ~ACC;               // 对 ACC 的每一位取反
    ACC &= 0x38;              // 屏蔽其他位，只关心 P3.3, P3.4, P3.5
    if (ACC == 0x00) return;  // 如果没有按键按下则返回主程序
    Delay(1);                 // 延时用于按键消抖
```

```
    ACC = P3;                       // 将 P3 口的状态读入 ACC
    ACC = ~ACC;                     // 对 ACC 的每一位取反
    ACC &= 0x38;                    // 屏蔽其他位,只关心 P3.3, P3.4, P3.5
    if (ACC == 0x00) return;        // 如果没有按键按下则返回主程序

    P1_0 = 0;           // 点亮 LED 的第一个灯作按键显示
    Delay_LED();        // 调用延时函数,延时一段时间
    P1_0 = 1;           // 关闭 LED 的第一个灯

    R6 = ACC;           // 将键值存入 R6
    while (1) {
        PRESSL++;                        // PRESSL 加 1
        if (PRESSL == 0x00) PRESSH++;    // PRESSL 溢出后进位到 PRESSH
        if (PRESSH == 0xFF) {            // 判断 PRESSH 是否记满,如果记满则为长按
            LONGFLAG = 0x01;             // 判断出长按,长按标志位置 1
                if (STATE == 0x00) WriteTime(); // 非设置模式下长按将显示时钟
        }

        ACC = P3;                   // 将 P3 端口的状态读入 ACC
        ACC = ~ACC;                 // 对 ACC 的每一位取反
        ACC &= 0x38;                // 屏蔽其他位,只关心 P3.3, P3.4, P3.5
        if (ACC == 0x00) break;     // 等待按键释放,若按键未释放则继续循环
    }

    if (LONGFLAG == 0x00) return;   // 如果长按标志为 0,则返回主程序
    if (STATE == 0x00) WriteTime(); // 如果当前状态不为非设置模式,则跳转
    R6 = 0x00;                      // 长按不区分按键
}


// 按键处理程序
void Case()
{
    if (R6 & 0x08) SetTime();  // 如果按键值的第 3 位为 1,跳转到设置当前时间的处理程序
    if (R6 & 0x10) SetClock(); // 如果按键值的第 4 位为 1,跳转到设置闹钟时间的处理程序
}


//设置时间模式,短按 S2 键光标右移, 短按 S3 键数字加 1,短按 S4 键数字减 1,长按任意键退出
void SetTime()
{
    TR0 = 0;                    // 先关闭 T0 避免刷新 LCD, 设置时间时 T1 也不启动
    STATE = 0x01;               // 设置状态为设置时间模式
    DB1FLAG = 0x00;             // LCD 滚动标志位清零
    WriteCommand(0x02);         // LCD 归位再左移两次,使时间显示在屏幕中间
    Enable();                   // 启用 LCD 显示功能
    WriteCommand(0x18);         // 左移 LCD 显示
    Enable();                   // 启用 LCD 显示功能
```

```
    WriteCommand(0x0F);        // 打开 LCD 闪烁光标
    Enable();                  // 启用 LCD 显示功能
    WriteCommand(0x88);        // 默认选择小时个位
    Enable();
    while (1) {
        Key();                 // 调用按键扫描程序
        if (R6 == 0x00) continue;   // 如果没有按键按下则继续等待
        if (LONGFLAG) break;        // 如果长按标志为1,退出设置模式
        if (R6 & 0x08) Move();      // 执行光标右移操作
        else if (R6 & 0x10) Incr(); // 执行数字加1操作
        else if (R6 & 0x20) Decr(); // 执行数字减1操作
    }
    STATE = 0x00;              // 设置状态为非设置模式
    WriteCommand(0x0C);        // 关闭闪烁光标
    Enable();                  // 启用 LCD 显示功能
    TR0 = 1;                   // 启动定时器 T0
}

//设置闹钟模式,短按 S2 键光标右移,短按 S3 键数字加1,短按 S4 键数字减1,长按任意键退出
void SetClock() {
    TR0 = 0;                   // 关闭 T0 避免刷新 LCD
    TR1 = 1;                   // 开定时器 T1 继续计时
        STATE = 0x02;          // 设置状态为设置闹钟模式
    WriteTime();               // 显示闹钟时间
    WriteCommand(0x02);        // 归位再左移两次,使闹钟显示在屏幕中间
    Enable();                  // 启用 LCD 显示功能
    WriteCommand(0x18);        // 左移 LCD 显示
    Enable();                  // 启用 LCD 显示功能
    WriteCommand(0x0F);        // 打开 LCD 闪烁光标
    Enable();                  // 启用 LCD 显示功能
    WriteCommand(0x88);        // 默认选择小时个位
    Enable();                  // 启用 LCD 显示功能
    while (1) {
        Key();                 // 调用按键扫描程序
        if (R6 == 0x00) continue;   // 如果没有按键按下则继续等待
        if (LONGFLAG) break;        // 如果长按标志为1,退出设置模式
        if (R6 & 0x08) Move();      // 执行光标右移操作
        else if (R6 & 0x10) Incr(); // 执行数字加1操作
        else if (R6 & 0x20) Decr(); // 执行数字减1操作
    }
    STATE = 0x00;              // 设置状态为非设置模式
    WriteCommand(0x0C);        // 关闭闪烁光标
    Enable();                  // 启用 LCD 显示功能
    WriteTime();               // 显示时间
    TR0 = 1;                   // 启动定时器 T0
    TR1 = 0;                   // 关闭定时器 T1
```

```
}

// 按键控制光标右移,禁止移到小时十位
void Move() {
    unsigned char A = 0;                  // 初始化变量 A 为 0
    A = COM & 0x0F;                       // 获取当前光标位置,保留 A 的低四位
    if (A == 0x08) {                      // 若光标在小时个位位置
        COM = 0x8A;                       // 小时个位右移,自动越过冒号
    } else if (A == 0x0B) {               // 若光标在分钟个位位置
        COM = 0x88;                       // 分钟个位右移,跳到小时个位
    } else {
        COM++;                            // 光标右移
        COM |= 0x80;                      // 设置高位置位,用于光标显示
    }
    Enable();                             // 启用 LCD 显示功能
}


// 数字加 1,溢出将自动归零
void Incr() {
unsigned char *R0, *R1;        // 定义指针变量 R0 和 R1
    if (STATE == 0x01) {       // 时间设置模式
        R0 = &MIN;             // R0 指向分钟
        R1 = &HOU;             // R1 指向小时
    } else {                   // 闹钟设置模式
        R0 = &CLMIN;           // R0 指向闹钟分钟
        R1 = &CLHOU;           // R1 指向闹钟小时
    }
    unsigned char A = COM & 0x0F;                       // 获取当前光标位置,保留 A 的低四位
    if (A == 0x07) return;                              // 若在小时十位,直接退出
    if (A == 0x08) {                                    // 小时个位
        A = *R1;                                        // 读取小时
        A = (A & 0xF0) | ((A + 1) & 0x0F);             // 小时个位加 1
        if ((A & 0x0F) >= 0x0A) A -= 0x0A;             // 十进制调整
        *R1 = A;                                        // 更新小时
        if (*R1 >= 0x24) *R1 = 0x00;                    // 如果小时超过 23,重写为 0
        COM = 0x88;                                     // 将光标位置移回小时个位
    } else if (A == 0x0A) {                             // 分钟十位
        A = *R0;                                        // 读取分钟
        A = (A & 0x0F) + 0x10;                          // 分钟十位加 1
        if ((A & 0xF0) >= 0x60) A &= 0x0F;             // 十进制调整
        *R0 = (*R0 & 0x0F) | (A & 0xF0);               // 更新分钟十位
        COM = 0x8A;                                     // 将光标位置移回分钟个位
    } else {                                            // 分钟个位
        A = *R0;                                        // 读取分钟
        A = (A & 0xF0) | ((A + 1) & 0x0F);             // 分钟个位加 1
        if ((A & 0x0F) >= 0x0A) A -= 0x0A;             // 十进制调整
```

```
        *R0 = A;                              // 更新分钟
        COM = 0x8B;                           // 将光标位置移回分钟十位
    }
    Enable();                        // 启用 LCD 显示功能
}


// 数字减 1,越界将自动置最大值
void Decr() {
    unsigned char *R0, *R1;          // 定义指针变量 R0 和 R1
    if (STATE == 0x01) {             // 时间设置模式
        R0 = &MIN;                   // R0 指向分钟
        R1 = &HOU;                   // R1 指向小时
    } else {                         // 闹钟设置模式
        R0 = &CLMIN;                 // R0 指向闹钟分钟
        R1 = &CLHOU;                 // R1 指向闹钟小时
    }
    unsigned char A = COM & 0x0F;                // 获取当前光标位置,保留 A 的低四位
    if (A == 0x07) return;                       // 若在小时十位,直接退出
    if (A == 0x08) {                             // 小时个位
        A = *R1;                                 // 读取小时
        A = (A & 0xF0) | ((A - 1) & 0x0F);       // 小时个位减 1
        if ((A & 0x0F) > 0x09) A += 0x0A;        // 十进制调整
        *R1 = A;                                 // 更新小时
        if (*R1 == 0xFF) *R1 = 0x23;             // 如果小时个位为负,重写为 23
        COM = 0x88;                              // 将光标位置移回小时个位
    } else if (A == 0x0A) {                      // 分钟十位
        A = *R0;                                 // 读取分钟
        A = (A & 0x0F) - 0x10;                   // 分钟十位减 1
        if ((A & 0xF0) > 0xF0) A += 0x60;        // 十进制调整
        *R0 = (*R0 & 0x0F) | (A & 0xF0);         // 更新分钟十位
        COM = 0x8A;                              // 将光标位置移回分钟个位
    } else {                                     // 分钟个位
        A = *R0;                                 // 读取分钟
        A = (A & 0xF0) | ((A - 1) & 0x0F);       // 分钟个位减 1
        if ((A & 0x0F) > 0x09) A += 0x0A;        // 十进制调整
        *R0 = A;                                 // 更新分钟
        COM = 0x8B;                              // 将光标位置移回分钟十位
    }
    Enable();                        // 启用 LCD 显示功能
}
```

4. 闹钟检测

检测当前时间是否与设定的闹钟时间匹配。如果闹钟时间到达,程序将执行一系列操作,包括关闭定时器 T0、启动定时器 T1、清屏和归位 LCD、显示音符、控制蜂鸣器的开关及按键检测。当检测到有按键按下时,关闭蜂鸣器,设置关停标志位,清屏并恢复当前时间显示,最后重新开启定时器 T0 以恢复 LCD 的刷新。

```
// 判断闹钟是否到点
void Clock() {
    if (STOPFLAG) return;                         // 如果闹钟已经关停,则返回
    if (HOU == CLHOU && MIN == CLMIN) {           // 闹钟时间到了,进行处理
        TR0 = 0;                                  // 关闭定时器 T0,禁止刷新 LCD
        TR1 = 1;                    // 开启定时器 T1,后台计时
        WriteCommand(0x01);         // LCD 清屏
        WriteCommand(0x02);         // LCD 归位
        WriteData(0x00);            // 音符就绪
        WriteCommand(0x80);         // 设置位置为第一行第一列
        WriteData(0x00);            // 调用写入 LCD 显示的子程序
        unsigned char R1 = 0x00;    // 初始化 R1 为 0,用于计时
        while (1) {
            R1++;                   // R1 加 1,计时器递增
            if (R1 == 50) {         // 如果计时器 R1 等于 50
                R1 = 0x00;          // 每过 100ms 重置 R1
                COM++;              // COM 加 1,用于控制 LCD 显示位置切换
                if (COM == 0x90) {
                    COM = 0xC0;                 // 写满第一行跳至第二行
                } else if (COM == 0xD0) {
                    COM = 0x80;                 // 写满第二行跳至第一行
                    DAT += 0x80;                // 屏幕写满后转换音符和空格
                }
                WriteCommand(COM);              // 设置光标位置
                WriteData(DAT);                 // 调用写入 LCD 显示的子程序
                BUZZER = ~BUZZER;               // 开关蜂鸣器
            }
            P3 = 0xFF;                          // 设置 P3 为全高电平
            ACC = P3;                           // 将 P3 存入 ACC
            ACC = ~ACC;                         // 对 ACC 取反
            if (ACC == 0x00) continue;          // 如果 ACC 为零,无按键按下,继续循环
            Delay(1);                           // 延时消抖
            ACC = P3;                           // 将 P3 存入 ACC
            ACC = ~ACC;                         // 对 ACC 取反
            if (ACC == 0x00) continue;          // 如果 ACC 为零,无按键按下,继续循环
            while (ACC != 0x00) {               // 有按键按下,等待按键松开
                ACC = P3;                       // 将 P3 存入 ACC
                ACC = ~ACC;                     // 对 ACC 取反
            }

            BUZZER = 1;             // 关闭蜂鸣器
            STOPFLAG = 0x01;        // 关停标志位置 1
            WriteCommand(0x01);     // LCD 清屏
            WriteTime();            // 调用写入当前时间的子程序
            TR1 = 0;                // 关闭定时器 T1
            TR0 = 1;                // 开启定时器 T0,恢复 LCD 刷新
```

```
                break;
            }
        }
    }
}
```

5. LCD 显示

实现了 LCD 的初始化和显示控制功能,包括显示当前时间和闹钟时间的小时与分钟、自定义字符等。

```
// 初始化 LCD
void LCDInit() {
    P0 = 0x30;                      // 初始化 P0
    RS = 0;                         // 清除 RS 控制位
    RW = 0;                         // 清除 RW 控制位
    for (unsigned char i = 0; i < 3; i++) {
        E = 1;                      // 使能 E 脉冲
        Delay(1);
        E = 0;                      // 清除 E 脉冲
    }
    P0 = 0x38;                      // 设置 8 位数据接口,两行显示,5×7 点阵
    E = 1;                          // 使能 E 脉冲
    Delay(1);
    E = 0;                          // 清除 E 脉冲
    WriteCommand(0x01);             // 清屏
    WriteCommand(0x06);             // 数据读写后,AC 自动加 1
    WriteCommand(0x0C);             // 开启显示,关闭光标,关闭闪烁
}


// 启用 LCD 显示功能
void Enable() {
    RS = 0;                         // 选择命令寄存器
    RW = 0;                         // 选择写模式
    E = 1;                          // 使能 LCD
    Delay(1);                       // 延时
    E = 0;                          // 关闭使能
}


// 写命令到 LCD
void WriteCommand(unsigned char cmd) {
    P0 = cmd;                       // 将命令发送到 P0 口
    Enable();                       // 启用 LCD 显示功能
}


// 写数据到 LCD
void WriteData(unsigned char data) {
    RS = 1;                         // 选择数据寄存器
    RW = 0;                         // 选择写模式
    P0 = data;                      // 将数据发送到 P0 口
```

```
    Enable();                           // 启用 LCD 显示功能
}


// 写入当前时间到 LCD
void WriteTime() {
    unsigned char hour = HOU;
    unsigned char minute = MIN;
    WriteCommand(0x86);                         // 设置光标位置为第一行第七列
    WriteData(' ');                             // 写一个空格
    WriteData(TABLE[hour >> 4]);                // 写小时的十位
    WriteData(TABLE[hour & 0x0F]);              // 写小时的个位
    WriteData(':');                             // 写冒号
    WriteData(TABLE[minute >> 4]);              // 写分钟的十位
    WriteData(TABLE[minute & 0x0F]);            // 写分钟的个位
    WriteData(' ');                             // 写一个空格
}


// 写入自定义字符到 LCD
void CG_Write() {
    unsigned char i;
    WriteCommand(0x40);                    // 设置 CGRAM 地址
    for (i = 0; i < 16; i++) {
        WriteData(CGTAB[i]);               // 写入自定义字符
    }
}


// 根据状态写入时钟或闹钟到 LCD
void Write_Set() {
    if (STATE == 0x01) {
        WriteTime();                       // 写入当前时间
    } else {
        WriteClock();                      // 写入闹钟时间
    }
}


// 写入小时到 LCD
void WriteHour() {
    unsigned char hour = HOU;
    WriteCommand(0x87);                    // 设置光标位置为第一行第八列
    WriteData(TABLE[hour >> 4]);    // 写小时的十位
    WriteData(TABLE[hour & 0x0F]);  // 写小时的个位
}


// 写入分钟到 LCD
void WriteMinute() {
    unsigned char minute = MIN;
```

```
    WriteCommand(0x8A);                     // 设置光标位置为第一行第十列
    WriteData(TABLE[minute >> 4]);  // 写分钟的十位
    WriteData(TABLE[minute & 0x0F]); // 写分钟的个位
}

// 写入闹钟时间到LCD
void WriteClock() {
    unsigned char hour = CLHOU;
    unsigned char minute = CLMIN;
    WriteCommand(0x86);                     // 设置光标位置为第一行第七列
    WriteData(0x00);                        // 显示音符
    WriteData(TABLE[hour >> 4]);            // 写闹钟小时的十位
    WriteData(TABLE[hour & 0x0F]);          // 写闹钟小时的个位
    WriteData(':');                         // 写冒号
    WriteData(TABLE[minute >> 4]);          // 写闹钟分钟的十位
    WriteData(TABLE[minute & 0x0F]);        // 写闹钟分钟的个位
    WriteData(0x00);                        // 显示音符
}
```

11.2.4　扩展设计：万年历

在基础的 LCD 字符显示设计基础上，增加万年历功能，使闹钟扩展为一款集时间与日期显示、闹钟设置、万年历查询、节假日提醒等多功能于一体的设备。可扩展功能如下。

① 日期显示功能。LCD 屏实时显示当前准确日期，包括年、月、日及星期几，便于用户快速了解当前准确时间。

② 日期设置功能。允许用户通过按键手动调整日期，便于用户校准和设置日期。

③ 日期查询功能。允许用户通过按键输入查询特定日期的相关信息。

④ 闰年判断功能。万年历自动判断年份是否为闰年，若为闰年，自动调整 2 月份天数，确保万年历的准确性。

⑤ 重要日期提醒。节假日时自动显示节假日名称并提醒，允许用户设置重要日期，到指定日期时自动提醒。

⑥ 丰富交互效果。用户对万年历进行操作时，万年历通过灯光和声音进行交互反馈，提升用户的使用体验。

11.3　电子音调发声器设计

电子音调发声器设计

11.3.1　电子音调发声器设计要求

利用 JD51 实验板上的按键、数码管和蜂鸣器，设计带有电子琴功能的电子音调发声器，具体要求如下。

1. 交互功能

允许用户通过按键进行电子琴弹奏及选择歌曲播放，按下不同的按键产生不同音调，并在数码管上对音调进行显示。按键设计需考虑防抖动处理。

2. 音调弹奏功能

通过按键 S1、S2、S3、S4 进行音调选择，按动 4 个按键及组合按键，蜂鸣器发出 1、2、3、4、5、6、7、i 共 8 个音调，并在数码管上对弹奏的音调进行显示。

3. 歌曲播放功能

编写两首歌曲，可以通过按下按键选择歌曲进行播放，按键松开后音乐停止播放。

通过电子音调发声器设计项目，让学生掌握按键输入处理与防抖动技术、定时器精准计时应用、数码管显示驱动原理、蜂鸣器控制原理，以及软件模块化设计与硬件接口交互，强化实践能力和系统级问题解决思路。

11.3.2 电子音调发声器设计思路

1. 电子音调发声器硬件资源分析

在 JD51 实验板上，电子音调发声器的设计充分利用了板上的各种硬件资源，主要包括以下几种。

1）定时器

用于实现不同音调的发声。音调由不同频率的方波产生，音调与频率的关系见表 11-1。要产生不同频率的方波，只需要计算出某一音调的周期（1/频率），然后将此周期除以 2，即为半周期的时间。利用计时器计时此半周期时间，每当计时到后就将输出方波的 I/O 反相，然后重复计时此半周期时间，再对 I/O 反相，就可在 I/O 脚得到此频率的方波。在 JD51 实验板上，产生方波的 I/O 脚选用 P2.4，通过跳线选择器将实验板的 P2.4 引脚与蜂鸣器的驱动电路相连。这样 P2.4 输出不同频率的方波，蜂鸣器便会发出不同的声音。另外，音乐的节拍是由延时实现的，如果 1 拍为 0.4 s，则 1/4 拍是 0.1 s。只要设定延时时间，就可求得节拍的时间。延时作为基本延时时间，节拍值只能是它的整数倍。

表 11-1 音调与频率的关系

音调	频率/Hz	定时器初值 x（十六进制）	音调	频率/Hz	定时器初值 x（十六进制）
1	262	F921	5	392	FB68
2	294	F9E1	6	440	FBE9
3	330	FA8C	7	494	FC5B
4	349	FAD8	i	523	FC8F

每个音调对应的定时器初值 x 可按以下方法计算：

$$\left(\frac{1}{2}\right)\times\left(\frac{1}{f}\right)=\left(\frac{12}{f_{\mathrm{osc}}}\right)\times(2^{16}-x)$$

即

$$x = 2^{16} - \left(\frac{f_{osc}}{24f} \right)$$

其中，f 是音调的频率，当晶振频率 f_{osc}=11.059 2 MHz 时，计算可得音调 "1" 相应的定时器初值为 x=63777D=F921H，其他音调对应的计数器初值可同样按照该方法求得。

2）数码管

使用第一个数码管来显示按下按键对应的音调。通过 P2.3 引脚选通第一个数码管，将要显示音调数字的段码通过 P0 口输出，使第一个数码管显示。

3）按键

通过组合按键选择音调或播放歌曲，组合按键与功能的对应关系见表 11-2 所示。按键设计中需要考虑延时防抖动处理，以提高系统的稳定性和可靠性。

表 11-2　组合按键与功能的关系

按　键	功　能
S1	音调 1 的发声与显示
S2	音调 2 的发声与显示
S3	音调 3 的发声与显示
S4	音调 4 的发声与显示
S1+S2	音调 5 的发声与显示
S2+S3	音调 6 的发声与显示
S3+S4	音调 7 的发声与显示
S1+S4	音调 i 的发声与显示
S1+S3	播放第一首歌
S2+S4	播放第二首歌

4）蜂鸣器

通过蜂鸣器发出不同音调的声音或播放歌曲，播放歌曲时若松开组合按键则停止播放。电子音调发声器的 Proteus 仿真电路如图 11-5 所示。

2. 电子音调发声器程序设计分析

1）初始化设置

将按键标志寄存器清零，关闭定时器、蜂鸣器、数码管。

2）主循环

不断调用按键扫描子程序与按键延时防抖动子程序，循环判断是否有按键输入。若判断有按键输入，跳转至按键处理子程序以判断具体按键，并执行相应的蜂鸣器发声及数码管显示操作。

3）按键扫描与处理

循环扫描是否有按键输入，并进行防抖动处理。根据不同的按键输入，调用不同的按键处理子程序，使电子音调发生器发出不同音调或播放歌曲。在播放歌曲的过程中，若松开按键，歌曲停止播放。

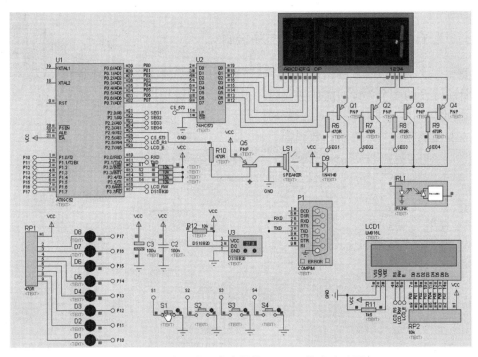

图 11-5　电子音调发声器的 Proteus 仿真电路图

4）数码管显示

根据按键选择的音调，在第一个数码管上显示对应的音调符号，使音调选择可视化。

5）定时器计时

通过设定定时器工作方式与初值，改变定时器计满时间，从而改变蜂鸣器输出方波的频率，以达到发出不同音调声音的效果。

电子音调发声器程序设计流程图如图 11-6 所示。

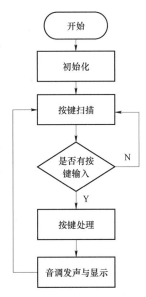

图 11-6　电子音调发声器程序设计流程图

电子音调发声器
C 语言程序设计

11.3.3　电子音调发声器 C 语言程序设计

根据电子音调发声器程序设计流程图，下面给出电子音调发声器 C 语言
程序设计中涉及的 3 个关键功能任务代码：初始化、按键扫描与处理、音调发声与显示。

1. 初始化

将寄存器清零，关蜂鸣器、数码管。

```
sbit BUZZER = P2^4;                    // 定义蜂鸣器引脚
sbit DIGIT = P2^3;                     // 定义数码管引脚
sbit KEY1 = P3^2;                      // 定义按键 1 引脚
sbit KEY2 = P3^3;                      // 定义按键 2 引脚
sbit KEY3 = P3^4;                      // 定义按键 3 引脚
sbit KEY4 = P3^5;                      // 定义按键 4 引脚

// 初始化函数
void Init() {
    BUZZER = 1;                        // 关闭蜂鸣器
    DIGIT = 1;                         // 关闭数码管
    TMOD = 0x01;                       // 设置定时器 0 模式 1
    TH0 = 0x3C;                        // 设置定时器高位初值
    TL0 = 0xB0;                        // 设置定时器低位初值
    ET0 = 1;                           // 使能定时器 0 中断
    EA = 1;                            // 使能总中断
    TR0 = 0;                           // 关闭定时器 0
}
```

2. 按键扫描与处理

等待按键输入，若有输入则跳转到相应的按键处理子程序执行，若没有输入则继续等待。
设计要求实现 10 种音调发生效果：8 个基础音调和 2 首歌，即需要 10 种按键方式。由于 JD51
实验板上只有 4 个按键，所以必须使用组合键，通过 P3 口的二进制组合不同可以识别不同的
按键组合。按键设计需要考虑防抖动处理。按键判断完成后，跳转到相应的音调发声与显示
程序。

```
//按键防抖延时函数
void delay(unsigned int ms) {
    unsigned int i, j;
    for (i = 0; i < ms; i++)
        for (j = 0; j < 123; j++);  // 延时约 1ms
}

// 按键扫描函数
void Key_Scan() {
    unsigned char key;
    while (1) {
        key = P3;                      // 读取按键状态
        if (key != 0xFF) {             // 判断是否有按键按下
```

```
            delay(40);                  // 延时防抖
            key = P3;                    // 再次读取按键状态
            if (key != 0xFF) break;     // 确认按键按下
        }
    }
    Key_Process(key);                   // 跳转进行按键处理
}


// 主函数
void main() {
    Init();                             // 初始化
    while (1) {
        Key_Scan();                     // 按键扫描
    }
}


// 按键处理函数
void Key_Process(unsigned char key) {
    switch (key) {
        case 0xFB:                      // 判断是按键 1
            Key1_Action();              // 调用按键 1 对应的音调发声与显示程序
            break;
            ...
        case 0xD7:                      // 判断是按键方式 10
            Key10_Action();            // 调用按键方式 10 对应的音调发声与显示程序
            break;
        default:
            Key_Scan();                 // 如果没有按键按下,继续等待
            break;
    }
}
```

3. 音调发声与显示

按键对应的发声与显示程序。在判断按键完成后，蜂鸣器发出对应的音调，数码管第四位显示对应的音调标号。由于每个音调的发声与显示程序类似，这里只列出第一个音调的发音与显示程序。

```
// 初始化定时器 0
void Timer0_Init(unsigned char TH, unsigned char TL) {
    TMOD |= 0x01;    // 设置定时器 0 模式 1
    TH0 = TH;        // 设置定时器 0 高 8 位初值
    TL0 = TL;        // 设置定时器 0 低 8 位初值
    TR0 = 1;         // 启动定时器 0
}


// 按键 1 处理函数
void Key1_Action() {
```

```
    unsigned int R3 = 200;    // 设置音调发声方波个数
    BUZZER = 1;               // 关闭蜂鸣器
    while (R3--) {            // 循环 200 次
        TL = 0x21;
        TH = 0xF9;
        Timer0_Init(TH,TL);  // 初始化定时器 0
        while (!TF0);        // 等待定时器 0 溢出
        TF0 = 0;             // 清除溢出标志
        BUZZER = !BUZZER;    // 翻转蜂鸣器状态
        DIGIT = 0;           // 打开数码管
        P0 = 0xF9;           // 设置数码管显示数字 1
    }
    BUZZER = 1;               // 关闭蜂鸣器
    DIGIT = 1;                // 关闭数码管
}
```

按键方式 9 和方式 10 分别对应着两首歌曲，当判断按下的是按键方式 9 或 10 时，直接跳转到相应的歌曲播放程序。这里只列出按键方式 9 的判断程序和第一首歌的播放程序。程序加入了按键松开的识别，如果按键松开则停止播放音乐，否则音乐一直播放。

```
// 定义音符表
unsigned char TONE[] = {
    0xFB, 0x68, 0xFD, 0x6E, 0xFD, 0x45, 0xFC, 0xEF, 0xFC, 0x8F,
    0xFC, 0x8F, 0xFC, 0x8F, 0xFC, 0x5B, 0xFC, 0x8F, 0xFC, 0xEF,
    0xFD, 0x45, 0xFB, 0x68, 0xFB, 0x68, 0xFC, 0x8F, 0xFC, 0x5B,
    0xFB, 0xE9, 0xFB, 0x68, 0xFB, 0x68, 0xFA, 0xDB, 0xFA, 0x8C,
    0xF9, 0x21, 0xFA, 0x8C, 0xFA, 0xD8, 0xFB, 0x68, 0xFB, 0x68,
    0xFB, 0x68, 0xFB, 0x68, 0xFB, 0xE9, 0xFB, 0xE9, 0xFB, 0x68,
    0xFB, 0xE9, 0xFC, 0x5B, 0xFA, 0x8C, 0xFC, 0x8F, 0xFC, 0x8F,
    0xFC, 0x5B, 0xFC, 0x8F, 0xFC, 0xEF, 0xFC, 0xEF, 0xFC, 0xEF,
    0xFC, 0x8F, 0xFD, 0x45, 0xFD, 0x6E, 0xFC, 0xEF
};
//定义节拍表
unsigned char RYTH[] = {
    0x04, 0x04, 0x04, 0x04, 0x04, 0x04, 0x04, 0x04, 0x04, 0x04,
    0x04, 0x05, 0x04, 0x04, 0x04, 0x04, 0x04, 0x04, 0x04, 0x04,
    0x04, 0x04, 0x04, 0x06, 0x04, 0x04, 0x04, 0x07, 0x04, 0x04,
    0x04, 0x04, 0x04, 0x06, 0x04, 0x04, 0x04, 0x07, 0x04, 0x04,
    0x04, 0x04, 0x04, 0x04
};

// 歌曲 1 播放函数
void Key9_Action(){
    unsigned char R0 = 0;                    // 节拍表指针
    unsigned char R1 = 0;                    // 音符表指针
    while (1) {
        unsigned char R2 = RYTH[R0];         // 取节拍
        unsigned char R3 = TONE[R1];         // 取音符高 8 位
        unsigned char R4 = TONE[R1+1];       // 取音符低 8 位
```

```
            R1 += 2;                               // 音符表指针加 2
            BUZZER = 1;                            // 关闭蜂鸣器
            while (R2--) {                         // 播放节拍
                unsigned char R5 = 0x3B;           // 方波个数
                while (R5--) {                      // 播放一个音符
                    Timer0_Init(R3, R4);           // 初始化定时器 0
                    while (!TF0);                   // 等待定时器 0 溢出
                    TF0 = 0;                        // 清除溢出标志
                    BUZZER = !BUZZER;               // 翻转蜂鸣器状态
                    if (KEY1 || KEY3) {            // 如果按键松开
                        if (!KEY2 && !KEY4) {
                            Key10_Action();        // 播放第二首歌
                        } else {
                        return;  // 返回主程序
                        } .
                    }
                }
            }

            R0++;  // 节拍表指针加 1
            if (R1 >= 88) break;  // 判断音符是否取完
        }
    }
```

11.3.4　扩展设计：可录音的高级电子琴

可录音的高级
电子琴

在基础的电子音调发声器设计基础上，增加 PC 串口通信功能，使电子音调发声器拓展为一款基于 PC 串口且可录音的高级电子琴，用户可以通过 PC 端对电子琴的演奏进行控制。可扩展功能如下。

① PC 串口通信。使 JD51 实验板与 PC 进行串口通信，通过 PC 端的串口调试软件发送指令给实验板，以控制电子琴的演奏。

② 电子琴遥控。通过 PC 端实现控制音调输入、乐谱编辑、歌曲播放与暂停等功能。

③ 实时演奏反馈。通过 PC 端软件界面及 LED 灯实时显示当前演奏的音调，为用户提供视觉和听觉的双重反馈。

④ 录音与回放。支持对用户的演奏进行录制，并进行录音的回放或删除。

⑤ 通信中断报警。如果发生串口通信中断等故障，在 PC 端显示报警信息。

11.4　交通灯控制系统设计

交通灯控制系统
设计

11.4.1　交通灯控制系统设计要求

利用 JD51 实验板上的按键、LED、数码管和蜂鸣器，设计带有行人指示的交通灯控制系统，具体要求如下。

1. 交通灯状态控制

当东西方向绿灯亮时，南北方向应显示红灯；当南北方向绿灯亮时，东西方向应显示红灯；绿灯转换为红灯之前，需经过 3 s 的黄灯阶段，并在此期间发出蜂鸣声，以警示行人和车辆准备停止。

2. 倒计时时间显示

通过 4 位数码管实时显示南北倒计时和东西倒计时时间，显示格式为"时分"。

3. 智能控制模拟

设计至少 4 个按键用于模拟不同场景下的操作：S1 用于模拟系统故障，触发错误显示模式，使用数码管提示"Err"；S2 用于故障复原，恢复正常工作流程；S3 用于模拟南北方向行人过马路时按键切换至南北绿倒计时状态；S4 用于模拟东西方向行人过马路时按键切换至东西绿倒计时状态。

通过交通灯控制系统设计项目，学生可以掌握 JD51 开发板上按键、LED、数码管和蜂鸣器的使用方法，理解交通灯的控制逻辑，学会实现倒计时显示和智能控制模拟，提升编程能力和解决实际问题的能力，培养对单片机控制系统设计的兴趣和创新意识。

11.4.2 交通灯控制系统设计思路

1. 交通灯控制系统硬件资源分析

在 JD51 实验板上，交通灯控制系统的设计充分利用了板上的各种硬件资源，主要包括以下几种：

1）定时器 T0

用于实现 1s 定时，通过 10 ms 中断 100 次累计达到 1s 时间基准，控制整个系统的倒计时功能。

2）寄存器分配

R2 寄存器用于定时器计数，R3 和 R4 寄存器分别用于存储南北方向和东西方向的倒计时时间。

3）LED 分配

P1.2（东西绿灯）、P1.3（东西黄灯）、P1.4（东西红灯）；P1.5（南北绿灯）、P1.6（南北黄灯）、P1.7（南北红灯）。

4）按键

P3.2（S1），模拟系统故障；P3.3（S2），故障恢复；P3.4（S3），南北方向行人过马路；P3.5（S4），东西方向行人过马路。

5）数码管

数码管 1 和 2 存储南北倒计时的十位和个位，数码管 3 和 4 存储东西倒计时的十位和个位；当显示"Err"提示时，使用数码管 1、2、3。

6）蜂鸣器

用于黄灯阶段的语音提示。

交通灯控制系统的 Proteus 仿真电路如图 11-7 所示。

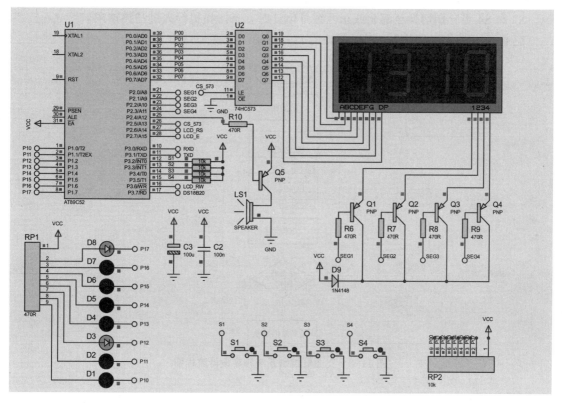

图 11-7 交通灯控制系统的 Proteus 仿真电路图

2. 交通灯控制系统程序设计分析

1）主循环

初始化定时器 T0、设置堆栈指针、开启中断，并进入循环，控制交通灯状态的切换和倒计时显示。

2）交通灯状态判断

南北绿灯亮时，东西红灯亮，倒计时 10 s。

南北黄灯亮时，东西红灯亮，倒计时 3 s，蜂鸣器响。

南北红灯亮时，东西绿灯亮，倒计时 12 s。

东西黄灯亮时，南北红灯亮，倒计时 3 s，蜂鸣器响。

3）定时器中断服务程序

实现 1 s 定时，并通过递减 R3 和 R4 寄存器的值来控制倒计时。

4）数码管显示

实现了数码管动态显示倒计时，每秒更新一次。

根据 R3 和 R4 的值，显示南北和东西方向的倒计时。

5）按键处理

检测 S1、S2、S3、S4 按键状态，用于控制倒计时时间和系统状态。

S1 触发错误显示模式，数码管显示"Err"。

S2 重启倒计时，恢复交通灯正常运行。

S3 和 S4 可分别切换至南北或东西绿灯倒计时状态，模拟行人过马路请求。

交通灯控制系统程序设计流程图如图 11-8 所示。

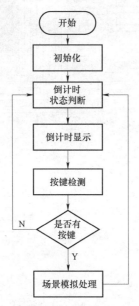

图 11-8　交通灯控制系统程序设计流程图

11.4.3　交通灯控制系统 C 语言程序设计

根据交通灯控制系统程序设计流程图，下面给出交通灯控制系统 C 语言程序设计中涉及的 4 个关键功能任务代码：倒计时状态判断、定时中断、倒计时显示、场景模拟处理。

1. 倒计时状态判断

主要涉及 4 种路灯状态判断。

northSouthGreen：控制南北方向绿灯的状态，包括设置倒计时、控制相关灯的亮灭及进行倒计时显示。

northSouthYellow：控制南北方向黄灯的状态，包括设置倒计时、控制相关灯的亮灭、控制蜂鸣器及进行倒计时显示。

eastWestGreen：控制东西方向绿灯的状态，包括设置倒计时、控制相关灯的亮灭及进行倒计时显示。

eastWestYellow：控制东西方向黄灯的状态，包括设置倒计时、控制相关灯的亮灭、控制蜂鸣器及进行倒计时显示。

此处仅给出 northSouthGreen 和 northSouthYellow 的参考代码。

```
// 南北方向绿灯状态
void northSouthGreen()
{
    northSouthCountdown = GREEN_TIME_NS;        // 获取南北方向绿灯倒计时时间
    eastWestCountdown = RED_TIME_EW;            // 获取东西方向红灯倒计时时间
    while (northSouthCountdown > 0)             // 判断南北方向倒计时是否结束
```

```
    {
        northSouthGreenLED = 0;                 // 南北方向绿灯亮
        eastWestRedLED = 0;                      // 东西方向红灯亮
        display();                               // 数码管显示倒计时
    }
        northSouthGreenLED = 1;                  // 南北方向绿灯灭
        eastWestRedLED = 1;                      // 东西方向红灯灭
}


// 南北方向黄灯状态
void northSouthYellow()
{
    northSouthCountdown = YELLOW_TIME;           // 获取南北方向黄灯倒计时时间
    while (northSouthCountdown > 0)              // 判断南北方向倒计时是否结束
    {
        northSouthYellowLED = 0;                 // 南北方向黄灯亮
        eastWestRedLED = 0;                      // 东西方向红灯亮
        Buzzer = ~Buzzer;                        // 控制蜂鸣器响
        display();                               // 数码管显示倒计时
    }
        northSouthYellowLED = 1;                 // 南北方向黄灯灭
        eastWestRedLED = 1;                      // 东西方向红灯灭
}
```

2. 定时中断

实现定时器 T0 的中断服务，T0 每 10 ms 中断一次，每 100 次中断（即 1 s），其关键功能是当定时器计数值达到 0 时，重置计数值，并减少南北和东西方向的倒计时值，同时重新为定时器 0 赋初值。

```
void interrupt0() interrupt 1 using 1
{
    timerCount--;
    if (timerCount == 0)            // 判断是否达到计数值
    {
        timerCount = 100;           // 重置定时器计数值
        northSouthCountdown--;      // 南北方向倒计时减 1
        eastWestCountdown--;        // 东西方向倒计时减 1
    }
    TH0 = 0xDB;                     // 定时器 0 赋初值高 8 位
    TL0 = 0xF0;                     // 定时器 0 赋初值低 8 位
}
```

3. 倒计时显示

关键功能是根据不同的情况（是否有故障），在数码管上显示南北和东西方向的倒计时或故障提示 "Err"。下面代码示例中未给出 check_keys 按键检测子函数、delay 延时子函数，需要自行编写调试。

```
static unsigned char err_Flag = 0;                  // 故障标志
unsigned char digitCodes[] = {0xC0, 0xF9, 0xA4, 0xB0, 0x99, 0x92, 0x82, 0xF8, 0x80,
```

单片机原理与应用

```
0x90};// 数码管显示码
void display()
{
    // 处理南北方向倒计时显示
    unsigned char northSouthTens = northSouthCountdown / 10;          // 取十位
    unsigned char northSouthUnits = northSouthCountdown % 10;         // 取个位
    unsigned char eastWestTens = eastWestCountdown / 10; // 取东西方向倒计时十位
    unsigned char eastWestUnits = eastWestCountdown % 10;// 取东西方向倒计时个位
    check_keys();                    // 按键检测
    if(err_Flag)                     // 发生故障显示"Err"
    {
        // 以下代码段用于控制数码管显示时间
        P0 = 0x86;          // 显示 E
        P2 &= ~0x01;        // 选通第一位数码管
        delay(1);
        P2 |= 0x01;         // 关闭第一位数码管,准备显示下一位

        P0 = 0xAF;          // 显示 r
        P2 &= ~0x02;
        delay(1);
        P2 |= 0x02;

        P0 = 0xAF;          // 显示 r
        P2 &= ~0x04;
        delay(1);
        P2 |= 0x04;
    }
    else                                      // 无故障正常显示红绿灯信息
    {
        P0 = digitCodes[northSouthTens];      // 获取南北方向倒计时十位
        P2 = 0xFE;                            // 选通数码管1
        delay(1);
        P2 = 0xFF;                            // 关闭数码管1

        P0 = digitCodes[northSouthUnits];     // 获取南北方向倒计时个位
        P2 = 0xFD;                            // 选通数码管2
        delay(1);
        P2 = 0xFF;                            // 关闭数码管2

        P0 = digitCodes[eastWestTens];        // 获取东西方向倒计时十位
        P2 = 0xFB;                            // 选通数码管3
        delay(1);
        P2 = 0xFF;                            // 关闭数码管3

        P0 = digitCodes[eastWestUnits];       // 获取东西方向倒计时个位
        P2 = 0xF7;                            // 选通数码管4
        delay(1);
        P2 = 0xFF;                            // 关闭数码管4
    }
}
```

4. 场景模拟处理

通过不同按键来模拟场景，根据不同按键按下的情况进行相应的处理，如关停定时器、

322

设置故障标志、切换倒计时状态等。下面仅给出按键处理程序，按键防抖检测需自行编写。

```
void handle_keys(void) {
    switch (key_pressed)
    {
        case 0xFB:                                   // S1：发生故障
            TR0 = 0;                                 // 关停定时器 0
            ET0 = 0;                                 // 不允许定时器 0 中断
            err_Flag=1;                              // 发生故障
            break;
        case 0xF7:                                   // S2：故障恢复
            TR0 = 1;                                 // 启动定时器 0
            ET0 = 1;                                 // 允许定时器 0 中断
            err_Flag=0;                              // 故障恢复
            break;
        case 0xEF:                                   // S3：南北方向行人通过
            northSouthCountdown = GREEN_TIME_NS;     // 获得南北方向绿灯倒计时
            eastWestCountdown = RED_TIME_EW;         // 获得东西方向红灯倒计时
            break;
        case 0xDF:                                   // S4：东西方向行人通过
            northSouthCountdown = RED_TIME_EW;       // 获得南北方向红灯倒计时

            eastWestCountdown = GREEN_TIME_NS;       // 获得东西方向绿灯倒计时
            break;
    }
    key_pressed = 0;                 // 重置按键
}
```

11.4.4　扩展设计：智能交通灯控制系统

在交通灯控制系统设计基础上，利用开发板 LED 灯实现类似"魔术棒显示交通标志"的显示效果，或通过 LCD 动态显示交通标志。在交通灯控制系统中，作为辅助显示设备，通过动态显示不同的交通标志图案来增强交通指示的直观性和有效性。可扩展功能如下。

① 动态交通标志显示。魔术棒或 LCD 屏能够根据不同的交通灯状态，显示相应的交通标志图案。例如，当南北方向为绿灯时，显示绿色箭头指向南北方向；当东西方向为红灯时，显示红色圆形代表停止。当交通灯系统出现故障时，显示特定的故障指示图案。

② 红外远程智能控制。对于所谓的动态交通信息切换，可以提供一种非接触式的、灵活的控制手段，根据需要模拟不同交通场景：行人与自行车优先、紧急车辆优先通行、智能停车引导等。

③ 多模式交通控制。设计多种交通控制模式，如日常红绿灯交通模式、日常交通模式、特殊事件模式（如学校放学时段增加行人优先标志）、紧急事件模式（如事故现场引导标志）等，根据需要选择并显示相应的交通标志图案。

④ 环境感知与适应。通过温度传感器监测天气条件，自动调整交通灯和 LCD 提示信息，显示特别的警告信息，提醒驾驶员减速行驶。

⑤ 智能联网与车联网。通过串口模拟与其他车辆连接。与车辆通信，获取实时交通流量数据，智能给出最优红绿灯倒计时间，向驾驶员提供前方信号灯状态的实时信息，帮助预判，优化交通。

参 考 文 献

［1］ Intel Corporation. MCS-51 Microcontroller family and its derivatives，1980-1990.

［2］ 张毅刚，彭喜元，姜守达，等. 单片机原理及应用：C 语言版. 北京：高等教育出版社，2016.

［3］ 周立功. 单片机应用技术手册. 北京：北京航空航天大学出版社，2008.